本书系2020年陕西省社会科学基金项目"面向陕西数字经济高质量发展的知识产权政策体系研究"（2020E024）阶段成果

"国家级新闻学专业综合改革试点项目"资助出版

PHILOSOPHY

人民日报学术文库

移动新媒体专利战略研究

孙海荣｜著

人民日报出版社

北京

图书在版编目（CIP）数据

移动新媒体专利战略研究／孙海荣著 . —北京：
人民日报出版社，2020. 12
ISBN 978 - 7 - 5115 - 6548 - 8

Ⅰ. ①移… Ⅱ. ①孙… Ⅲ. ①互联网络—应用—传播
媒介—专利—研究 Ⅳ. ①G306②G206. 2

中国版本图书馆 CIP 数据核字（2020）第 173656 号

书　　名：移动新媒体专利战略研究
　　　　　YIDONG XINMEITI ZHUANLI ZHANLUE YANJIU
作　　者：孙海荣

出 版 人：刘华新
责任编辑：程文静　杨晨叶
封面设计：中联学林

出版发行：人民日报出版社
社　　址：北京金台西路 2 号
邮政编码：100733
发行热线：(010) 65369509　65369846　65363528　65369512
邮购热线：(010) 65369530　65363527
编辑热线：(010) 65363530
网　　址：www. peopledailypress. com
经　　销：新华书店
印　　刷：三河市华东印刷有限公司
法律顾问：北京科宇律师事务所　　(010) 83622312

开　　本：710mm × 1000mm　1/16
字　　数：278 千字
印　　张：16. 5
版次印次：2021 年 1 月第 1 版　　2021 年 1 月第 1 次印刷
书　　号：ISBN 978 - 7 - 5115 - 6548 - 8
定　　价：95. 00 元

前　言

　　移动新媒体在技术推动下打破了原有壁垒，将内容制作、内容传播、内容接受等方面实现无缝衔接，通过数字化技术实现不同内容的格式统一，彻底将原有传播专用平台转变为通用平台。在传统媒体基础上融入新的内容制作及平台集成、设备提供及软件开发、商业推广及智能体系等成员，使得媒体产业界限变得越来越模糊。随着融入的技术和企业不断增多，加深了纵向产业链，也拓宽了横向产业链，移动新媒体呈现纵横交错立体化的规模经济，使得移动新媒体呈现两种生态格局，一种是面向用户的内容产品市场生态，另一种是支撑内容产品的技术研发生态，也由此引发了"内容为王还是渠道为王"的争议，但不论谁为王，技术都是决定内容呈现和产业发展的关键因素。

　　而今，移动新媒体现有技术创新局限于战术思维，尚未将移动新媒体作为独立产业，使其技术针对性和全局性不强，存在一定的技术锁定和路径依赖，无法从移动新媒体产业角度对各种技术进行整合再创，难以适应现有的复杂环境和未来的产业发展需要。随着移动新媒体产业的逐步成熟，应基于产业市场需求，建立移动新媒体颠覆型专利战略，从颠覆型战略角度整合多元复杂的专利进行技术创新。

　　基于以上背景，本研究将围绕移动新媒体"应该建立专利战略"和"如何建立专利战略"作为基本思路，将专利战略如何促进移动新媒体技术创新作为研究内容，选择以科学计量分析为基础的科学知识图谱作为实证研究方法，来分析移动新媒体专利战略。首先，通过"移动新媒体理论知识图谱"系统梳理移动新媒体理论研究脉络和主题热点，从中掌握技术和市场对移动新媒体的重要性和方向性，再根据"专利战略竞争优势"来说明专利战略对技术创新的重要作用，由此，确定移动新媒体应建立专利战略。其次，通过"专利战略生态""专利战略选择""专利战略实施策略"三方面来说明如何构建移动新媒体专利战略。为了科学选择专利战略，更好地推动技术创新，文章理论分析专利技术本质和生态格局，从中获悉生态对专利带来的影响，并确定专利生态系统，在此基础上，分析技术创新生态和范式，将战略理论融入专利技术创新之中，由此以颠覆型专利战略为核心，突破型和渐进型专利战略为支撑，来指导移动新媒体专利技术创新。为了保障移动新媒体专利战略能够成功，文章运用战略生态位理论，来构建移动新媒体专利战略网络和实施制度，以保障移动新媒体专利技术成功规避两次"死亡之谷"，顺利度过"技术生态位—市场生态位—范式生态位"三个阶段，实现战略目的。最后，实证分析移动新媒体专利技术。为了科学分析、清晰展示专利技术，文章选择科学知识图谱进行科学计量，并运用 CiteSpace 可视化软件展示专利技术、发明人和研发机构知识图谱，呈现理论无法清晰表达的专利技术网络结构和内在机理，并获取研发机构和发明人的研究方向和领域，从中识别移动新媒体专利技术主题和热点，以及重要的发明人和研发机构。根据"一图定乾坤"的可视化图谱能力，建立移动新媒体颠覆型专利战略布局思路，从中确定专利突破型和渐进型的技术创新领域，以及未来的战略发明人和研发机构。

目 录
CONTENTS

导　论

一、研究背景

2018 年中央经济工作会议提出："推动高质量增长是当前和今后一个时期确定发展思路、制定经济政策、实施宏观调控的根本要求。"这就意味着我们必须扬弃过去数量型的经济发展模式，遵循经济发展规律，通过战略创新驱动，促进产业升级换代，探索高质量增长道路。[①] 学者孔祥俊认为"知识产权保护是激励创新的基本手段，是创新原动力的基本保障，是国际竞争力的核心要素，它在促进高质量发展进程中正在并将继续发挥重要作用"。[②] 宋河发认为推动高质量增长的关键就是培育高质量专利技术的创新质量，是实施创新驱动发展战略和高质量增长的客观需求。[③] 移动新媒体在新一代技术推动下已成为我国经济高质量发展的新引擎[④]，高质量的专利技术保驾护航才能确保移动新媒体的高质量发展。

移动新媒体作为互联网与移动通信融合的产物，融合了网络连接技术和无线通信技术，使媒体内容呈现数字 IP 化，使移动新媒体在产业融合下获得了更多媒体表现形式。传播学家丹尼斯·麦奎尔认为传媒革命真正驱动力始终是技术。[⑤] 通过技术使移动新媒体不仅拥有媒体生产的内容，还形成用户生产的微

---

① 任保平等. 新时代中国高质量发展的判断标准、决定因素与实现途径 [J]. 改革，2018 (4)：5-16.

② 孔祥俊. 我国知识产权保护的反思与展望——基于制度和理念的若干思考 [J]. 知识产权，2018 (9)：36-48.

③ 宋河发：培育高价值专利　推动高质量发展 [EB/OL]. 国家知识产权局，http://www.sipo.gov.cn/ztzl/jjgjzzl/gjzzldjt/1113657.htm.

④ 任保平，李禹墨. 新时代我国经济从高速增长转向高质量发展的动力转换 [J]. 经济与管理评论，2019，35 (1)：7-14.

⑤ [英] 丹尼斯·麦奎尔. 受众分析 [M]. 刘燕南等译. 北京：中国人民大学出版社，2006：156.

内容，以及提供内容集成的平台，呈现出移动媒体、移动微视、移动社交、移动游戏、移动商务等媒体形态，极大地促进了移动新媒体产业的快速发展。移动新媒体这种新兴领域为用户带来颠覆性的"超媒体"感受，颠覆了用户的阅读习惯和信息传播方式，极大地激发了消费群体的创造激情，重新构建了一系列全新的认知体系。①

技术创新作为无形生产力，是经济发展的关键因素，已成为当前经济发展的首要动力。一方面通过新技术产业的发展来提高社会生产力，将相关技术渗透到社会劳动密集型产业，进而影响和推动社会经济的发展；另一方面通过高技术产业来提升社会整体竞争力，通过高科技技术的发展带动新的产业和社会结构的改变，其强劲的经济增长能力，已成为国家发展的重要经济来源和战略支柱。正如熊彼特主张的技术创新就是不断将落后技术淘汰的创造性破坏动态过程。学者索洛对美国1909—1949年的统计调研提出的"索洛剩余"，更进一步证明了技术在经济中的关键因素，证实技术对经济的贡献远超过资本投资。

学者 Roger Fidler 认为媒体系统是动态、复杂、相互依赖的系统，新技术的引入会带来系统内部调整，以呈现更好的生存状态。② 自古至今，媒体都一直作为技术创新的重要范例。第一是纸质媒体相关技术的发明。早在北宋年间，毕昇发明的活字印刷术这一伟大的技术革命，通过技术创新提升了内容载体的方便性和经济性，促进了内容传播的广泛性，也迎来了纸质传播时代。第二是广播媒体的无线电技术发明，改变了传统的传播方式，可以通过声音来进行媒体传播。第三是电视媒体，随着卫星技术和有线技术的发明，用户可以通过视频来接受内容。第四是20世纪末的新媒体。随着互联网技术的发明，可以囊括之前的全部技术形式，带来综合性的传播方式。第五是移动新媒体。随着无线通信技术和互联网技术的发展，产生了移动新媒体，它不仅拥有之前的全部状态，还拥有了新的特性，进一步丰富了传播功能（如图0-1所示）。

---

① ［美］玛丽安娜·沃尔夫. 普鲁斯特与乌贼：阅读如何改变我们的思维 ［M］. 王惟芬等译. 北京：中国人民大学出版社，2012.
② Roger Fidler. Mediamorphosis：Understanding New Media ［M］. London：Sage Publications，1997.

	发展年代	技术演进	受众衍变
第一媒体	20 世纪 40 至 50 年代	纸质媒体（报纸、杂志等，基于印刷技术，展示文字、图片等内容）	读者

	发展年代	技术演变	受众衍变
第二媒体	20 世纪 60 至 70 年代	广播媒体（基于无线技术，展示音频内容）	听众

	发展年代	技术演变	受众衍变
第三媒体	20 世纪 80 年代	电视媒体（基于卫星和有线信号传输技术，以展示音视频内容为主体）	观众

	发展年代	技术演进	受众衍变
第四媒体	20 世纪 90 年代	新媒体（基于互联网技术，以展示音视频、文字、动画等多媒体内容为主等）	读者

	发展年代	技术演进	受众衍变
第五媒体	21 世纪	移动新媒体（基于计算机网络、无线通信技术，展示音视频、文字、动画等多媒体内容）	手机用户

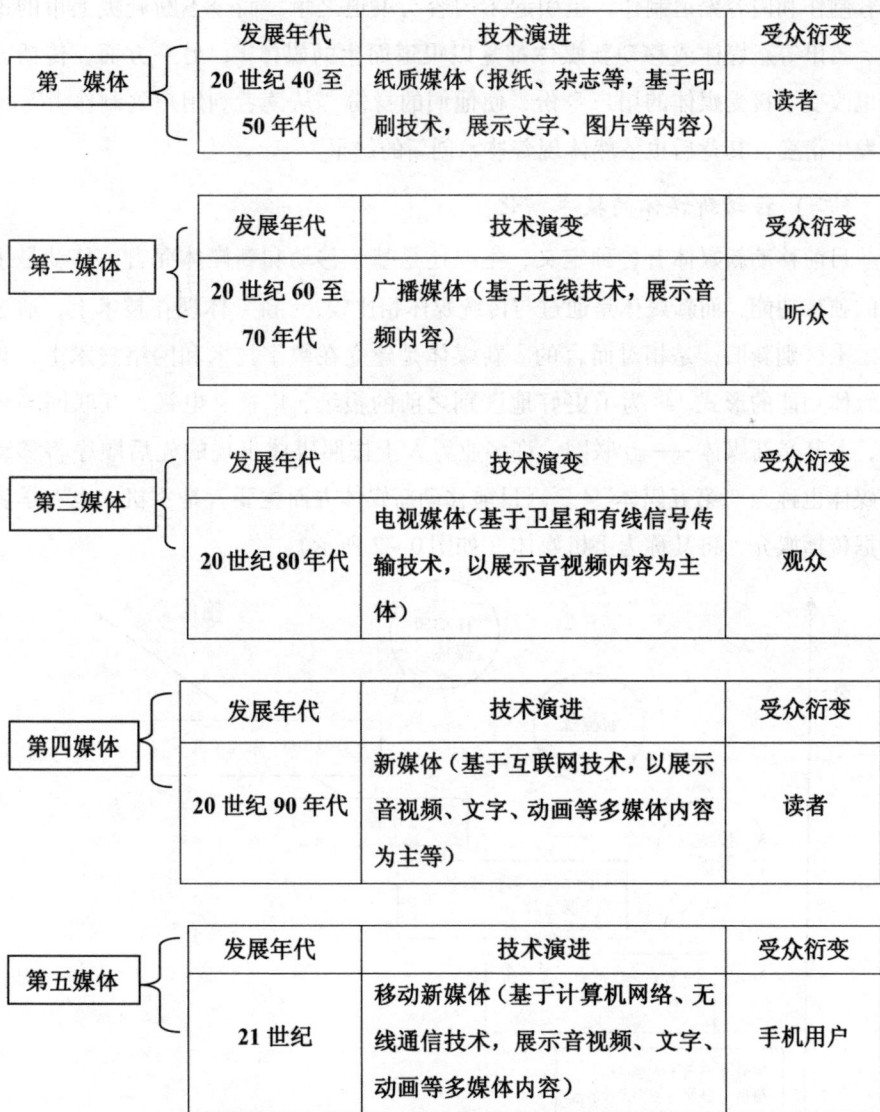

图 0-1　第一媒体到第五媒体技术演进历程

资料来源：潘瑞芳等. 新媒体新说 [M]. 北京：中国广播电视出版社，2014：69.

这些技术无一不在改写着媒体的传播方式，而且在技术的推动下，一方面，改变着媒体的传播方式。每个阶段都会由于技术使媒体传播方式发生改变，从最初的"媒介与内容统一"逐步演化成"媒介与内容分离"，形成技术搭建的内容制作和内容渠道制作，也引起了内容与渠道之争，而今不断赴美上市的迅雷、腾讯等新媒体或移动新媒体都是以渠道而生的媒体①；另一方面，传播方式也改变了接受媒体的用户身份，使他们的身份"从读者到用户到制作者"不断发生衍变，其背后也依然体现着技术创新的结果。

（二）移动新媒体的技术演化

目前移动新媒体有各种定义，主要还是基于移动和新媒体而言，移动是手机的独特功能，而新媒体是通过与传统媒体相比较，"新"体现在技术上，通过技术来区别新旧，是相对而言的。新媒体是建立在数字技术和网络技术上，具有媒体功能的形式。② 为了更好地区别之前的报纸、广播、电视、互联网等媒体，尤其是新媒体——互联网，许多业界人士按照媒体出现的先后顺序将移动新媒体也称为"第五媒体"③。因目前移动新媒体方面主要就是手机，也有学者根据传播媒介，将其称为手机媒体（如图 0 - 2 所示）。

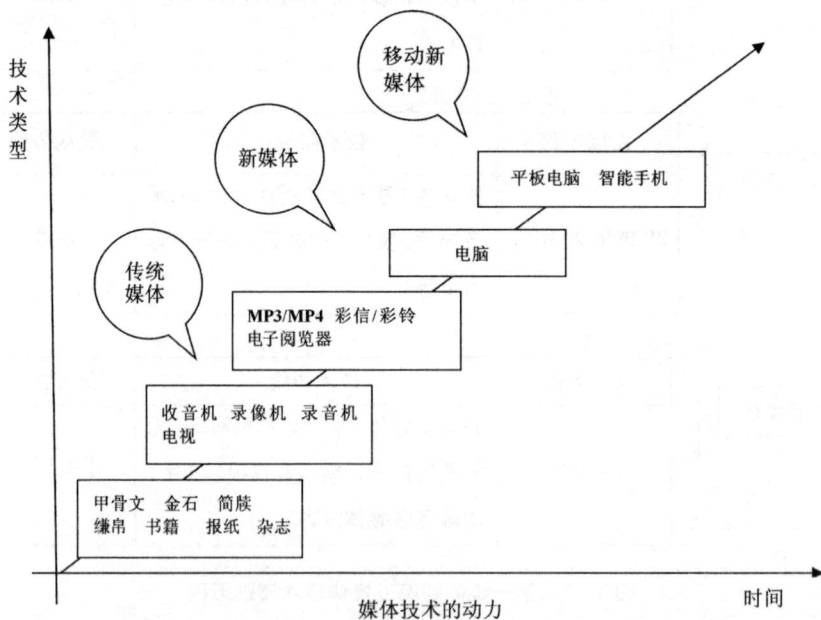

图 0 - 2　各类新媒体的演化历程

① 陈建群. 内容为王，还是渠道为王？——新媒体环境下的传媒产业新格局 ［J］. 新闻知识，2015（7）：26 - 27，76.
② 潘瑞芳等. 新媒体新说 ［M］. 北京：中国广播电视出版社，2014：4.
③ 第五媒体研究中心. 2010 年第五媒体行业发展报告 ［EB/OL］. http：//news. si-na. com. cn/m/2010 - 12 - 31/144021741972. shtml2010 - 12 - 31/2013 - 04 - 15.

（1）移动新媒体的代表——手机媒体

目前在移动新媒体方面主要就是手机和平板电脑，但由于手机技术的完善和媒体功能的强大，基本都是以手机来介绍移动新媒体。而它之所以作为移动新媒体的代表，成为大众媒体，还是得力于技术赋予的媒体功能。① Paul Levinson 认为手机赋予我们的这种新能力比原有的随时随地的通话重要许多，通过与世界的互动更具革命意义。②

一方面手机具备了新媒体的功能。由于互联网和无线通信技术的发展，手机在通信功能的基础上，通过增值服务不断增加群发短信和彩信等功能，使得手机不再是单一的通信工具。之后随着手机软件操作系统的开发，手机增值功能演化为多元化的大众传播媒体，能容纳不同服务内容，包括短信、博客、微信、微视等内容，可向不同主体进行大众传播的新媒体，完全将传统报纸、电台、电视和电脑等媒体功能融为一体，开启了媒体融合时代。

另一方面手机移动性带来新的媒体功能。由于手机可以移动，用户可以在任何时间、地点将自己所思所想所看所感进行发布，通过数据传输、程序编辑、软硬件系统等方面的技术，将传统文字内容、图片、声音、视频等媒体形式进行整合并发布，将大家带入现场，给用户声情并茂之感。而且通过技术可以实现海量内容快速整合并利用网页、APP 等形式传播，丰富了用户群体的选择，使原有新闻制作形式发生改变，媒体不再是传统精英涉猎的范围，任何人随时随地都可以成为新闻制作人，培养了"草根文化"，使得用户通过移动新媒体实现各种可能，满足了用户的个性化需要，用户规模远超四大媒体，丰富了内容来源，形成规模经济。③ 随着移动新媒体成为市场竞争的热门区域，如何有针对性地更多把握用户需求，提升用户的黏附力，创造更多价值已成为移动新媒体技术研究的热点。

（2）移动新媒体的技术演化

仅十几年的发展，手机从个人通信的点对点功能，到目前囊括各种信息和内容的多媒体，这完全应归功于数字技术创新的结果。学者黄河将技术作为推动手机媒体发展的三个变革因素中的决定关键因素。④ 按照传播学界定传播范

① 匡文波. 手机媒体概论 [M]. 北京：中国人民大学出版社，2006：6.
② Paul Levinson . New Media [M] . New York：Pearson Publications Company，2010.
③ ［美］小艾尔菲雷德·钱德勒. 规模与范围：工业资本主义的原动力 [M]. 张逸人等译. 北京：华夏出版社，2006：16.
④ 黄河. 手机媒体商业模式研究 [M]. 北京：中国传媒大学出版社，2011：2.

围的标准，人类传播有个体传播、人际传播、组织传播、大众传播等方式，只有达到大众传播的情况才能视为媒体。作为第一媒体的报纸，第二媒体的广播，第三媒体的电视，第四媒体的互联网，都是达到大众传播才成为媒体。手机也是随着技术的发展逐步演化成为大众媒体的。

移动新媒体是随着技术的突破和不断改进才"具备"媒体功能，并逐步成为大众传播的"习惯"（如图0－3所示）。第一，在2005年之前，处于移动新媒体技术积累阶段。通过技术突破获取单一技术性能，例如，文字、声音等单一媒体功能，属于消费"认知"阶段。第二，2005—2012年，处于移动新媒体技术融合阶段。随着单一技术性能的突破，媒体需要的文字、声音、图像、视频等基本功能得到满足，通过技术融合，将单一性能发展成为一体化功能，移动新媒体拥有综合的媒体功能，属于消费"运用"阶段。第三，2012年至今，处于移动新媒体技术应用阶段。随着市场需求和技术研发的不断发展，技术融合后的媒体功能已从基本功能逐步发展为各领域的应用功能，例如，电子商务评论、移动广告推送、微商等，移动新媒体不再简单限定在媒体信息，而是随着人们应用的习惯，与"互联网"一样的渗透状态，进入消费者涉足的各个产业领域，属于消费"习惯"阶段。

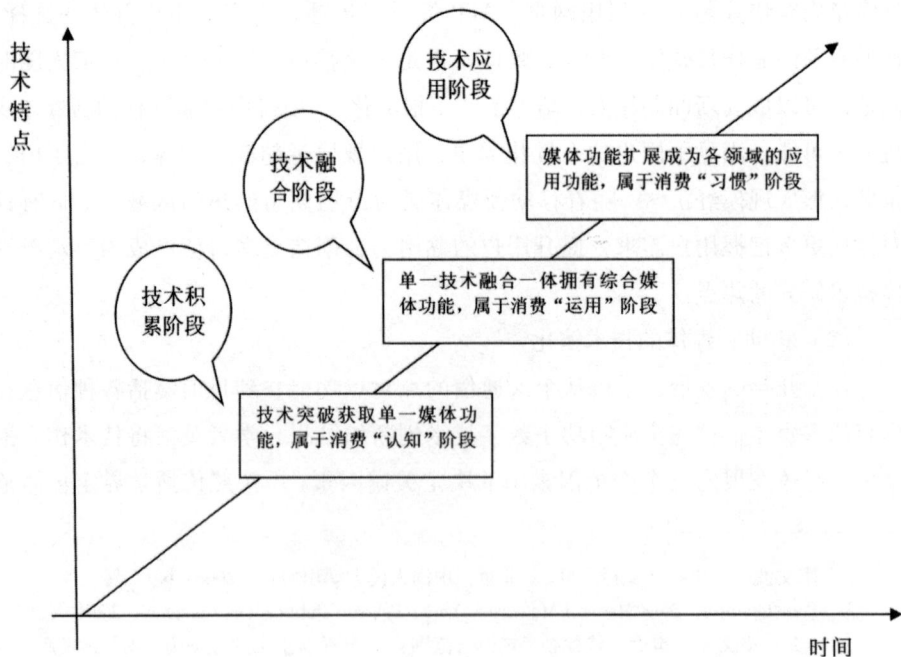

图0－3　移动新媒体的技术演化

三、移动新媒体产业的今世——技术生态①

（一）技术融合带动的产业融合

据 iPass 调查，92% 的人员认为手机不仅应用在日常生活中，也应用于商务办公。② 技术融合使得移动新媒体的产业边界变得模糊，原本不相关联的产业相互渗透，技术交叉越来越明显，整个产业呈现开放式的技术融合，在技术推动下什么都变得可能。③ 移动新媒体在新技术的推动下，将之前所有媒体功能集于一身，打破了原有媒体产业各自为政的局面，融入统一的产业模式中，形成媒体融合；通过三网融合，将电信、互联网、传媒融合在一起，形成平台融合；在媒体融合和平台融合的技术推动下，也带动了相关电子产品之间的融合，形成终端融合；移动新媒体在技术推动下，形成跨行业、跨领域、跨技术的产业技术生态。

媒体融合是通过数字技术 0 和 1 的计算方式，将传统内容通过数字转化形成数字信息流，实现视频、音频、图像、文字等内容的自由转换；平台融合是数字和信息技术将电信提供的语音通信以及广电提供的影视内容进行技术转换，绕开原有规制，实现移动新媒体的通话、视频、电视等内容的表达，在技术的帮助下实现多样需求的简单映射，IP 技术和协议得到普遍应用，基础通信网络不再至关重要④，光通信技术、云计算技术使得数据传输变得更加便捷、轻松，多屏互动、多元内容从硬件进入云端，极大地促进了移动新媒体视频内容的发展，未来人机互动和虚拟技术将更加普及和智能；3C 终端融合，不仅增加了传统产品性能，还形成了新的技术服务和产品，例如，手机电视正是通过 IP 传输影视、文本等多媒体业务。而今，移动终端企业正在通过技术融合创造商业奇迹，例如苹果、小米。

---

① 技术生态是指一定区域内技术成分、技术研发或使用单位以及非技术的生态环境通过信息、知识、技术和人员的流动互相作用、互相依存的一个技术生态功能单位。是由同一或不同技术、技术体系、技术系统和技术生态环境多个构成要素构成的。它把技术及其存在的生态环境看成是互相影响、彼此依存的统一体。

② Mobile Darwinism. The iPass Mobile Enterprise Report. ［EB/OL］. http：//www. mobile - workforce - project. ipass. com/reports/q1 - report - 2012. 2012 - 06 - 23/2016 - 03 - 15.

③ ［美］约翰·帕夫里克. 新媒体技术——文化和商业前景 ［M］. 周勇等译. 北京：清华大学出版社，2005：126.

④ 李勇等. 三网融合的现状与技术发展 ［J］. 长沙通信职业技术学院学报，2007 （3）：1 - 3.

（二）技术共享带动的产业共生

技术融合使得产业融合更加普遍，融合之后的低成本和规模化使得产业呈现相互共生的生态局面，改变了原有专用传播平台的局限，实现了互通互联，扩大了原有消费群体和消费规模，提升了经济效益，使得不同领域的企业纷纷涉足移动新媒体。例如，苹果、谷歌等 IT 巨头开始销售融合性电子产品。如果坚持原有竞争模式将会失去产业生存的机会和优势，技术合作、产业联盟成为该领域的主流。如今，不论任何移动平台和 APP，都通过技术共享建立自身的移动媒体内容或服务，像微信这些即时通信工具，也增加了各种新闻服务、社交分享等媒体功能。移动新媒体已融合在各种互联网业务之中，极大地扩展了产业共享范围，企业从中获得巨大的规模经济效益。作为产业融合的移动新媒体，已形成以移动新媒体为核心，汇集其他产业，更加复杂和庞大的产业链条。产业任何环节的技术变动都会影响整体产业的产品生产、产业结构、产业平台、产业渠道，进而影响社会层面相关产业政策、消费、服务等领域。可以预见，随着技术共享的进一步加深，未来产业共生现象将更加明显。

（三）技术生态孕育的产业生态

技术生态属于基础研发生态，产业生态属于市场商业生态①，随着技术生态的成熟和移动新媒体产业形成，两者呈现融合状态。② 移动新媒体作为技术交织和产业融合形成的新兴产业，是不同产业原有业务需求和原有技术突破的融合产物，通过技术性能的实现拓展原有产业涉及领域。由此，形成了不同产业相互融合下的移动新媒体领域，通过生态系统的资源共享改变了原有市场地位和市场绩效。③ 移动新媒体就是在移动通信和互联网产业技术基础上形成，作为该产业重要支撑的技术基础，以原有技术单元为基点，将关联技术和无关技术相互交融，通过不断突破和改进演化形成技术链、技术群，不仅突破了原有技术涉猎的范围。同时，在技术融合的基础上发生了重要的基因突变，形成新领域的新技术性能，并随着该领域的自有技术不断成熟，由此形成了新的技术生态，构建成为不同相关技术的生态格局。而产业通过技术的不断突破获取了产业发展的机会和领域，通过技术性能的不断增加和完善来扩展或满足业务

① 曾国屏，苟尤钊，刘磊. 从"创新系统"到"创新生态系统"［J］. 科学学研究，2013，31（1）：4-12.
② Jackson，D. J. . What Is an Innovation Ecosystem［EB/OL］. www. erc - assoc. org/docs/innovation_ ecosystem, pdf. 2012 -11 -28/2015 -02 -01.
③ 徐飞，徐立敏. 战略联盟理论研究综述［J］. 管理评论，2003（6）：12-22.

战术的需求，由此，形成技术生态支撑的产业生态系统（如图0－4所示）。该领域发展壮大逐步成熟后，不仅拥有原有产业的业务内容，同时在融合的基础上形成了自身独有的业务内容。在这样的背景下，原有的技术研发、产业发展都需要结合新的生态系统发生改变和调整，以适应新的产业生态。

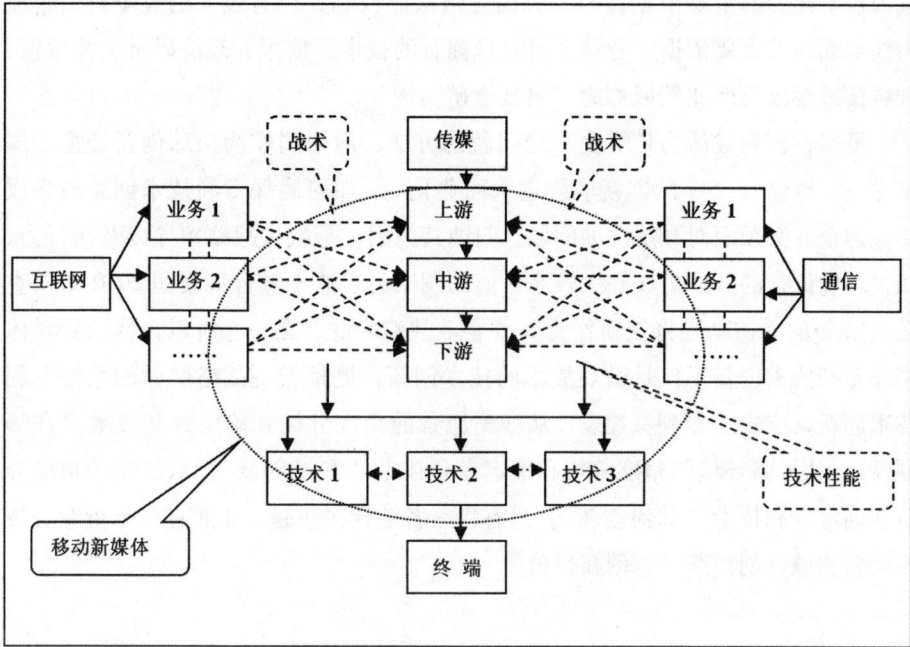

图 0－4 移动新媒体产业生态系统的构成

二、研究内容

移动新媒体产业技术创新应在专利战略指导下进行技术创新。学者 Amsden 针对非西方的新兴经济体研究表明，技术能力对经济的影响力非常重要，通过技术具有的独占性和排他性来获取竞争优势①，也是产业升级提升价值链的关键因素②。移动新媒体产业的兴起及其演变过程，充分显示了技术创新对市场的影响力。"一流企业做专利，二流企业做品牌，三流企业做产品"的市场运营

① Amsden A. . The Rise of The Rest：Challenges to the West From Late － industrializing Economie ［M］. Oxford：Oxford University Press，2003.
② 江积海. 后发企业知识传导与新产品开发的路径及其机制——比亚迪汽车公司的案例研究 ［J］. 科学学研究，2010（4）：571 － 580.

"秘笈"①，专利作为技术创新的结晶无疑是移动新媒体的核心竞争力。② 据世界知识产权组织（WIPO）报告显示，专利文献中包含90%~95%科学技术发明成果，科学利用专利文献信息将缩短60%的科研周期，节省40%的科研经费。③专利作为重要的无形资源，一方面凭借技术市场化，可获得巨大的经济价值，成为技术预测的重要依据；另一方面凭借法律权利，拥有强大的竞争价值，成为技术创新的重要依据。专利凭借自身拥有的技术、情报、经济以及法律价值，被科技情报以及产业领域称为"科技金矿"。④

虽然，创新被认为是解决一切问题的方法，但美国作为全球创新最强的国家之一，也仅有55%的创新最终进入商业化。⑤ 如何确保专利技术创新最终成功，是企业必须面对和解决的问题。归纳其原因，是缺失战略领导以及执行力、缺失环境依存的分析力、缺失顾客价值的洞察力。波士顿咨询集团2010年调查显示72%的受访高管将创新作为首要企业战略⑥重点之一。所以，移动新媒体产业专利技术创新不仅是微观战术的技术创新，更是宏观战略层面的系统专利技术创新。应建立专利战略⑦，从战略愿景的角度分析和确定专利技术"在哪创新"，从战略环境的角度分析和确定专利技术"和谁创新"，从战略的角度分析和确定专利技术"如何创新"，只有将三者结合在一起，才能有效分析专利技术创新领域、创新路径、创新价值。

---

① 罗凌云，冯君．专利优势企业指标体系组合分析实证研究［J］．情报杂志，2012（1）：31-34，35.

② 徐欣，唐清泉．专利竞争优势与加速度陷阱现象的实证研究——基于中国上市公司专利与盈余关系的考察［J］．科研管理，2012（6）：83-91.

③ 赵亚娟，董瑜，朱相丽．专利分析及其在情报研究中的应用［J］．图书情报工作，2006（5）：19-22.

④ 齐燕．专利信息生态相关问题初探［J］．情报理论与实践，2014（12）：41-52.

⑤ ［美］罗恩·阿德纳．广角镜战略——企业创新的生态与风险［M］．秦雪征，谭静译．南京：译林出版社，2014：4.

⑥ "战略"（Strategy）一词最早是军事方面的概念。战略的特征是发现智谋的纲领。是一种从全局考虑谋划实现全局目标的规划，是一种长远的规划，具有远大目标，与此相对的是战术，战术只为实现战略的手段之一。企业战略是设立远景目标并对实现目标的轨迹进行的总体性、指导性谋划，属宏观管理范畴，具有指导性、全局性、长远性、竞争性、系统性、风险性六大主要特征。

⑦ 专利战略是企业面对激烈变化、严峻挑战的市场环境，为取得专利竞争优势，为求得长期生存和不断发展而进行的总体性谋划。专利战略制定根据企业整体战略，利用专利自身特性，通过专利情报信息研究分析市场需求、竞争格局，确定专利战略定位，推进专利技术研发，以此获得市场优势。专利战略的目标万变不离其宗，是打开市场、占领市场、最终取得市场竞争的有利地位，占领市场是专利战略目标的核心内容。

（一）在哪创新

在移动新媒体产业演进的过程中，技术给产业带来了巨大的变化，虽然，移动新媒体以内容为主，但中美都呈现渠道走强、内容走弱的趋势①，但不论是生产内容还是传播内容都需要背后的技术支持，失去了技术则无法被称为移动新媒体，技术以及技术创新推动这个行业的持续发展，而专利技术"在哪创新"则至关重要。

第一，技术融合的复杂化和多元化夹杂着众多"技术锁定"和"路径依赖"。移动新媒体是各种不同领域、不同行业技术融合产生的，许多技术在原有领域具有强大的市场定位和竞争优势，为此，当移动新媒体成为产业后，原有技术必然存在一定程度的"技术锁定"和"路径依赖"问题。1997 年，Teece等学者提出"技术锁定"问题，认为技术锁定影响创新能力。② 技术锁定对内限制企业对新技术的选择，影响企业的市场反应和技术创新；对外可以锁定市场，建立标准，具有两面性。积极一面可以参与市场标准竞争和制定，消极影响使企业考虑成本因素受限于技术锁定，而选择次优的技术，造成创新低效。③而新兴的移动新媒体产业，尚处于技术多元阶段，技术不属于某一或某几家企业，而是相互融合的技术生态，许多媒体技术都是企业之间的合作研发，整个产业技术的变迁速度较快，企业将很难应对技术的快速变化和环境的不确定因素；"路径依赖"是由生物学家最早提出，20 世纪 80 年代被学者 David 引入技术变迁，之后在制度经济中被学者 North④ 推广。强调事物选择某一路径后会形成惯性加以强化，并产生路径依赖行为，无论好坏都沿着该路径发展演变，难以被其他更好的路径替代。⑤ 如果企业选择的路径是好的，则促进企业发展，形成良性循环；反之，则被"锁定"在低效的环境中恶性循环。但影响"路径依赖"的关键因素之一就是"技术锁定"。而移动新媒体现有专利技术都是原有领域形成的基础上拓展的，都是基于原有路径惯性发展的，但随着移动新媒体

① 陈建群. 内容为王，还是渠道为王？——新媒体环境下的传媒产业新格局［J］. 新闻知识，2015（7）：26 - 27，76.

② Teece D. J. , Pisano G. , Shuen A. . Dynamic Capabilities and Strategie Management［J］. Strategic Management Journal，1997，18（7）：509 - 533.

③ 姜劲，徐学军. 技术创新的路径依赖于路径创造研究［J］. 科研管理，2006，27（3）：36 - 41.

④ Norch, DC. C. . Institutions, Institutional Change and Economic Performance［M］. Cambridge：Cambridge University Press，1990.

⑤ 盛昭瀚，蒋德鹏. 演化经济学［M］. 上海：上海三联书店，2002：144.

产业的成熟，需要符合自身发展的专利技术，尤其是技术整合形成的新技术性能，需要颠覆原有专利技术路径和范式，如果不从移动新媒体整体专利战略角度构建，很难打破原有产业形成的技术惯性和路径依赖，克服"技术锁定"和"路径依赖"。

第二，技术融合的复杂化和多元化已超过了研发人员自身专业范围。按照德温特专利数据库学科分类，移动新媒体专利技术涉及学科众多，排名靠前的学科涉及 Computer Science、Engineering、Communication、Instrumentation、Internal Medicine、Sport Sciences 等，国际专利分类代码，相关技术涉及 G06F、G06Q、G06F、H04L、H04W 等领域。涉及学科和领域远超过研发人员的专业范围，只有上升为战略角度，通过战略目标的设定，明确和引导不同专业技术研发人员向着统一目标分工合作、协同配合，并通过统筹协调各方资源，满足技术研发人员需求的各方资源和信息，才能共同完成个体或战术无法完成的产业专利技术创新。

第三，技术融合的多元化和复杂化也超过了企业原有的市场定位。不同产业融合必然会延续原有产业的技术范式和管理模式。但随着移动新媒体产业的形成，新的技术范式和管理模式将会产生，并替代原有范式和模式。原有将移动新媒体产业作为单一业务，通过提升产品性能的战术策略将无法适应现有的生态格局。例如，苹果推出智能手机时，市场上早已充斥着诺基亚、黑莓、索爱等品牌，这些企业拥有众多高端技术，而苹果却能保持持续的竞争力，鲜有能够匹敌的竞争对手，其主要原因就是很多企业还停留在电池寿命、屏幕清晰度、内存大小等单一技术性能的提升，忽视了产业技术之间的共生性，苹果已开始从移动新媒体产业整体分析，分析顾客使用的完整过程和目的，将顾客使用技术的需求作为技术创新的战略愿景，为顾客提供解决方案作为技术研发的创新方向（如图0-5所示）。正如苹果（COO）蒂姆·库克曾经说道，"我们为iPhone 提供一些适合企业的解决方案，许多企业购买且非常满意"。① 企业市场定位不同，价值主张不同，选择的创新点则不同。苹果通过选择差异性战略构建以顾客为主体的系列生态系统，从提供技术产品逐步转向为客户提供技术解决方案，不同价值主张之间具有很强的衔接性，以保证价值从一个阶段延展至一个阶段。

---

① Erik Kennedy. iPhone Making Inroads in the Corporate World. ［EB/OL］. http：//www. arstechnica. com/apple/ 2007 /12/iPhone－making－inroads－in－the－corporate－world/. 2007－12－12/2016－04－10.

传统创新都是根据技术创新带动制度创新，以至于企业创新侧重技术而忽视了其他领域，应从战略高度，根据市场需求，系统解决顾客使用全程面临的问题，通过战略愿景选择创新技术和创新方式。专利战略是企业与技术之间的衔接器，通过技术发展轨迹的了解，起到专利情报作用；了解企业的发展需要，起到专利导向作用，通过专利战略发挥两者作用。

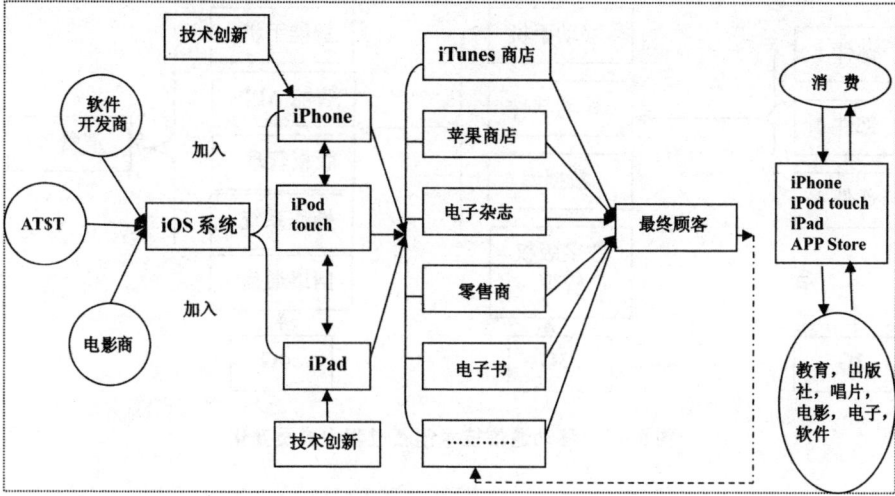

图 0 - 5　苹果战略模式下的技术创新构建

（二）和谁创新

操作系统作为移动新媒体核心基础，可以兼容不同终端硬件，并为不同应用程序提供服务的软件。① 为什么有的操作系统成功了，有的选择操作系统却失败了？确定"在哪创新"对于创新最终的成功是远远不够的，"和谁创新"才能有效规避"创新盲点"。早在 20 世纪 90 年代初时，诺基亚就开始了 3G 手机的研发，需要将电脑应用程序嵌入只能进行通话和少量短信传输的手机当中，当时被认为是"欧洲最大的豪赌"。随着 6650 型手机的诞生，诺基亚终于赢得了成功，却也被称为"失败的伟大创新"，以至于这部手机被称为 2G 手机的加强版，浪费了数十亿研发资金。错误地误解了合作创新，忽视了其他创新的商业化，3G 之前强调的手机硬件、外观和电池，对于诺基亚来说，可以全部独立完成。3G 却完全不同，不仅取决手机硬件，更需要手机软件和服务的支持，远

---

① 王彤．智能手机的发展及其对产业的影响［J］．信息通信技术，2012（4）：4 - 6.

超过原有手机制造商范畴，而这些关键领域却掌握在其他企业手中，以至于诺基亚首席执行官史蒂夫·埃洛普意识到："移动竞争已是生态系统的竞争。"而今 4G 涉及的领域比 3G 更加多元，为此，在进行技术创新时应从产品整体技术考虑，与相关企业建立优势互补、功能互补的技术研发体系，使其保障创新成果能及时商业化，发挥创新效用（如图 0-6 所示）。

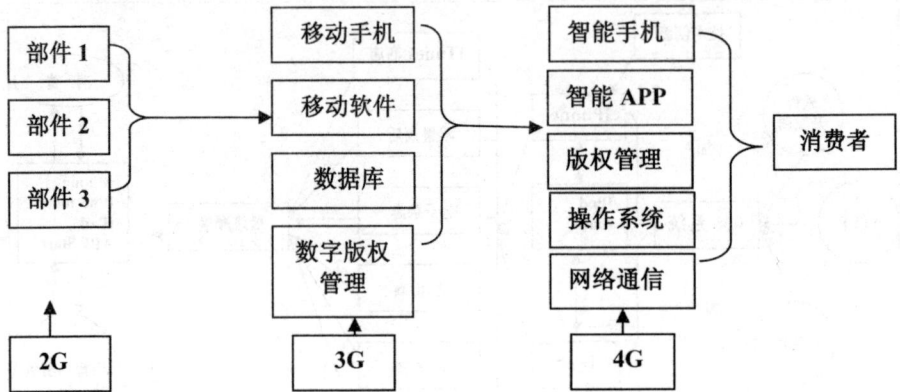

图 0-6　移动通信技术创新过程中成员变化

首先，构建战略网络。用户不仅是最终消费者，还包括与最终消费者之间的中间商。创新成果的最终成功取决于所有合作伙伴都能接受创新产品，缺失任何一个都无法将创新产品送达最终顾客。在这个价值供应链中，整个创新成果的转移过程就是价值传递和渠道运行的过程。由于每个环节的顾客都有其自身利益，所以，在技术创新之初就应将这些问题发掘出来，通过战略分析识别创新关键路径，并通过战略愿景将"志同道合"的主体组建成价值链，在充分考虑成员利益的基础上进行技术创新，使其成员可在后期创新成果推广中获取收益，促使创新产品顺利进入市场。

其次，协同战略成员。虽然，移动新媒体可以满足大家的转发和播放需求，但存在版权收费问题，尤其是电影和音乐，本该通过内容获利，却面临"免费等死、收费找死"的尴尬局面，许多版权费动辄上千万，使绝大多数新媒体企业望而却步，还没看到市场收益时，就看到付出的成本，严重影响内容企业在移动新媒体中的发展。创新的实现不仅是创新方向的选择、创新成员的选择，还需要一系列创新市场合作才能兑现创新价值主张。对于移动新媒体产业而言，收益的获取是通过产品附加值获取的，而非产品本身，动漫产业就是通过附加值赢利模式获利的。而今，移动新媒体主流企业都是技术占优，控制传播渠道，与传统媒体不同。版权企业可以通过与技术企业的合作，推广产品的市场占有率，提升品牌影响和附加值来实现共赢，并通过技术监控分享收益。或者扶持相应企业建立传播渠道，通过前期版权的减免帮助企业的成长或技术更新，例如美国的数字影院，最初就是通过七家企业（迪士尼、福克斯、米高梅、派拉蒙、索尼、环球、华纳）组建的数字电影创导有限公司通过技术标准的制定、用技术使用换取版权费用等方式帮助传统影院解决资金、技术等问题，使其通过更新设备成为数字影院，实现了各方双赢的局面。

（三）如何创新

技术研发追求的是技术先进性，而顾客追求的是使用便利性，侧重角度不同，必然影响创新方式的不同。苹果作为移动新媒体的代表之一，专利数量和专利质量都与三星存在一定的差距，但苹果收获了行业 90% 的利润，其依靠的就是良好的创新模式。

移动新媒体产业中，虽然我国企业占据数量上的优势，在质量方面却始终处于战略价值链的低端。如何通过创新来改变困境，早已是关注热点，而纵观改革开放 30 多年，我国企业不可谓努力不足，在全球价值链上的整体境遇却没有发生显著改善①，作为全球产品最大的生产来源地，却仍尴尬地处于价值链的低端。尽管我国企业不断创新，发挥后发优势，但发达国家企业凭借掌握关键网络稀缺资源，运用技术创新构建战略性隔绝机制依然占据主导地位②，我国企业原有创新方式最终多数被证明只会处于"被俘获"的"悲惨增长"境地③。为此，我们认为不是企业内生增长不足，而是创新方向和模式有误，导致创新无法发挥价值。

第一，传统技术创新方向选择存在问题。之前企业受制于价值链分工，忽视顾客需求，导致企业面临"市场隔层陷阱"④ 迷失了发展方向，同时，也忽略外部环境变化，无法审视自身比较优势角度，更多采取短期行为，使自身陷入保守与封闭状态，导致处于价值链低端的尴尬状态。为此，应建立以顾客需

① 杨蕙馨，王海兵. 国际金融危机后中国制业企业的成长策略 [J]. 经济管理，2013（9）：41-52.
② 朱瑞博. "十二五"时期上海高科技产业发展：创新链与产业链融合战略研究 [J]. 上海经济研究，2010（7）：94-106.
③ 卓越，张珉. 全球价值链中的收益分配与"悲惨增长"——基于中国纺织服装业的分析 [J]. 中国工业经济，2008（7）：131-140.
④ 王桧伦. 民营企业国际代工"市场隔层"问题研究 [J]. 浙江社会科学，2007（1）：40-48.

求为导向的创新思路，引导消化吸收再创新的发展方向。

第二，传统技术创新管理思想存在问题。技术创新是企业维持竞争力的基础，但仅关注技术领域很难成就技术创新。原有的创新管理将重点放在技术创新过程中的工艺、产品等内容上，只注重人、财、物等创新元素投入和知识产权创新产出的管理，形成个别环节和部分的管理模式。没有从技术创新全过程出发，对企业内部各部门以及外部环境发挥统一的协调功能，不利于保障技术从选择、培育、孵化到市场化、产业化的成功，难以避免技术创新过程中的"死亡之谷"。

第三，传统技术创新模式存在问题。传统创新方式选择存在问题：在全球竞争中，与技术先进的跨国公司相比，我国企业绝大多数属于后发企业，普遍缺乏关键技术和核心技术，能够动员的各种创新资源也较少。① 为了尽快缩小差距，我国企业通过检索、购买以及合资等方式努力追赶力图进行技术创新。技术创新分渐进式和突破或颠覆式，原有企业普遍采取渐进式技术创新，在对现有技术进行改进的基础上实现创新，投入少、风险小、利于操作。但这种方式会面临两个追赶陷阱，一是主导技术轨道是后发企业难以逾越的壁垒，不仅融合多项核心技术专利特征②，而且隐含不同利益主体和标准制度③，可以缩小但难以超越；二是技术封锁造成的追赶陷阱。后发企业的追赶，导致领先企业和国家采取保守的封锁战略，我国家电、船舶等领域就遭遇了技术追赶的"天花板"效应，传统吸收消化路径已失效④，导致企业陷入技术引进和自主创新两难局面。

第四，重构专利战略下的技术创新想法。首先，确定战略创新宗旨。"顾客至上"早已成为成功禅语，但在现实运行时，却总是差强人意。其根源在于创新者与消费者之间的价值认定不同，双方从各自角度衡量价值的收益和成本。创新者考虑的是新产品带给用户的绝对收益，而消费者考虑的是新产品的相对收益，考虑使用新产品取代旧产品带来的附加值。创新者考虑的成本就是产品

① 朱瑞博，刘志阳，刘芸. 架构创新、生态位优化与后发企业的跨越式赶超——基于比亚迪、联发科、华为、振华重工创新实践的理论探索 [J]. 管理世界，2011 (7)：69 - 97.
② Utterback, J. M. Abernathy, W.. A Dynamic Model of Product and Process Innovation [J]. Omega, 1975 (3)：639 - 656.
③ Tushman, Michael L, Philip Anderson and Charles O'Reilly. Technology Cycles, Innovation Streamsand Ambidextrous Organizations [M]. Oxford：Oxford University Press, 1997.
④ 张米尔，田丹. 从引进到集成：技术能力成长路径转变研究——"天花板"效应与中国企业的应对策略 [J]. 公共管理学报，2008，5 (1)：84 - 90.

价格，而消费者考虑的成本是使用新产品带来的转换成本（习惯、培训、硬件升级、转换时间等）。例如，移动新媒体主要的文字、视频、图片、声音等功能在最初就拥有，之后还有飞信的媒体工具，井喷却是在微信的发展下开始的，微信强大的兼容性将通话、视频、QQ、分享、消费、转账等归为一体，节省了消费者的成本，获取了更高的收益，所以获得了巨大的成功。其次，确定战略创新模式。企业应采取颠覆式创新，一方面领先企业因主导技术获利，大多创新都会延续原有技术领域，很难放弃现有优势而另辟蹊径，为后发企业采取颠覆式创新带来机遇；另一方面后发企业在技术方面采取颠覆式创新，在萌芽期间与原有技术冲突较少，难以引起领先企业警觉，为后发企业颠覆式创新争取了成长时间。

价值的体现是创新成果的具体使用，消费者使用时面临的许多问题本身是可以在创新之初化解的。创新者可通过战略分析，以消费者需要为价值动力，将其转化在创新技术选择和研发之中，必然消除创新产品商业化的障碍。

三、研究方法

（一）主要数据来源——德温特专利数据库①

本文主要是研究移动新媒体专利战略，专利文献的选择和方法则至关重要。美国 Web of Science 旗下的德温特专利数据库（Derwent Innovation Index，DII）作为全球最权威的专利机构之一，收录世界 40 多个国家或地区的专利数据，具有庞大的专利数据库，并通过相关技术专家将专利文献的不同语言翻译成英语，消除语言障碍，并按照技术人员常用的通俗语言重新书写相关信息，使其形成德温特独有的描述性标题、摘要。同时，DII 为了避免同族专利的重复出现，将同族专利进行合并形成一条专利记录，通过同一专利记录的查找可以了解整个专利家族的区域分布和不同专利号，利于市场机构根据专利家族的区域布局进行战略调整。

DII 查找方法包括国际专利分类号、德温特分类号、德温特手工代码等。目

---

① Derwent 是全球最权威的专利情报和科技情报机构之一，1948 年由化学家 Monty Hyams 在英国创建。Derwent 隶属于全球最大的专业信息集团——Thomson 集团，并与姐妹公司 ISI、Delphion、Techstreet、Current Drugs、Wila 等著名情报机构共同组成 Thomson 科技信息集团（Thomson Scientific）。目前全球的科研人员、全球 500 强企业的研发人员、世界各国几乎所有主要的专利机构（知识产权局）、情报专家、业务发展人员都在使用 Derwent 所提供的情报资源。

前，国际专利分类号和德温特分类号分类过于宽泛，无法准确地定位专利技术的适用领域，尤其是针对产业发展较快的互联网领域，而德温特手工代码主要是针对专利文献涉及的应用领域和创新特点进行独家标引，按照分层形成进行结构排列，顶层是通用代码，其他层次按照具体类别形成子部分。① 提升检索的准确度，具有较高的一致性，为此，本文采用德温特专利手工代码进行专利检索。

本文以德温特手工代码 SectionT：Computing and Control（计算和控制）为大类，选择其中的小类 T01 DIGITAL COMPUTERS（数字计算机），在该小类下选择 T01 – N INTERNET AND INFORMATION TRANSFER（互联网和信息传递），然后在该类中选择小类 T01 – N01 APPLICATIONS（应用程序），在该小类中选择 T01 – N01B ENTERTAINMENT（娱乐）②，该小类中含有 T01 – N01B1 GAMING（游戏）、T01 – N01B2 CHAT ROOMS（聊天室）、T01 – N01B3 ON – LINE EDUCATION（在线教育）、T01 – N01B4 NEWS SYSTEMS（新闻系统）、T01 – N01B5 E – BOOKS（电子书）、T01 – N01B9 OTHER INTERNET ENTERTAINMENT（其他互联网娱乐），而这些内容都属于新媒体领域。为此，本文基于以上分析，并结合移动新媒体"移动"的特性，最后确定以（T01 – N01B）AND 主题（Mobile）进行专利检索，共检索到 1750 篇专利。③ 专利检索过程和专利文献信息如下。④

---

① 沈君，高继平，滕立．德温特手工代码共现法：一种实用专利地图法［J］．科学学与科学技术管理，2012（1）：12 – 16.
② 移动新媒体专利技术之所以集中在"娱乐"小类，与当前形势相关。德温特专利数据库手工代码是基于技术所处领域来划分的，而今，媒体领域正处于全民娱乐状态。正如学者尼尔·波兹曼认为，由于电视等大众媒体带来的娱乐化倾向，当代社会的公共话语受其影响也都以娱乐的方式来表达，并且以此为一种时尚，甚至成为一种时代精神。在此精神笼罩下，新闻报道、体育事业、教育领域等都沦为大众娱乐的附庸。
③ 德温特专利检索的专利文献都是专利家族，而非单一专利。
④ 德温特专利文献包括专利的具体来源、标题、号码、发明人、权利人、摘要、德温特专利分类号、德温特专利手工分类号、国际专利分类号、专利申请时间等信息。

Section T: Computing and Control
T01 DIGITAL COMPUTERS
- T01-A MECHANICAL DIGITAL COMPUTERS
- T01-B FLUID-PRESSURE DIGITAL COMPUTERS
- T01-C INPUT/OUTPUT ARRANGEMENTS
- T01-D DATA CONVERSION
- T01-E DATA PROCESSING
- T01-F PROGRAM CONTROL
- T01-G ERROR DETECTION/CORRECTION, MONITORING
- T01-H DATA STORAGE AND MEMORY, INTERCONNECTION, DATA TRANSFER
- T01-J DATA PROCESSING SYSTEMS
- T01-K CLOCK SIGNAL GENERATION/DISTRIBUTION
- T01-L COMPUTER EQUIPMENT DETAILS
- T01-M COMPUTER/PROCESSING ARCHITECTURE
- T01-N INTERNET AND INFORMATION TRANSFER
  - T01-N01 APPLICATIONS
    - T01-N01A FINANCIAL/BUSINESS
    - T01-N01B ENTERTAINMENT
      - T01-N01B1 GAMING
      - T01-N01B2 CHAT ROOMS
      - T01-N01B1 GAMING
      - T01-N01B2 CHAT ROOMS
      - T01-N01B3 ON-LINE EDUCATION
      - T01-N01B4 NEWS SYSTEMS
      - T01-N01B5 E-BOOKS
      - T01-N01B9 OTHER INTERNET ENTERTAINMENT

移动媒体手工代码

Interactive audience participation permission method in e.g. baseball event, involves querying spectators through mobile telephone, and announcing results visually based on answers provided by spectators

专利号: US2003144017-A1 → 原始 ; US6760595-B2 → 原始 ; WO2004079535-A2 → 原始 ; EP1600017-A2 → 原始 ; AU2004216590-A1 , JP2006522986-W ; AU2004216590-B2 ; CA2518216-C ; WO2004079535-A3 → 原始

发明人: INSELBERG E
专利权人和代码: INSELBERG E(INSE-Individual)
INSELBERG E(INSE-Individual)
INSELBERG E(INSE-Individual)
Derwent 主入藏号: 2003-874607 [05]

施引专利: 56   被审查员引用的专利: 26   被审查员引用的文献: 6

摘要: NOVELTY - The spectators participating in an event are queried through a mobile telephone (10) used by the spectators. The answers for the queries entered by the spectators, are transmitted to a central processor for processing. The processed results are announced to the spectators visually.

USE - For enabling interactive participation by spectators or fans attending live spectator sports event e.g. baseball, soccer, basket ball, football, hockey, tennis, golf, auto racing, horse racing, boxing. Also in indoor and outdoor stadiums, public gatherings, amphitheaters, auditoriums, concert halls and theaters, race tracks for vehicles, theme parks, convention centers, casinos, exhibition hall.

ADVANTAGE - Enhances spectators experience and enjoyment. Increases the degree of interest of the spectator.

详细说明 - An INDEPENDENT CLAIM is also included for interactive participation enabling system.

附图说明 - The figure shows a schematic diagram of audience at a spectator event.

mobile telephone (10)

重点技术/扩展摘要: 重点技术 - INDUSTRIAL STANDARDS - The system prefers communication protocol specified by IEEE Standard No. 802.11.

附图:

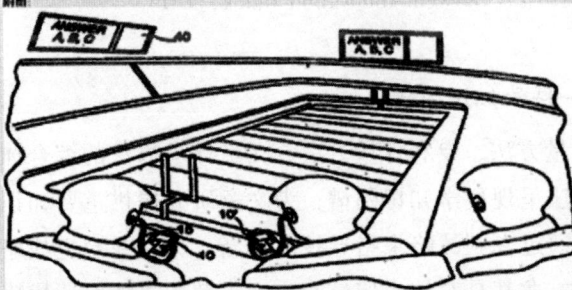

国际专利分类: H04H-001/00, H04Q-007/20, G06F-000/00, G06F-013/00, H04H-020/00, H04L-012/28, H04L-012/56, H04H-020/38, H04H-060/90, H04W-004/00
德温特分类代码: T01 (Digital Computers); W01 (Telephone and Data Transmission Systems); W04 (Audio/Video Recording and Systems)
德温特手工代码: T01-N01B; T01-N01B9, T01-S03; W01-A05B6A; W01-A05C4; W01-B05A1D; W01-C05B5A; W04-W01
专利详细信息:

专利详细信息：

专利号	公开日期	主 IPC	周	页数	语种
US2003144017-A1	31 Jul 2003	H04H-001/00	200381	Pages: 12	English
US6760595-B2	06 Jul 2004	H04Q-007/20	200444		English
WO2004079535-A2	16 Sep 2004	G06F-000/00	200461		English
EP1600017-A2	30 Nov 2005	H04Q-007/20	200578		English
AU2004216690-A1	16 Sep 2004	H04Q-007/20	200610		English
JP2006522986-W	05 Oct 2006		200667	Pages: 25	Japanese
AU2004216690-B2	10 Jul 2008	H04H-001/00	200867		English
CA2518215-C	30 Nov 2010	H04W-004/00	201120		English
WO2004079535-A3	24 Mar 2005	H04Q-007/20	201217		English

申请详细信息：

US2003144017-A1	US378582	05 Mar 2003
US6760595-B2	US378582	05 Mar 2003
WO2004079535-A2	WOUS006464	03 Mar 2004
EP1600017-A2	EP716879	03 Mar 2004
AU2004216690-A1	AU216690	03 Mar 2004
JP2006522986-W	JP509032	03 Mar 2004
AU2004216690-B2	AU216690	03 Mar 2004
CA2518215-C	CA2518215	03 Mar 2004
WO2004079535-A3	WOUS006464	03 Mar 2004

EP1600017-A2	PCT application	Application	WOUS006464
EP1600017-A2	Based on	Patent	WO2004079535
AU2004216690-A1	Based on	Patent	WO2004079535
JP2006522986-W	PCT application	Application	WOUS006464
JP2006522986-W	Based on	Patent	WO2004079535
AU2004216690-B2	Based on	Patent	WO2004079535
CA2518215-C	PCT application	Application	WOUS006464
CA2518215-C	Based on	Patent	WO2004079535

优先权申请信息和日期：

US656096	06 Sep 2000
US378582	05 Mar 2003

指定国家（地区）/区域：
WO2004079535-A2:
国家（地区）：AE; AG; AL; AM; AT; AU; AZ; BA; BB; BG; BR; BW; BY; BZ; CA; CH; CN; CO; CR; CU; CZ; DE; DK; DM; DZ; EC; EE; EG; ES; FI; GB; GD; GE; GH; GM; HR; HU; ID; IL; IN; IS; JP; KE; KG; KP; KR; KZ; LC; LK; LR; LS; LT; LU; LV; MA; MD; MG; MK; MN; MW; MX; MZ; NA; NI; NO; NZ; OM; PG; PH; PL; PT; RO; RU; SC; SD; SE; SG; SK; SL; SY; TJ; TM; TN; TR; TT; TZ; UA; UG; US; UZ; VC; VN; YU; ZA; ZM; ZW
（区域性合作）：AT; BE; BG; BW; CH; CY; CZ; DE; DK; EA; EE; ES; FI; FR; GB; GH; GM; GR; HU; IE; IT; KE; LS; LU; MC; MW; MZ; NL; OA; PL; PT; RO; SD; SE; SI; SK; SL; SZ; TR; TZ; UG; ZM; ZW
EP1600017-A2:
（区域性合作）：AL; AT; BE; BG; CH; CY; CZ; DE; DK; EE; ES; FI; FR; GB; GR; HU; IE; IT; LI; LT; LU; LV; MC; MK; NL; PL; PT; RO; SE; SI; SK; TR
WO2004079535-A3:
国家（地区）：AE; AG; AL; AM; AT; AU; AZ; BA; BB; BG; BR; BW; BY; BZ; CA; CH; CN; CO; CR; CU; CZ; DE; DK; DM; DZ; EC; EE; EG; ES; FI; GB; GD; GE; GH; GM; HR; HU; ID; IL; IN; IS; JP; KE; KG; KP; KR; KZ; LC; LK; LR; LS; LT; LU; LV; MA; MD; MG; MK; MN; MW; MX; MZ; NA; NI; NO; NZ; OM; PG; PH; PL; PT; RO; RU; SC; SD; SE; SG; SK; SL; SY; TJ; TM; TN; TR; TT; TZ; UA; UG; US; UZ; VC; VN; YU; ZA; ZM; ZW
（区域性合作）：AT; BE; BG; BW; CH; CY; CZ; DE; DK; EA; EE; ES; FI; FR; GB; GH; GM; GR; HU; IE; IT; KE; LS; LU; MC; MW; MZ; NL; OA; PL; PT; RO; SD; SE; SI; SK; SL; SZ; TR; TZ; UG; ZM; ZW

检索字段：455/414; 455/517; 455/550; 455/575; 463/36-42; 725/9

图 0 –7

资料来源：德温特专利数据库（Derwent Innovation Index，DII）

（二）主要研究方法——科学知识图谱

科学知识图谱就是科学计量方法、专利计量方法、文献计量方法的综合体现。本文将综合运用这三种方法呈现科学知识图谱，为文章研究提供重要知识信息和知识数据。移动新媒体通过专利战略来指导技术创新，只有在制定战略前进行充分、全面的战略分析，尤其是对技术信息的全面了解，才能保证战略制定的科学性和可行性。而科学知识图谱拥有“一图展春秋，一览无遗；一图胜万言，一目了然”的鲜明特点，可作为专利战略技术支持，获取充分、全面、准确的技术情报，制定科学的移动新媒体专利战略。

随着互联网的发展，现代科技在全球高歌猛进，科学知识呈现爆炸式增长。科学家基于各自学科获取不同领域的科学知识，致使我们选择科学知识和信息时遭遇“瞎子摸象”困境，严重影响我们对科学知识的整体全面认知。为了更好地获取科学关系、科学前沿、科学热点，“一图胜万言”的新兴交叉学科应运而生。科学知识图谱集视觉思维、数学思维和哲学思维为一体，以科学计量学、文献计量学和信息计量学为基础，涉及科学哲学、社会学、应用数学、信息科学以及计算机科学等诸多交叉领域，通过数据挖掘、信息整合、知识计量以及图谱绘制的方式将复杂科学知识直观展现，清晰显示所需知识的演化历程和空间关系，以便有效地探测未来发展趋势。

1. 科学知识图谱概述

1917 年，作为科学计量方法的先驱 Cole 和 Eales 首次通过对 300 年的文献贡献情况进行定量分析。① 1955 年，加菲尔德发表了引文索引文献，提出了引文分析概念②，奠定了科学知识图谱发展的基础。在此基础上，普里查得将数学和统计在文献上的运用称为文献计量学。费尔松尼进一步扩大了界定范围，将其拓展至对文献特性进行量化研究都可以称为文献计量学，并与之后发展起来的科学计量学和信息计量学一起构成了科学知识图谱基础。③ 科学知识图谱在其发展的过程中主要通过三种路径（如图 0 - 8④ 所示）。

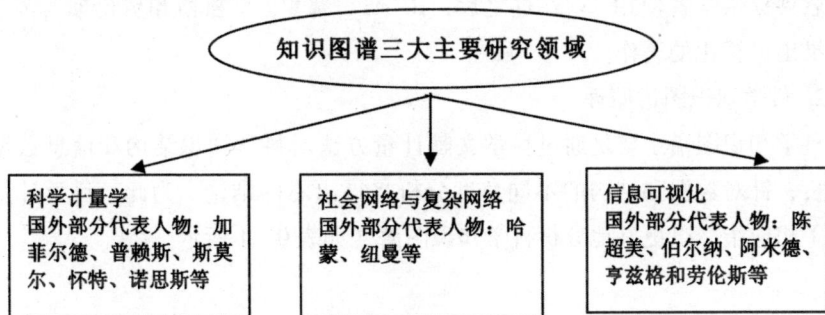

图 0 - 8　科学知识图谱主要研究领域

（1）科学计量学的丰富与深化发展。在加菲尔德提出引文分析的基础上，普赖斯通过引文分析进一步揭示科学文献之间的交流。⑤ 斯莫尔提出了"共被引"概念及分析方法，提出共被引强度，并绘制了共引图谱。⑥ 之后，美国学

① Cole, Francis Josrph, and Nellie Barbara Eales. The History of Comparative Anatomy. Part I: A Statistical Analysis of the Literature [J]. Science Progress II, 1917: 578 - 596.

② Garfield. E. Citation Indexes for Science. A New Dimension in Documentation through Association of Ideas [J]. Science. 1955 (122): 108 - 111.

③ 李杰. 安全科学知识图谱 [M]. 北京: 化学工业出版社, 2015 (7): 34.

④ 图表来源: 魏瑞斌. 机构知识图谱的构建及其应用 [M]. 科学出版社, 2015 (5): 12.

⑤ D Price. Science since Babylon [M]. Yale University Press, 1961.

⑥ Small H.. Co - citation inscientific Literature: A New Measure of the Relationship between Publication [J]. Journal of the America of information Science. 1973, 24 (4): 265 - 269.

者怀特和麦肯①，以及荷兰学者诺恩斯、冯雷恩等②，相继以文献共被引为分析基础，将多元统计与多维度相结合，建立了多维度分析知识图谱的方法。

（2）社会网络和复杂网络的兴起。社会学家哈蒙通过社会网络来分析引文在网络中的关键路径。③ 社会网络通过网络节点和网络线条反映主体之间的社会关系、社会结构以及小世界特性。复杂网络是由更多、更复杂的节点和线条形成的网络拓扑结构图。纽曼通过复杂网络对科学合作的不同领域进行测定以发现该领域中最有影响力的科学家，并揭示科学合作网络中高集聚和小世界。④

（3）信息可视化的快速发展。该领域通过计算机科学与引文网络分析的有机结合，通过专门软件自动处理大量文献数据，将其科学知识结构和科学知识轨迹生成可视化图谱，将科学计量学带入了可视化领域。最具代表性的是1999年，陈超美教授出版了《信息可视化与虚拟环境》，提出多维度的文献共引分析方法，将不同聚类及其相关关系通过可视化图谱展示，并设计研发了相应的可视化软件提供学者使用。⑤ 在这之后，R. 斯宾塞⑥、亨兹格和劳伦斯等⑦学者相继推出可视化的著作。

2. 科学知识图谱原理

科学知识图谱主要是通过科学文献计量方法对科学知识结构和信息数据进行分析，针对数据和结构的不同角度分析将得出不同结论。为此，科学计量学建立了相应指标以更好地分析科学知识图谱（如表 0-1 所示）。

---

① White H D, MoCain K W. Visualizing a discipline. An Author Co – citation Analysis of Information Sienece 1972 – 1995 [J] . Journal of the American Society of Information Science, 1998, 49 (4): 327 –356.

② Noyons E C M. Van Raan A F J. Advanced Mapping of Science and Technology [J] . Scientometrics, 1998, 41 (1/2): 61 –67.

③ Hummon N P, Doreian P. Connectivity in a Citation Network. The Development of DNA Theory [J] . Social Networks, 1989 (11): 39 –63.

④ Newman M E J. The Structure of Scientific Collaboration Network [J] . PNAS, 2001, 98 (2): 404 – 409.

⑤ Chen, C. Information Visualisation and Virtual Environments [M] . London: Springer Verlag. 1999.

⑥ Robert Spence. Information Visualization [M] . London: Imperial College, 2000. 1.

⑦ Henzinger M, Lawrence S. Extracting Knowledge from the World Wide Web [J] . PNAS, 2004 (4): 5186 –5191.

表 0 - 1　科学计量分析主要指标

分析指标	知识单元	分析描述
文献耦合	实引文献、作者、期刊	通过引用相同参考文献来建立联系
合作网络	作者、地址	作者合作网络、机构合作网络、地区合作网络
共引分析	参考文献	作者共被引、期刊共被引、文献共被引
共词分析	关键词、标题、摘要	研究主题的分析

资料来源：李杰. 安全科学知识图谱 ［M］. 北京：化学工业出版社，2015：38.

（1）科学引文分析

科学引文分析主要是针对施引文献分析，以了解科学知识产生、传播、共享、增值、重组等一系列流动过程。通过文献传递时间、过程、方向来判断知识基因历史活跃时间、程度和领域。①

（2）科学共被引分析

随着社会网络和复杂网络的引入，文献由此可以获取共被引分析。文献共被引是被同一篇文献同时引用的文献形成共被引关系，以此分析引文的知识结构。1973 年，学者 H. Small 最早提出文献共被引概念②，1977 年又进一步进行相关分析③。之后，在文献共被引基础上逐步发展为期刊共被引和作者共被引（如图 0 - 9 所示）。其中，每篇文献作为节点通过连线表示文献之间的共被引关系，连线的粗细表示共被引的次数，次数越多连线越粗，横坐标表示共被引时间，将时间和次数相结合，可分析出文献共被引情况以及知识的继承、发展以及重组的情况。④

---

① 刘则渊. 知识图谱的若干问题思考 ［R］. 大连：大连理工大学 WISE 实验室，2010.

② Small H.. Co - citation in the Scientific Literature. A New Measure of the Relationship between two Documents ［J］. Journal of the American Society for Information Science. 1973，24（4）：265 - 269.

③ Small H·G. A Co - citation Model of a Scientific Specialty. A Longitudinal Study of Collagen Research ［J］. Social Studies of Science，1977（7）：139 - 166.

④ 高继平. 专利知识计量指标体系及其应用研究——以 SIPOD 中数字信息的传输（H04L）领域为例（博士学位论文）［D］. 大连：大连理工大学，2013（9）：29.

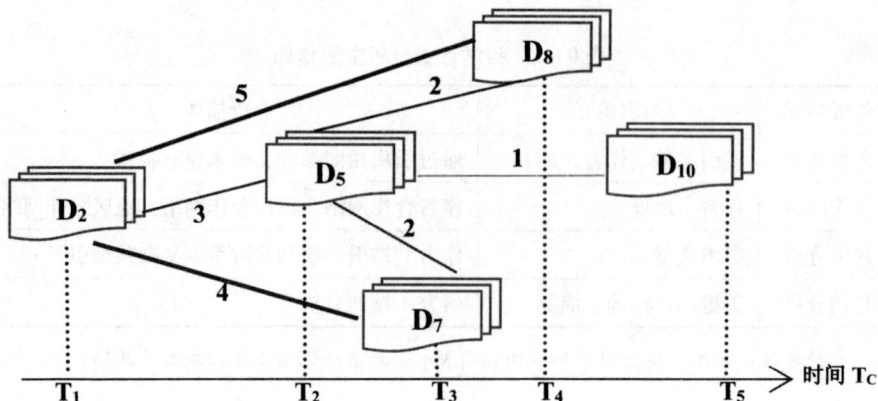

图 0 - 9 科学共被引分析原理

（3）科学共词分析

科学共词分析主要源于文献计量学中的文献耦合和文献共被引。1983 年，学者 Callon M. 最早提出共词分析，将其引入情报学以分析知识结构以及知识间映射原则，揭示学科的形成及演变。① 共词分析是选择同一文献的主题词或关键词代表某一学科领域的研究主题或方向，通过同时出现的频次来探测相关主题的演变情况。通过共词聚类形成的网络既展示关键词或主题词的发展过程，又反映对知识结构的认知情况。② 在此基础上，通过高频共词聚类代表过去及现在的研究热点，通过低频共词聚类来预测未来热点。共词分析在原有计量基础上充分吸收了应用数学、图形学等知识，已广泛应用于科学计量学、信息检索学等学科，以此来获取科学知识③、分析科学知识结构④、研究科学知识网络演进历程⑤。

———————

① Callon M. , Courtial J. P. , Turner W. A. , Bauin S. . From Translations to Problematic Networks – an Introduction to Co – word Analysis. Soc Sci Inf Sur Les Sci Soc, 1983, 22（2）：191 – 235.

② 王红. 近十年我国图书情报学科研究热点的共词分析［J］. 情报学报, 2011, 30（7）：765 – 775.

③ He Q. . Knowledge Discovery Through Co – Word Analysis［J］. Library Trends, 1999, 48（1）：133 – 159.

④ 张勤, 马费成. 国内知识管理研究结构探讨——以共词分析为方法［J］. 情报学报, 2008, 27（1）：93 – 101.

⑤ 王晓光. 科学知识网络的形成与演化（I）：共词网络方法的提出［J］. 情报学报, 2009, 28（4）：599 – 605；王晓光. 科学知识网络的形成与演化（II）：共词网络可视化与增长动力学［J］. 情报学报, 2010（2）：314 – 322.

3. 科学知识图谱方法

科学知识图谱基本方法就是通过节点和连线组成的网络结构来表达不同的关系，是借助计算机技术，运用社会网络、复杂网络以及信息可视化等方法而形成的知识图谱。

（1）社会网络分析

社会网络分析是分析网络中单元之间相互关系的分析方法。通过网络节点代表网络成员，节点大小或颜色表示节点的重要性程度。通过连线表示节点间的关系，连线粗细表示关系强弱的程度。社会网络分析主要包括网络整体的"网络密度"和网络节点"中心性"分析等方法。

网络密度主要描述网络众多节点的连接状况，是网络节点实际连线与网络节点最大连线的数量之比。引用频率越高，网络密度则越大。

$$D_{density} = \frac{l}{n\ (n-1)} = \frac{2l}{n\ (n+1)}$$

网络中心性主要反映节点在网络中的地位，是衡量节点重要程度的评价标准。根据中心性的情况分为度中心性、接近中心性和中介中心性。

度中心性是指在众多网络节点中，该节点与其他节点数目的比例显示。可分为入度、出度、总度数等。度数大小反映该节点对其他节点的影响力。节点越大影响力越大。

$$k(i) = \sum_{j \ni G} a_{ij}$$

接近中心性是通过节点与中心的距离来显示该节点对其他节点的影响能力，越接近中心影响力则越大，重要程度则越大。

$$C_c(i) = \frac{n-1}{\sum_{j=1}^{n} a_{ij}}$$

中介中心性是网络中经过节点的最短路径数量，反映该节点的中介纽带作用的重要程度。节点中心度越高说明中介中心性影响力越大，控制资源的能力越强。

$$C_c(i) = \sum_{s<t} \frac{n_{st}^i}{g_{st}}$$

（2）复杂网络分析

作为科学计量学中无向网络的分析方法，主要是通过相互联系又彼此承接方面体现，通过整个网络实证分析，建立相应模式以分析网络结构特性以及网络运行规则，在此基础上预测网络后续行为。①

"小世界"分析主要是基于无向网络的分析，考虑网络平均路径以及最短路径等，以此体现小世界在整个网络中的特性。

网络最短路径主要是指节点之间经历的边数最少的路径。通过 d_{ij} 表示两个节点之间的距离，以此来探测节点之间知识的传递速度。

$$l = \frac{2}{N(N-1)} \sum_{i \geq j} d_{ij}$$

网络平均路径是将 L 作为整个无向网络节点间的平均距离，以此来说明节点相互之间的平均距离状况。

$$L = \frac{2}{n(n-1)} \sum_{i=j}^{n} \sum_{i=n+1}^{n} d_{ij}$$

（3）信息可视化方法

信息可视化主要发展于 20 世纪 90 年代，是现在最活跃的研究领域之一。信息可视化通过新技术，不仅改变了原有绘图技术，将无形的东西有形化，而且将抽象的结构和存在的现象进行表征，从而揭示数据中隐含的规律，受到众多研究机构和学者的青睐，从股市动态到专利技术得到广泛应用，推动科学知识图谱进入新的时代。

网络聚类也是科学知识图谱分析的重要方法。最早是 Tryon 使用的。聚类分析主要是将海量信息通过分成相应子聚类，使其整个网络结构变得更易处理和分析。常用方法包括 Modularity（模块度）、Louvain 和 VOSviewer 等聚类方法。Modularity（模块度）由纽曼首次提出，作为社团效果识别的评价指标。② 目前是使用最普遍的方法。将其网络划分为不同模块，通过内部模块边数与零模块的边数对比来测量模块划分质量。CiteSpace 软件就是通过模块度来测算聚类指标的。

$$Q = \frac{Q_{real} - Q_{null}}{m} = \frac{1}{2m} \sum_{ii} (a_{ij} - p_{ij}) \delta(C_i, C_j)$$

关键路径通过技术提取相似数据中存在的潜在模型，是基于结构模型的处理技术。

多维尺度分析是探寻数据在空间整合的真实结构。多维尺度分为可度量和

---

① 刘涛，陈忠，陈晓荣. 复杂网络理论及其应用研究概述［J］. 系统工程，2006，23（6）：1－7.

② Clauset A.. Newman M. E. J., Moore C. Finding Community Structure in very Large Networks ［J］. Physical Review E，2004，70（6）：66－111.

不可度量两种类型。可度量只能分析等比和等距数据，不可度量则相对简单，只要是序列形式就行。通过多维尺度基于几何模型进行度量最小性、对称性、三角不等式，其目的是选择小于原有维向量重新表示对象集，使其中介向量能相似或不相似原向量。

（三）主要软件工具——CiteSpace 可视化①

CiteSpace 软件作为开源软件，具有强大的数据处理能力，是以"科学知识是动态变化"为假设前提，是 Drexel 大学陈超美教授基于 Java 语言开发的信息可视化软件，旨在探测科学文献的知识结构、发展趋势。通过对特定文献进行科学计量，运用可视化技术绘制科学知识图谱，从中识别相关领域科学知识演进的关键路径和关键转折点，通过对演变规律的分析预测未来发展趋势和前沿。CiteSpace 探究的并非科学知识是否变动，而是关注科学知识发展中的关键点，从中识别科学发展的关键路径，进而预测未来创造路径。

CiteSpace 软件是以"改变观察世界的方式"为设计理念，有效地将科学哲学家波普尔的三个世界完全打通，使其通过科学知识图谱通过第三世界（科学知识）更好地认识第一世界（物质世界），进而引起第二世界（精神世界）的视觉顿悟和思维，实现二阶科学，进一步又丰富第三世界，从而改变了我们看世界的方式，使得第二和第三世界都可以认识第一世界。CiteSpace 软件是集视觉思维、数学思维、哲学思维为一体的可视化知识图谱。

CiteSpace 软件是以科学计量学为学科基础，运用社会和复杂网络分析引文网络，并以信息可视化为技术基础，直观体现科学知识的空间图谱。将库恩科学范式、普赖斯科学前沿、博特结构图以及信息觅食理论等作为软件设计的理论基础。通过库恩理论提供宏观视角，深刻阐释聚类演变过程；通过普赖斯理论提供微观视角，直观分析科学知识演化历程；通过结构洞和觅食理论提供分析和预测基础，从不同层面和角度支持 CiteSpace 相关设计。

CiteSpace 通过对科学知识的客观分析，形成独特的知识网络，为其提供知识网络整体结构、主题聚类以及相互间关系，并将引文分析和共引分析有效结合，获取科学知识前沿和知识基础，将知识前沿的引文作为对应知识基础，通过数据采集、处理、选择、可视化以及解读形成整个流程。（如图 0 - 10 所示）。

---

①　陈悦，陈超美等 . 引文空间分析原理与应用［M］. 北京：科学出版社，2014.

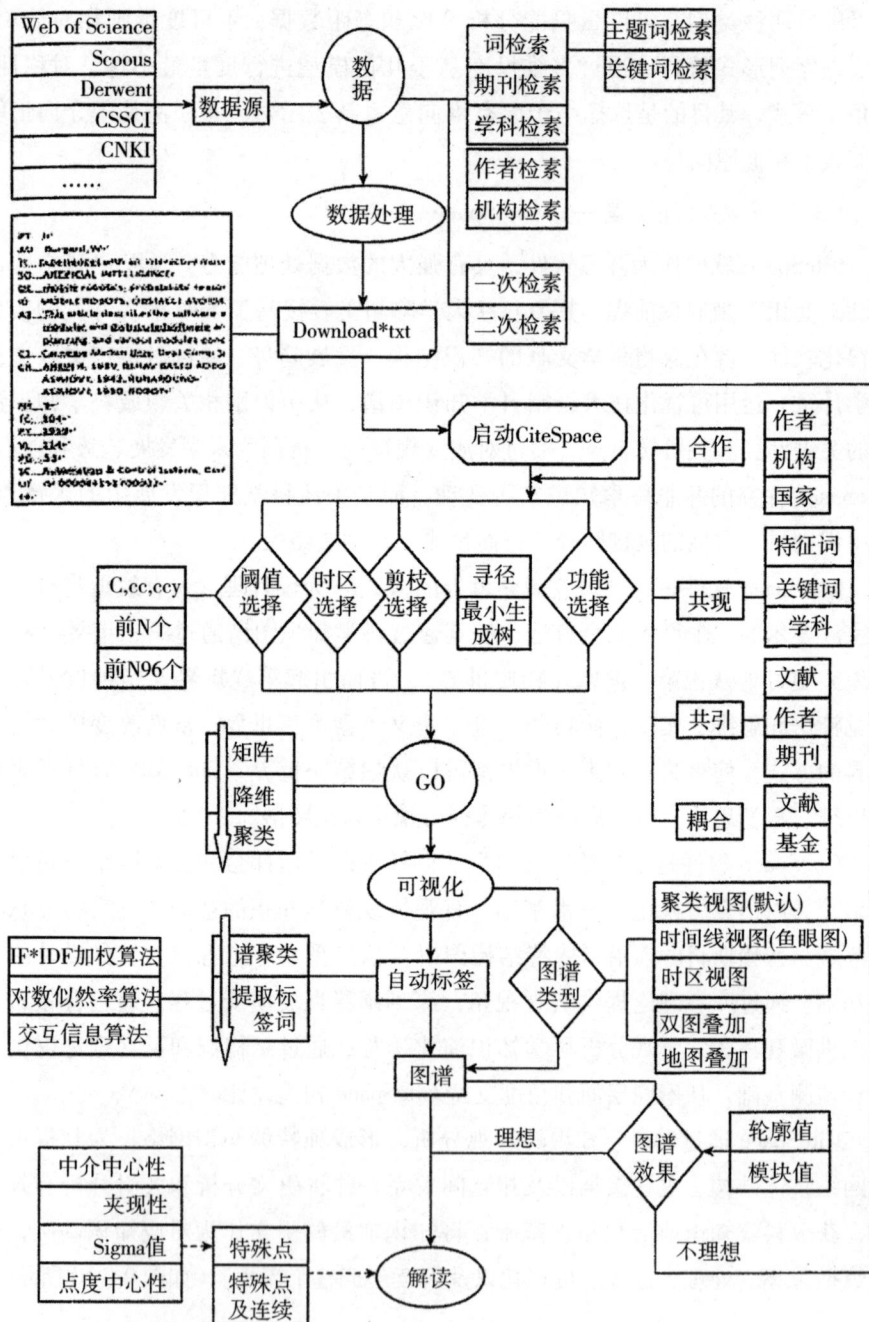

图 0-10 CiteSpace 基本流程

资料来源：陈悦，陈超美等．引文空间分析原理与应用［M］．北京：科学出版社，2014：21.

四、研究思路

本文将移动新媒体专利战略作为文章研究对象，通过专利战略来组织和开展技术创新，为技术创新提供一种路径和观点。在原有战略理论的基础上，结合移动新媒体面临的市场环境，综合运用管理学、创新学、生态学等相关理论，为专利战略提供系统理论支持，进一步丰富专利战略以及技术创新的相关理论研究，为专利战略的实践应用提供帮助。

本文主要涉及两个问题，一是"移动新媒体应该建立专利战略来指导技术创新"，二是"移动新媒体如何建立专利战略来指导技术创新"。通过"移动新媒体的前生今世以及问题提出"和"专利战略竞争优势以及经济租金"来说明移动新媒体需要战略构建以及专利战略对技术创新的重要性，以此回答第一个问题；通过"移动新媒体专利战略分析""移动新媒体专利战略选择""移动新媒体专利战略实施"来阐述如何建立专利战略，以此回答第二个问题。为了更好地说明这两个问题，文章从五方面进行具体研究（如图 0 – 11 所示）。

研究一，该部分通过两个层面进行论述。一是从现状层面进行分析，文章通过媒体技术演变的回顾，充分说明技术创新对媒体的关键作用，同时，进一步梳理了移动新媒体的前生今世，以此展示移动新媒体面临的技术生态和产业格局，在此基础上，文章提出移动新媒体应建立专利战略进行技术创新的现实观点；二是从理论层面进行分析，通过理论分析专利战略对技术创新的关键作用以及竞争优势，同时，在此基础上结合移动新媒体发展需要重构相关理论，提出移动新媒体应建立专利战略来指导技术创新的理论观点。

研究二，该部分主要分析移动新媒体理论研究的发展脉络和演变历程。文章运用科学知识图谱方法，以期更加科学、客观地展现该领域理论知识图谱。国外移动新媒体文献检索选择汤森路透的 Web of Science™ 核心合集作为数据库，国内移动新媒体文献检索选择中国知网作为数据库，并运用可视化技术从中分析该领域的研究脉络、研究主题、研究热点等内容，从中获取移动新媒体理论研究重点，其中，国外以技术演进作为研究重点，而国内以市场表现作为研究重点，这两者既相互区别，又彼此联系。为此，文章在此基础上提出应将国内外研究重点相互结合的研究思路。

研究三，在确定构建专利战略观点基础上，运用战略理论分析移动新媒体专利技术面临的生态环境。首先，分析技术以及专利技术演变历程；其次，分析专利生态内容；最后，进行移动新媒体专利技术生态环境实证分析，通过可视化图谱展示专利技术的生态格局。

研究四，通过专利战略分析后，根据技术生态和市场生态格局，确定移动新媒体专利技术创新定位以及专利战略模式选择。首先，分析技术创新相关内容和理论，并在此基础上分析专利创新理论和相关模式；其次，分析专利战略定位，并在此基础上构建专利战略生态位模式；最后，进行移动新媒体专利定位和模式构建实证分析，根据专利战略生态位分析移动新媒体专利战略，通过可视化图谱和市场需求确定专利技术创新定位。

研究五，确定移动新媒体专利战略指导下专利创造领域，并在此基础上，构建移动新媒体专利战略实施策略，以保证专利技术后续研发创造的成功和市场商业化应用的成功，并最终能形成专利技术范式，帮助企业获取市场竞争优势。

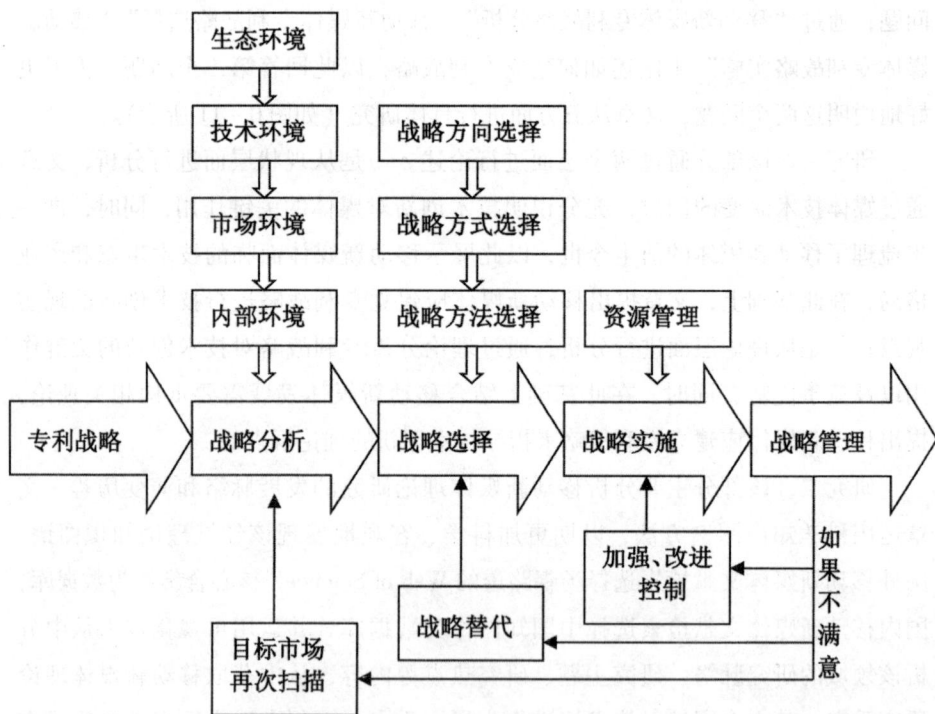

图 0-11　文章研究的技术路线

五、研究创新

文章创新最大亮点主要集中在四方面，一是专利战略、生态理论和技术创新的理论结合，二是移动新媒体理论研究科学知识图谱的运用，三是移动新媒体专利文献计量分析和专利图谱，四是专利技术生态格局的可视化技术展现。

第一，理论结合。虽然技术与专利之间存在密切的联系，但在理论研究方面，通过专利战略进行技术创新的研究较少，涉及的内容也很碎片化，鲜有系统架构的研究理论和研究体系。同时，现有研究呈现生态格局，涉及众多领域，技术创新涉及技术领域较多；战略涉及市场领域较多；专利涉及法学、管理学、经济学、工学、理学等学科，是跨学科、跨领域，彼此区别又相互联系的生态系统。在此基础上，为了更好地系统全面地分析移动新媒体涉及领域，需要运用战略生态角度重新界定专利战略的横向和纵向，以及面临的环境及领域，而相关研究则更为稀缺。最终结合自身专业，以技术生态为基础，从技术自然演进和社会需求演进来分析技术研发生态和市场需求生态，运用战略生态理论确定专利战略及愿景，指导移动新媒体专利技术创造和应用。这是文章创新点之一。

第二，理论研究。移动新媒体作为新兴领域，相关领域研究较少、时间较短，而交叉范围却又广泛，甚至该领域什么时候开始作为正式产业还需要进一步界定。涉及其中的研究影响力难以衡量，需要重新界定和分析该领域研究状况与发展脉络。为了科学、客观地梳理移动新媒体以及研究情况，文章摒弃了传统文献综述的方式，不再主观设定研究对象及其分类，避免主观误判该领域的主要人物、重要文章、研究特点及不足。文章采用科学知识图谱方法，运用大数据的分析思路，通过普查尽可能地检索全部研究文献，遵循客观，避免主观臆断和人为取舍。国外选择通过汤森路透的 Web of Science™ 核心合集数据库，国内选择中国知网，将全部检索信息进行计量分析，以此来客观展现相关研究的真实状态，从中获取移动新媒体的发展脉络、研究主体、研究主题、研究基础、研究前沿、研究热点，以及相关演变。

第三，定量界定。移动新媒体作为新兴产业，理论研究和专利研发都需要界定自身的演进过程，使其明确地确定移动新媒体产业的兴起、发展、成熟等阶段，以便于根据移动新媒体产业发展以及专利技术研发情况，从战略的角度进行产业定位和专利定位。为此，文章选择科学计量学、文献计量学、专利计量学，对移动新媒体研究理论和移动新媒体专利研发进行定量分析，并通过可视化技术勾勒专利知识图谱，从中界定了移动新媒体理论研究和专利研发开始于 1999 年前后，并从中获取到首篇文章和专利文献。同时，通过传统计量学，获取了产业发展和专利申请的演进脉络，以此判断移动新媒体正逐步进入成熟阶段的早期，可以作为产业进行战略布局，并在此基础上提出改变原有产业战术和技术性能的做法，将移动新媒体作为成熟市场进行战略整体设计。通过可视化技术，识别移动新媒体专利技术分布领域，从战略角度分析市场需求，选择专利创新领域，并根据专利技术创新建立战略生态位，以保障专利技术从研发、市场到范式的发展和成功。

第四，技术可视化。虽然通过理论建立移动新媒体专利战略的技术创新，但如何呈现移动新媒体专利技术的真实状态以及生态格局，则是文章的创新点。文章选择最新的 CiteSpace 可视化技术软件，以此来展现专利技术生态的可视化知识图谱。首先，每一个技术都是从单一技术单元逐步发展演变而成，而且很多技术背后都是由众多技术组成，技术与技术之间的复杂关系远超人类想象，并非理论阐述就能清晰说明；其次，相关专利技术创新更多是基于理论和经验进行定位，由于思维的局限性，很难反映其全部的信息，也无法展现整体状况，导致定位的科学性和合理性存在失真，正如没有地图是无法让人直观感受世界各地的具体展现。为了更好地说明移动新媒体专利技术生态，文章采用可视化技术软件，将其移动新媒体全部专利信息纳入知识图谱，通过可视化图谱真实展现移动新媒体背后的专利技术以及生态格局，既体现该领域专利技术的整体性，又体现细节性，通过数据和图谱客观科学地确定专利技术创新领域。

第一章

专利战略基本原理架构

"专利战略"这一概念兴起于20世纪80年代,目前尚无统一概念。国内外相关学者主要集中在"战略目标"(斋藤优,1990)、"市场竞争"(冯晓青,2007)、"竞争优势"(Somaya,2002),本文在总结前人的基础上认为,专利战略是基于市场需求和发展需要,根据总体战略和专利资源,通过专利战略分析和选择,提升专利技术创新,获取市场竞争优势。通过市场分析和应用来进行技术创新获取市场优势始终是专利战略的核心。

而今,依靠知识创新推动技术创新已成为当前经济发展与转型的重要模式,学者吴敬琏认为这是中国实现经济可持续发展的必由之路。[①] 作为技术核心的专利,因其法律制度赋予的天然优势,拥有核心价值、控制关键领域,创新优势更加明显。正如林肯所说"The patent system added the fuel of interest to the fire of genius",增加利益燃料,锦上添花,而对于缺乏专利技术的企业则很难生存。[②] 但面对日益激烈的竞争环境,原有的创新模式已无法适应现有的生态格局,运用生态原理链接关联主体进行协同创新,已成为国家、产业、企业等领域构建竞争优势的核心,为此,通过专利战略分析现有生态格局,发挥专利优势,帮助企业技术创新,实现可持续发展竞争优势。

第一节 专利战略竞争优势理论

竞争优势作为战略理论的核心,必然也是专利战略研究的重点。随着全球经济一体化的发展,经济融合趋势越来越明显,企业界限越来越模糊,市场竞

---

① 吴敬琏. 变局与突破:解读中国经济转型 [M]. 北京:外文出版社,2012.
② 张韵君. 专利竞争优势:经济租金视角 [J]. 当代经济管理,2014 (3):15-18.

争则越来越激烈，企业要想生存并持续发展，必须建立自身独特的竞争优势。为此，如何获取支撑竞争优势的价值元素便成了企业的首要任务。学者从不同视角去探究企业如何获取、如何维持竞争优势。传统的优势理论已经从比较优势演变到竞争优势，关注点已经从经济学向管理学角度转变为两者协同的角度，将经济学视角的市场核心与管理学视角的企业核心相融合。

战略学家戴维·贝赞可（David Besanko）认为企业竞争优势的获取主要通过企业和市场两个领域，不仅要考虑企业的竞争获利情况，还要考虑所处市场的赢利状况。① 同时，企业不仅获利，更要持续获利，所以企业需要不断创新来获取支撑竞争优势的价值元素，这就要求价值元素在市场上应持久而非短暂。为此，要求价值元素建构的竞争优势应是不易被模仿或者模仿后依然保持优势的持久性竞争优势②，价值元素就需要满足不易模仿的异质性、维持市场持久的垄断性以及不断的创新性，而这些要求专利又恰好满足。

一、战略竞争优势理论

随着理论研究的不断演变和研究范式的不断改变，竞争优势理论经历了从企业外部向企业内部演变的过程，研究范式也从竞争优势外生论向内生论演变，并继续演变（如表 1-1-1 所示）。

表 1-1-1　企业竞争优势的理论源泉

企业竞争优势				
企业竞争优势外生论			企业竞争优势内生论	
企业竞争力	产业竞争力	国家竞争力	企业资源理论	企业能力理论

（一）竞争优势外生论

由于古典经济学基于完全市场假设的逻辑前提，难以解释现实中同行业的企业实际存在的差异，由此学者越来越多地接受并研究其不同，由此新古典经

---

① ［美］戴维·贝赞可. 战略经济学［M］. 武亚军等译. 北京：北京大学出版社，1999：373.

② Barbey, J.. Fim Resource Dsustaioned Competitive Advantage［J］. Journal of Management, 1991（17）：99-120.

济学诞生，认为在企业同质的情况下，市场结构不同导致了企业之间的差异。①美国学者马森（E. S. Masson）和贝恩（J. S. Bain）在此基础上提出现代产业组织的基本范式——市场结构（Structure）、市场行为（Conduct）、市场绩效（Performance），即 SCP 范式。此后 20 世纪 80 年代，迈克尔·波特（Michael Porter）基于 SCP 范式，相继出版了《竞争战略》《竞争优势》《国家竞争优势》三部竞争战略巨作，从企业—产业—国家三个层面详细分析了竞争优势，认为企业之间或国家之间在某些领域具有竞争优势，主要源于企业自身优势形成的竞争位势。② 由此，奠定了竞争优势外生论重要基础和研究方向，占据了战略理论研究的主流地位。③

竞争优势外生论逻辑基础是假定不完全竞争市场下所有企业是同质的④，认为企业竞争优势来源于企业外部市场结构，竞争优势的获取和维持主要是通过不断创新形成垄断（如图 1 - 1 - 1 所示）。在此背景下，学者波特认为企业关键的任务就是如何选择产业、如何获取有利市场位势，形成垄断。由此，竞争优势可以从企业、产业、国家三方面进行的创新和垄断视角分析。

1. 竞争优势外生论的垄断方面

首先，单一企业如何获取并保持垄断位势，实现竞争优势。波特认为主要涉及两方面：一方面是产业选择，认为各个产业并非都有盈利机会，而且盈利机会有长期和短期之分，企业如何选择适合的产业直接影响企业的垄断地位；另一方面是市场位势。同一市场的同质企业如何获得有利位势是影响企业垄断能力的关键。所以，企业不仅要正确选择产业，还要占领有利的竞争位势，方可获得竞争优势。

其次，在同一产业中企业如何获取并保持垄断位势，实现竞争优势。由于产业涉及很多领域，企业无法在任何领域都具有竞争优势，为了帮助企业找到适合自身发展的区域，获取垄断地位，波特引入了价值链理论，认为价值链可

---

① 杨瑞龙，刘刚. 企业的异质性假设与企业竞争优势的内生性分析 [J]. 中国工业经济，2002（1）：89 - 95.

② 迈克尔·波特. 竞争战略 [M]. 北京：华夏出版社，1997：33.

③ 刘力刚，邵建兵. 从混沌世界走向另一个混沌世界——战略管理理论述评 [M]. 经济管理出版社，2014：186.

④ 尹碧波，张国安. 以资源为基础的企业竞争优势理论的演进与发展趋势 [J]. 华东经济管理，2010（6）：89 - 92.

帮助企业合理定位，通过价值链活动形成垄断区域。① 同时，将产业按照衔接体系划分成不同产业价值链，通过不同主营业务和辅助业务，构建产业价值链活动。认为价值链活动存在于企业内部和企业之间，企业通过不同领域和不同主体的整合，形成自身价值链，获得价值增值和双赢局面，构建产业中的垄断地位，实现企业竞争优势。

最后，在同一产业集群中企业集群与单个企业如何获取并保持垄断位势，实现竞争优势。波特通过对国家的研究发现，很多国家通过本国产业集群获取竞争优势，而产业集群则是由企业集群构成，而非单一企业。企业集群之间通过相互合作和适度竞争获取及保持竞争优势。在此基础上提出钻石模型和产业集聚。加拿大经济学家海默（Hymer）认为垄断优势来源于外界因素的干预，尤其是政府制度方面。波特在研究中也认为竞争优势不仅需要优势产业、企业和产品，还需要外部其他因素的配合才能形成整体优势，作为市场产品的市场竞争力由价格与非价格因素共同决定②，通过主导产业与辅助因素的相关配合，构建垄断的竞争环境。

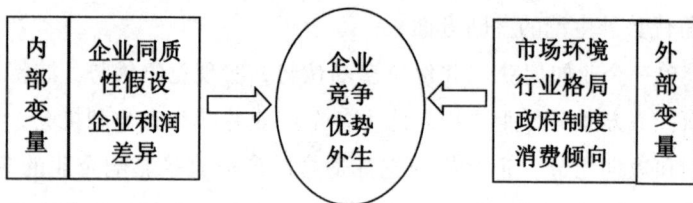

图 1-1-1　企业竞争优势外生论的内在逻辑

2. 竞争优势外生论的创新方面

——创新流程

作为战略核心的竞争优势，如何帮助企业获得这种竞争优势则成为战略制定和实施的关键。为此，波特提出了"五力模型"战略分析模型，分析其供应商、购买者、直接竞争者、潜在竞争者、替代品五个因素之间的市场结构关系，在此基础上，分析自身优势和劣势，以及外部的威胁和机会，为新进入者的产业选择和定位提供战略模型支持，以帮助企业建立市场位势，实现竞争优势。

---

① Porter M. E.. From Competitive Advantage to Corporate Strategy [J]. Harvard Business Review, 1987 (65): 43 - 59.

② 程恩富，丁晓钦. 构建知识产权优势理论与战略 [J]. 当代经济研究，2003 (9): 20 - 25.

在"五力模型"市场结构分析的基础上，波特进一步为企业后续制定竞争战略提出战略选项，将竞争战略分为成本领先战略、差异化战略、聚焦战略。为企业制定竞争战略获取竞争优势提供战略制定和具体实施的系统战略分析模型，也成为战略学界广泛使用的理论模型。

——创新维护

竞争战略不仅需要制定，还需要通过维护使其发挥作用。我国学者林毅夫针对波特竞争战略，从比较优势与竞争优势的角度分析，指出企业竞争优势是建立在两个高低不同层次上。低层次是强调低成本，通过特殊资源、技术和方法来实现，而高层次是强调差异化，通过技术、管理等创新来实现；指出高层次的差异化更能维持长期的竞争力，所以企业持续的创新是唯一选择。并在此基础上，认为竞争优势理论属于"新贸易理论"范畴。①

企业面临的不仅是如何选择适合自身发展的产业，而且包括进行产业后如何定位的问题。产业组织理论学者梅森（Masson）和贝恩（Bain）基于新古典经济学，认为企业应处于不完全竞争的市场结构，并提出竞争优势来源于外生市场结构，但也会导致企业过分追求优势，而忽视企业自身内生优势，从而涉猎不关联产业。② 为了避免这一弊端，帮助企业在进入产业后找到适合自己的位势，波特进一步提出了产业价值链理论，不同企业可以制定不同的价值链体系，为企业获取竞争位势，实现垄断地位提供了重要思路和路径。在此基础上延伸出全球价值链、微笑曲线、平衡计分卡等理论。

——创新协同

企业的竞争优势提升了产业竞争优势，产业的竞争优势提升了国家竞争优势，而国家的竞争优势又反过来扶持支持的产业，产业又扶持支持的企业，这样的良性循环显示，不同层面的主体并非毫无关系，而是相互依靠的协同关联体，所以仅靠个体行为很难成功，需要与其他主体相互配合，才能保障竞争优势的实现。波特借助企业集群的思想认为国家竞争优势主要是来源于成功的产业，而这些成功的产业又由企业集群构成，集群中企业相互合作与适度竞争是获取竞争优势的决定因素，认为通过有竞争优势的产业与国家管理创新相融合，

---

① 林毅夫，李永军．比较优势、竞争优势与发展中国家的经济发展［J］．管理世界，2003（7）：21-28，66，154．

② 杨瑞龙，刘刚．企业的异质性假设与企业竞争优势的内生性分析［J］．中国工业经济，2002（1）：89-95．

形成国家竞争优势。① 波特为此提出钻石模型②和产业集聚战略理论。马歇尔认为集群有助于企业之间技术与信息的交换与共享，实现企业创新。只要能克服创新过程中的障碍③，通过创新企业便可以提升生产效率，反哺主导产业的竞争力④，形成从企业、产业到国家的完整竞争理论体系。

（二）竞争优势内生论

在新古典经济学中，逻辑起点是假定所有企业都是同质的⑤，导致竞争优势外生论无法解释相同市场环境下，为什么依然存在企业竞争差异。鲁梅尔特（Rumelt，1982）通过对相关产业进行调研发现产业内与产业间的利润分散程度存在差异，产业内远高于产业间三到五倍。⑥ 为此，认为利润来源不是产业外部，而是企业自身内生资源。⑦ 至此，学术界无论是理论研究还是实证分析都开始将企业竞争优势从"同质性"向"异质性"转变。⑧ 由此，从企业外部研究开始转向企业内部研究，竞争优势内生论产生。

企业资源"异质性"——资源

竞争优势内生论资源基础学派认为每个企业都是不同资源汇集在一起的集合体，资源不同导致企业资源的"异质性"特点，也导致企业之间的"异质性"特点。⑨ 企业拥有的这种异质性，决定了不同企业之间的绩效水平。⑩ 随着研究的深入，发现不是所有资源都能对企业有帮助，认为异质性资源应该是对

---

① 迈克尔·波特. 竞争论 [M]. 高登第等译. 北京：中信出版社，2003：192.

② 林毅夫，李永军. 比较优势、竞争优势与发展中国家的经济发展 [J]. 管理世界，2003（7）：21 – 28，66，154.

③ 迈克尔·波特. 竞争论 [M]. 高登第等译. 北京：中信出版社，2003：173.

④ 程恩富，廉淑. 比较优势、竞争优势与知识产权优势理论新探——海派经济学的一个基本原理 [J]. 求是学刊，2004（6）：73 – 78.

⑤ 杨瑞龙，刘刚. 企业的异质性假设与企业竞争优势的内生性分析 [J]. 中国工业经济，2002（1）：89 – 95.

⑥ Rumelt R. P.. Diversification Strategy and Profitability [J]. Strategic Management Journal，1982（3）：359 – 369.

⑦ Lippman. S. A.，Rumelt R. P.. Uncertain Imitabilty – An Analysis of Interfirm Diffrences in Efftciency Under Competition [J]. Bell Journal of Economics，1982，13（2）：418 – 438.

⑧ 尹碧波，张国安. 以资源为基础的企业竞争优势理论的演进与发展趋势 [J]. 华东经济管理，2010（6）：89 – 92.

⑨ Penrose. E. T.. The Theory of the Growth of the Firm [M]. New York：John Wiley，1959：78 – 91.

⑩ B. Wernerfelt. A Resource – based View of the Firm [J]. Strategic Management Journal，1984，5（2）：171 – 180.

企业有帮助的资源。① 巴尼（Barney）通过对企业资源的分析，提出企业资源应该是有价值的、稀缺的，不可模仿，也不可替代，这样才可以帮助企业获取竞争优势。② 这样的"异质性"特点则符合了经济学家大卫·李嘉图（David Ricardo）提出的稀缺性经济租金特点，从经济租金的角度保障了这种异质性即便不具有绝对优势，也依然具有获利的能力。③ "异质性"就具备了自然获取经济利益的能力。

企业资源的竞争优势大致经历了"物质资源—人力资源—知识资源"三个时期。巴尼在此基础上将企业拥有的资源细化为物质资本资源、人力资本资源、知识资本资源三个层次。我国学者张在旭通过对资源学派的战略观点进行梳理，提炼出企业通过异质性特点获取竞争优势的路线（如图 1 - 1 - 2 所示）。④

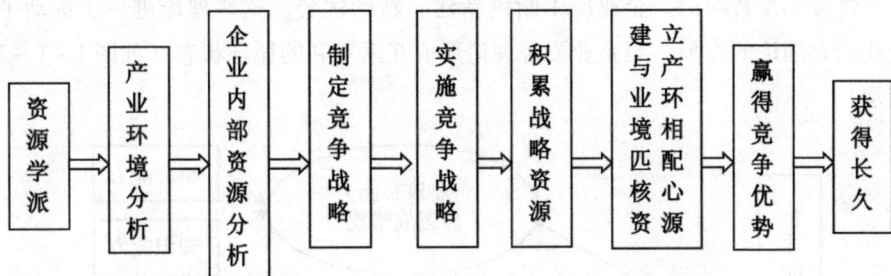

资源学派 → 产业环境分析 → 企业内部资源分析 → 制定竞争战略 → 实施竞争战略 → 积累战略资源 → 建立与产业环境相匹配的核心资源 → 赢得竞争优势 → 获得长久

图 1 - 1 - 2　企业内生资源论获取竞争优势的战略路线

企业能力理论——创新

企业能力理论作为企业竞争优势内生论，认为企业的竞争优势主要来源于对资源有效利用、开发、配置的能力。基于能力理论与资源理论的不同，学者晏双生和章仁俊通过中英词语解释，认为企业资源是各种有形和无形资源的综合，属于静态要素，而企业能力是通过主观去影响客观事情的效率，属于动态要素，在此基础上提出"企业资源是竞争优势的基础，企业能力是竞争优势的

---

① Conner, K. R.. A Historical Comparison of Resource - based Theory and Five School of Thought within Industrial Organization Economics. Do We Have a New Theory of the Firm? [J]. Journal of Management, 1991, 17 (1): 121 - 154.

② Barney, J. B.. Firm Resource and Sustained Competitve Advantage [J]. Journal of Management, 1991, 17 (1): 99 - 120.

③ 李嘉图. 政治经济学及赋税原理 [M]. 郭大力, 王亚南译. 北京: 商务印书馆, 2013.

④ 张在旭, 谢旭光. 国外竞争优势理论的发展演化评述 [J]. 经济问题探索, 2012 (9): 135 - 140.

关键"① 的观点。企业能力理论的发展意味着之前企业竞争优势的市场结构和市场定位从外部向企业内部转变。②

经济学者理查德森（Richardson）最早提出"企业能力"，认为企业"技能—经验—知识"等要素是企业能力的基础。③ 巴尼认为企业能力应具备企业资源"异质性"特点才可保障企业竞争优势的可持续性。早期企业能力理论将企业拥有的技术与管理都视为企业特殊能力，而对创新概念的早期理解也是基于技术与经济的结合，研究技术创新带来的经济影响。为此，创新学家熊彼特（Schumpeter）认为创新就是"生产函数的重新组合"，在此基础上提出了"创新性毁灭"理论，通过创新以提升企业能力。学者达韦尼（D'aveni）在创造性毁灭理论的基础上，提出了超级竞争（Hypercompetition）理论模型，认为任何竞争优势都是暂时的，企业应不断创新建立新的优势。这些理论进一步推动了企业能力理论的发展，与企业资源理论形成互助互利的循环状态（如图 1 - 1 - 3 所示）。

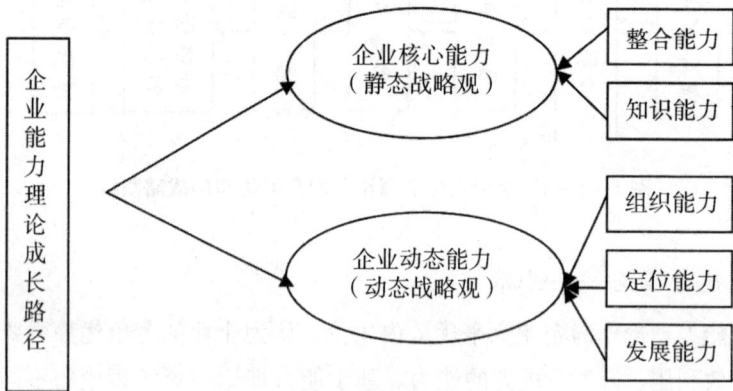

图 1 - 1 - 3　企业能力理论的发展路径

---

① 晏双生等. 企业资源基础理论与企业能力基础理论辨析及逻辑演进 [J]. 科技进步与对策，2005（5）：125 - 128.
② Stalk G., Evans P. and Shulman L. E.. Competing on Capabilities: The New Rules of Corporate Strategy [J]. Havard Business Review, 1992 (2): 57 - 69.
③ 路风，张宏音，王铁民. 寻求加入 WTO 后中国企业竞争力的源泉 [J]. 管理世界，2002（2）：110 - 127.

二、战略竞争优势重新架构

（一）竞争优势理论间的关系

1. 竞争优势内生论：资源理论和能力理论的关系

——虽然两者研究的重点不同，但都是基于相同假设前提和研究范围。

企业资源理论认为资源是企业竞争优势的根源，所以侧重研究企业内部资源，范围包括企业的有形资源和无形资源，通过资源异质性特点来判断，但由于是事后判断，前期如何确定资源范围则较为模糊。① 企业能力理论认为能力是企业竞争优势的根源，所以侧重研究企业核心能力，由于能力产生的过程与资源产生相伴随，导致能力与资源界定存在争议。但这两者都是从企业内部着手，都是假设企业是异质性的，是资源与能力的混合体。

——虽然两者研究的战略起点和范围不同，但研究主题是相同的。

企业资源理论是通过企业资源竞争性的角度构建企业战略，通过产业分析来构建企业资源，范围涉及企业内外环境；企业能力理论是通过企业能力竞争性角度构建企业战略，侧重企业内部成长环境的角度，分析企业在市场中的能力提升，尤其是动态环境下，技术创新能力的提升，较好地解释了企业获利高于市场平均的原因，但由于范围仅涉及企业内部，会过分关注企业内部，容易忽略产业中的市场机会，抑制企业的发展，尤其是无法解释非限制的相关多元化的成功。② 但两者的研究主题都是提升企业持续的竞争优势。

2. 竞争优势内生论和竞争优势外生论的关系

——虽然两者主体和客体强调的重点都不相同，但都是基于自身理论的主观假设，所面对的主体和客体的实际状况是一样的。

竞争优势外生论，从主体角度看，假设在完全竞争的市场环境下企业是同质性的，目的是通过企业的产业定位和垄断优势的形成，构建竞争优势。从客体角度看，以企业外部的产业环境为研究起点。竞争优势内生论，从主体角度看，假设在不完全竞争的市场环境下企业是异质性的，目的是通过企业内部资源创造和核心能力的形成，构建竞争优势；从客体角度看，以企业内部的资源环境为研究起点。虽然外生论和内生论各自都在强调自己的主体和客体，但都

---

① Richard. L Priem and John E. Bulter. Is the Resource – Based "View" a Useful Perspective for Strategic Management Research? [J]. Academy of Management Review, 2001 (1): 22 –40.

② 蒋峦，谢卫红，蓝海林. 企业竞争优势理论综述 [J]. 软科学，2005 (4): 14 –18.

是基于假设，其现实情况本是一样的，就是由于假设与现实存在差异，竞争优势理论才不断调整和发展，这也是吸引学者不断研究的源泉。

——虽然两者各自侧重的角度不同，但追求的结果是一致的。

竞争优势外生论侧重从企业外部的市场结构入手，选择产业并合理定位，形成垄断范围，实现竞争优势；竞争优势内生论侧重从企业内部挖掘资源，形成核心能力，实现竞争优势；虽然竞争优势内生论以"企业资源为起点，追求后续的发展为目的"，竞争优势外生论以"垄断优势形成为目的，考虑前续如何构建才能达到目的"，但两者最终都是为了实现企业的竞争优势。

——虽然两者各自使用的方法不同，但是殊途同归，过程中产生的因素是一样的。

竞争优势外生论通过"五力模型"、价值链等方法，帮助企业进行产业定位；竞争优势内生论通过资源开发、核心能力创新等方法，但在发展的过程中，都是调动各方因素以达到目的，没有能力因素无法实现其他因素的调动，也无法满足企业竞争优势的需要。同时，在瞬息万变的市场竞争环境下，不断促使新能力出现，催生了创新能力，帮助企业创造更好的环境和平台来实现持续的竞争优势。虽然能力理论提出晚于竞争优势外生论，但从竞争优势外生论的市场选择和定位看，就是能力理论的体现，波特将产业组织理论和战略管理理论相结合，形成竞争战略理论，强化产业选择能力的重要性，通过"五力模型"等模型来进行产业定位，也就是创新能力的体现。

——虽然两者各自整合的因素不同，但整合形成优势的思路是一致的。

竞争优势外生论在分析市场结构时，波特通过产业链的价值分割，将附着于产业价值链的不同企业按照发展需要重新构建，形成不同的价值链体系。同时，在构建国家竞争力和产业集聚时，形成以主导企业为主体，配套企业或组织为成员形成的企业集群，将不同的关联主体进行整合，构建相互配合、优势互补、发挥整体竞争优势的局面。竞争优势内生论在进行企业内部分析时，也是通过企业内部不同的有形资源和无形资源的整合形成竞争优势，尤其是企业内部的技术创新，就是以技术为主导，各种资源要素相互配合，形成新的技术集合的过程。为了更好地提升企业资源的竞争优势，通过协调、规划、实施等不同能力的高效运用，发挥企业资源优势，形成资源之间、能力之间、资源与能力之间相互配合的局面。虽然各自整合的区域不同，但是运用系统整合的方式相同，都是将不同要素进行有效组合，形成优势互补的集合体，发挥 $1+1>2$ 的效应。而今，企业管理就是通过模块式的创新方式进行管理，通过不同模块的组合提升效率，实现企业竞争优势。

（二）竞争优势理论的重新架构

面对当前市场竞争环境，单纯考虑企业内部或外部已无法满足企业的需要，企业内部资源不仅需要内部资源的不断融合提升竞争优势，也需要与外部资源进行匹配增加竞争优势。企业外部环境也更加复杂，价值来源已不仅局限在企业，很多产业已成为价值来源，类似于"企业的大版"，单一考虑局部，已无法保证产品最终的市场化，尤其是以互联网为主体的高新技术企业，任何一方都无法左右市场，必须从企业内部资源和市场外部环境两方面一起考虑。虽然各自都存在自身理论的不足，但是各自的不足恰好通过对方的优势弥补①，通过"取其精华"的方式，将企业内部和外部进行战略"架构"融为一体，形成相互结合、优势互补，以更好地提升企业竞争优势（如图1-1-4所示）。

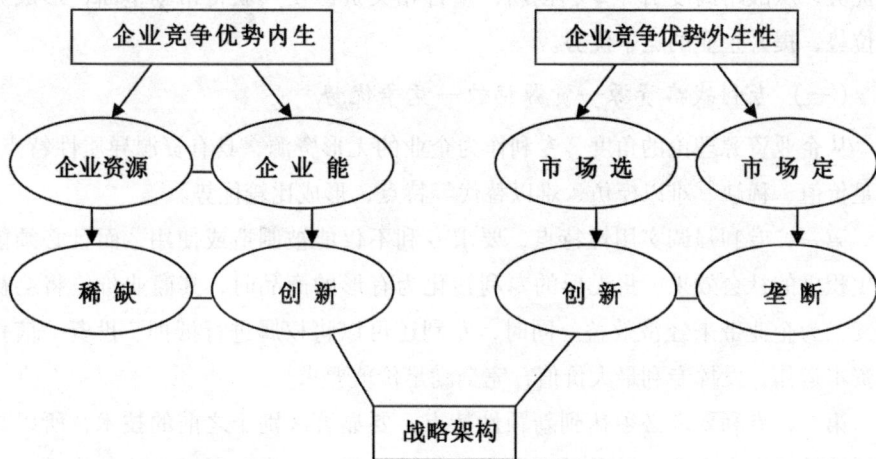

图1-1-4　战略竞争优势重新架构体系

三、专利战略竞争优势理论构建

专利作为企业的无形资源，具有资源异质性特点，可帮助企业获得竞争优势。② 无形资源的异质性特点，使得资源更具隐含性，难以模仿，更易成为企

---

① Rivkin J. W.. Imitation of Complex Strategies [J]. Management Science，2000，46（6）：824-844.

② M. Reitzig. Strategic Management of Intellectual Property [M]. Cambridge：MITSloan Management Review，Spring，2004.

业竞争优势的关键来源。① 无形资源已成为企业战略发展的重点。Haanes 和 Fjeldstad（1998）认为无形资源竞争力存在经营能力、企业家能力、无形资源三个层面的竞争力②，前两个都是侧重于能力，经营能力侧重企业外部生产效率的市场反映，企业家能力侧重于企业内部组织和业务的重新调整，都是针对内外环境的变化进行机动的创新行为，这两者都可以通过专利战略进行战略调整。而无形资源是通过相关协议形成不完全的竞争状态③，通过制度形成竞争位势。这属性是专利自身拥有的天然优势，只要通过专利申请后都可以享有的特权。目前，企业能力作为发挥资源优势的关键，可引导专利创造和市场运用，使其进入特定领域或与其他专利或产品相结合，或融入不同价值链之中。④ 将资源与能力融为一体的专利战略可以更好地发挥无形资源带给企业的竞争优势，它不仅可以拥有专利自身优势，也可以运用战略使专利优势进一步扩大为企业竞争优势，从战略高度引导专利创新，整合相关资源使其获得市场垄断，形成竞争位势，提升企业的竞争优势。⑤

（一）专利战略资源—资源稀缺—竞争优势

从企业资源理论的角度，专利作为企业的无形资源，具有资源异质性特点，满足价值、稀缺、难以模仿、难以替代等特点，形成比较优势。

第一，专利强调实用性特点，要求专利不仅能被制造或使用，而且必须能产生积极的社会效果，将无形的专利转化为有形的商品时，其商业价值将会被激发，为企业带来经济效益。同时，专利还可以将权属进行抵押、投资、信托等资本运作，发挥专利最大价值，完全满足价值要求。

第二，专利要求必须达到新颖性特点，要显著区别于之前的技术，所以具有稀缺性特点。企业可以通过专利这一稀缺性特点，将专利进行相关许可，以扩大专利收益的范围。

第三，专利具有排他性特点，可实现难以模仿的特点。排他性是赋予权利人在一定期限内的独占实施权，任何人未经权利人允许不得实施相关专利，或

① M. A. Hitt&R. D. Ireland. The Essence of Strategic Leadership: Managing Human and Social Capital ［J］. Journal of leadership and Organization Studies, 2002, 9（1）: 3 – 14.

② Haanes, K., Fjeldstad, O.. Linking Iintangible Rresources and Competition ［J］. European Management Journal, 2000, 18（1）: 52 – 62.

③ Barney, J. B.. Strategic Factor Market: Expectations, Luck, and Business Strategy ［J］. Management Science, 1986, 32（10）: 1230 – 1241.

④ 刘志彪，姜付秀. 基于无形资源的竞争优势 ［J］. 管理世界, 2003（2）: 71 – 77.

⑤ 程恩富. 构建知识产权优势理论与战略 ［J］. 当代经济研究, 2003（9）: 20 – 25.

使用专利方法，通过法律限制他人或其他企业的模仿。一旦被模仿，权利人可以通过诉讼来保护自身权益，增加竞争对手模仿的成本。

第四，专利的实用性、新颖性、创造性特点，使其具备了难以替代的特点。创造性主要是与之前的技术相比具有进步的特点，再加上实用性和新颖性的特点，无形中赋予专利优于其他技术的优势，增加了企业在市场中的竞争能力和运作能力。如果企业获取的专利越多，企业将会获得市场优势，增强与其他竞争对手谈判的筹码，避免其他企业的专利封锁。同时，这种优势将与企业其他资源形成互动，形成企业独特核心能力，以保障企业获取持续的竞争优势。

（二）专利外部战略—市场垄断—竞争优势

竞争优势理论主要是体现企业在市场中的竞争优势，通过相应的资源优势或者市场结构优势来获取垄断利润，实现企业的竞争优势。而专利是通过专利技术、专利组合、专利联盟、专利战略等模式来实现企业的竞争优势。通过赋予专利一定期限的排他权，以使企业获取一定的垄断优势，以保证企业获得专利带来的价值优势，有效地规避竞争对手的模仿①，实现一定市场范围内的垄断优势，从而获取市场经济价值。

专利技术：获取专利保护的技术，可迫使竞争对手不得从事相同的研发，专利制度通过宽度、长度、高度对专利进行时空范围内的保护，使其获取垄断利润。② 可以运用专利的排他性特点建立隔离机制防止其他企业模仿或替代③，为企业获取市场利润和技术再次创新创造了发展空间，也增加了竞争对手超越的成本。④ 同时，也可以通过专利技术获取市场优势，建立市场标准获得规模经济，增强议价能力和顾客忠诚度，提升知名度和市场竞争优势。⑤

专利组合：当前，仅靠单一专利很难获取竞争优势，甚至很难实现市场化。例如，长虹拥有很强的显示器专利技术研发能力，但由于缺乏专利合作伙伴，

---

① Rivkin J. W.. Imitation of Complex Strategies [J]. Management Science, 2000, 46 (6)：824 - 844.

② 高山行，江旭. 专利竞赛理论中的先占权模型评述 [J]. 管理工程学报，2003 (3)：47 - 51.

③ 刘林青，谭力文. 专利竞争优势的理论探源 [J]. 中国工业经济，2005 (11)：89 - 94.

④ 冯珩，高山行. 专利竞赛中企业的创新动力研究述评 [J]. 科研管理，2002 (6)：80 - 86.

⑤ Reitzig, M.. Improving Patent Valuations for Management Purposes – Validating New Indicators by Analyzing Application Rationales [J]. Research Policy, 2004 (33)：939 - 957.

最终被市场所遗弃。为此，企业应将不同专利进行组合增强市场竞争优势。同时，专利强调新颖，而非强调质量最高，企业不仅可以通过专利强强组合获取商业价值，也可以通过质量一般的专利组合为竞争对手制造竞争阻隔，以进一步扩大专利垄断范围和垄断时间，获取该领域的垄断优势。①

专利联盟：企业不仅可以在内部进行专利组合获取优势，也可以与其他企业进行专利联盟获取优势；不仅弥补专利单一的薄弱，发挥专利互补协同的优势，进一步提升专利的利用效率②，还可以形成企业间的专利共享和学习，弥补彼此短板，进一步提升专利资源整合和创新能力③。同时，专利联盟可以建立技术壁垒，形成专利标准，避免竞争对手破解技术或逾越技术，或通过法律手段迫使竞争对手退出市场，创造更高层面的专利垄断优势。④

专利战略：专利战略作为竞争战略，其目的就是提升市场占有率。⑤当今市场中，任何想做大做强的专利主体，仅靠单一专利技术在某领域创造整体竞争优势是不现实的，需要专利个体与企业整体优势结合，才能更好地发挥专利优势。专利战略是将不同产业、市场、资源进行相互整合，实现各要素在不同环节之间的协同，强化该领域的优势，进而提升整体竞争优势。⑥为此，专利战略通过专利信息分析，获取技术发展轨迹，了解市场竞争状况，分析竞争对手，把握市场机会，建立专利保护⑦，以此制定针对性战略，既可扩大市场占有率，也可开拓新的市场领域，提升企业整体竞争优势⑧。

（三）专利内部战略—能力创新—竞争优势

专利内部战略是基于竞争优势内生论的企业能力理论。通过不断的能力创

① Gilbert, R. . Shapiro, C. Optimal Patent Length and Breadth [J] . Rand Journal of Economics, 1990 (21): 106 – 112.

② 李玉剑，宣国良. 专利联盟与专利使用效率的提高 [J] . 科学学研究，2005 (4): 513 – 516.

③ 任声策，宣国良. 专利联盟中的组织学习与技术能力提升——以 NOKIA 为例 [J] . 科学学与科学技术管理，2006 (9): 96 – 101.

④ 尹猛基，向希尧. 专利竞争优势研究综述 [J] . 商业研究，2008 (11): 71 – 72, 76.

⑤ 冯晓青. 企业专利战略若干问题研究 [J] . 南京社会科学，2001 (1): 53 – 58.

⑥ 吴红，付秀颖，董坤. 专利质量评价指标——专利优势度的创建及实证研究 [J] . 图书情报工作，2013 (23): 79 – 84.

⑦ 毛锡平，何建佳，叶春明. 企业专利战略与持续竞争优势 [J] . 商业时代，2006 (19): 3 – 5.

⑧ 刘凤朝，潘雄峰，王元地. 企业专利战略理论研究 [J] . 商业研究，2005 (13): 16 – 19.

新，整合各种资源因素，保障专利技术从创造、运用、保护、管理等方面得以顺利运行，发挥其竞争优势，而这种创新能力体现了创新租金理论。

专利技术申请需要达到新颖性、创造性等特点。新颖性是针对之前技术而言是新的，创造性是针对现有技术而言，是具有实质性特点和显著进步的。为了保证研发的技术最终能获得专利，避免造成与现有专利相冲突，带来研发投入浪费和法律风险问题，就必须通过对现有专利进行检索，分析专利技术轨迹，预测未来技术趋势，并针对后续的技术研发进行相关专利保护和确权过程。这些基本程序都是基于技术创新而非技术，其目的是发挥专利优势，形成核心技术，使其具有比原来技术更多的竞争优势，与企业能力理论相吻合。

同时，专利技术不仅在研发领域需要创新，以满足专利条件，在后期的市场运用方面也需要创新。只有通过专利商业化的运用，企业才能真正实现市场中的竞争优势，这也才是企业技术研发和技术创新的真实目的，这与竞争优势外生论相吻合。虽然竞争优势外生论假设企业同质性的前提存在问题，但是对外部市场结构的分析确应值得肯定，目前市场结构确实是在这样的一个外部环境中。此时，仅靠专利技术创新能力已然无法达到，必须通过专利战略进行整体资源调配，以专利战略为市场主导能力，发挥专利技术优势，才能保障专利技术后期的商业化。将专利技术作为核心要素，通过战略理论，实施前期战略环境分析、中期战略选择和实施以及后期的战略评估，最终获取竞争优势。①前期，通过战略环境的分析，结合企业价值导向，确定专利技术创造方向和领域，避免盲目选择，使其顺利通过技术研发的一次"死亡之谷"；中期，结合企业战略需要，选择专利技术产业领域和产业定位，制定创新模式，实施相关竞争战略，帮助专利技术顺利进入市场实现商业化，顺利通过技术市场化的二次"死亡之谷"；后期，评估并完善专利战略，丰富专利数量和质量，组合专利网络，形成市场位势，构建垄断地位，实现企业市场竞争优势。

全球经济一体化背景下，市场竞争越来越激烈，企业为了生存必须拥有自身竞争优势。但由于企业间的界限越来越模糊，获取竞争优势也越来越难。如何获取支撑竞争优势的价值元素便成了企业的首要任务。作为法律保护的知识产权，专利拥有的天然优势，使专利拥有核心技术、控制关键领域，创新优势更加明显。为了更好地发挥专利优势，基于专利建立专利战略，不仅满足不易

---

① 邵彦敏，李锐．优势理论分析框架下的创新驱动发展战略选择［J］．当代经济研究，2013（10）：74－78.

模仿的异质性、维持市场持久的垄断性以及不断的创新性，而且通过专利战略推动技术进步和创新，使其之前分散的竞争优势形成合力，发挥协同优势。目前，已成为国家、产业、企业等领域构建竞争优势的核心。为此，企业应充分运用专利战略的竞争优势，构建可持续发展的核心竞争力，具有重要的理论和现实意义。

第二节 专利战略面临的生态环境

随着第三次产业革命的推动和世界经济的全球化，企业面临的经营环境发生了较大变化，复杂多变的动态环境取代了传统静态环境。技术创新周期明显缩短，竞争优势的获取也更加多元，企业通过内部资源整合获取竞争优势被逐步削弱，产业融合成为重要趋势，合作共生成为企业的生存理念。在此趋势下，生态理论逐步向战略管理研究范式渗透，打破"竞争单赢"的传统观念，强调生态环境共赢共生理念，使得战略管理更加注重从生态角度系统分析商业市场环境。

战略生态理论是指市场通过产学研、用户等市场战略资源以及生态环境构成的互为协同的产业生态系统。战略生态强调系统主体相互组合和协同机制。生态理论认为生物种群在漫长的进化过程中已形成完善而又高效的生存系统，促进生物种群的繁衍生存。而商业市场与生物种群存在许多相似之处，都是开放有序的自组织，都是通过协助和学习来适应环境，在合作共生中进化生命周期。结合生态体系相关理论、借鉴生态位、遗传、变异、协同进化等方法，从动态角度来解释和解决复杂的经济演化、成长周期等问题，从而催生了战略生态理论。运用生态理论，分析战略环境，实现可持续发展。

一、战略理论的生态影响

1993 年，詹姆斯·F. 摩尔（James F. Moore）首次从战略的角度提出商业生态系统观点。① 并在之后详细阐述了这一全新理念。Power 等学者在此基础上进

---

① Moore J. F. . Predators Predators and Prey: A New Ecology of Competition [J] . Harvard Business Review, 1993, 71 (5/6): 75 - 86.

一步完善，主张从生态的角度来看待市场竞争，根据生态环境来选择和制定战略。① 拓展了原有战略环境，将产品经历的各环节纳入其中，形成了组织和个体相互作用的关联体，"一荣俱荣，一损俱损"，力求整个生态健康发展和共同进化。

生态理论使得战略业态从传统的企业领域不断拓展到产业领域。我国学者王国平将业态分开对待，从产业和形态两个角度分析，涵盖整个产业过程。② 市场竞争不再聚焦于单个企业或产业间的竞争，而是企业或产业与所处环境之间的商业生态。市场价值链不仅覆盖上下游企业，还囊括更多其他关联群体，生态系统内部成员间的竞争关系体现为竞合状态，在竞争中推动整个产业成员间的相互合作，推动产业健康发展和转型升级。战略业态从微观到宏观、从企业到产业，构建成为复杂的网络体系。

（一）战略价值创造

经济学认为，价值是消费者消费需求得以满足的效用与付出代价的差值。对于消费者而言是价值剩余，对于供应商而言是价值增值。传统价值创造是企业通过内部成员资源投入获取价值的过程。而生态体系下的价值创造不仅追求的是自身利益，更多追求的是利益各方共同利益，远超过传统价值创造的范畴。生态体系下的战略价值创造实质是将整个研发、生产、销售、消费等环节全部纳入价值链条中，将研发者、供应商、制造商、分销商、消费者纳入整个战略商业生态体系，从整体的角度进行价值创造。在价值创造的过程中，消费者价值、核心竞争力、战略协同是影响整个生态体系价值创造的关键因素，合理处理三者关系，将获取比传统单个成员总和更多的价值。

（二）战略价值共享

生态理论的引入，使得战略价值的分享不再局限于个体内部，打破了传统价值共享模式，价值共享通过生态系统延展和纵深的商业耦合实现网络链接，还能为其他成员提供更多价值共享机会。整个链条之中，企业不再是价值来源，顾客成为真正的价值创造主体。顾客不仅包括传统消费者，也包括整个链条中的下游企业。为了保障价值的实现，整个价值链条上的成员都必须协同配合才

---

① Power T. , Jerjian G. . Ecosystem：Living the 12 Principles of Networked Business［M］. London：Pearson education Ltd, 2001：392 - 394.

② 王国平. 产业形态特征、演变与产业升级［J］. 中共浙江省委党校学报, 2009（6）：105 - 112.

能实现，在实现过程中也共享了价值，达到协同共生共赢状态。为此，成员间一致的战略愿景、成员间与顾客相兼容的价值标准、成员间的知识共享将是价值共享的关键因素。

（三）战略价值定位

在生态理论中，价值定位体现在生态位，是物种在生态群落中所处的位置，反映物种环境生存能力。而商业环境与生态环境一样，企业要想获取可持续发展，就需要在错综复杂的生态环境中获取生存资源，形成自身特定的生存能力，建立自身战略生态位。生态位的生成是企业与环境之间相互作用的结果，是动态的演化过程。整个生态系统中，每个生态位在自身发展的过程中形成自身发展的生态链，与整个生态系统相融合。与物种生态位一样，企业生态位也存在相斥和相吸的特征①，形成"相斥竞争，相吸共生"的局面。而其中的相吸特征，可以弥补企业资源和能力上的不足，提升产业竞争力，而且可以弱化恶性竞争的概率，为产业生态体系健康发展提供保障。根据生物耐性定律，物种需要在环境具备的条件下才能正常生长，所需因素缺一不可。而战略生态位也需要各种环境条件，通过自身内部因素与外部环境条件相互作用，共同构建战略生态位。②

二、战略系统的生态构建

战略生态系统是围绕核心企业而建立的产业生态体系，通过核心企业的发展来带动其他系统成员共生共赢。为了更好地促进生态系统的健康有效的发展，需要以战略作为引领导向，系统成员按照自身网络位置，通过战略导向实现不同层次、不同要素间的战略协同，为生态系统潜能发挥提供战略保障。

（一）战略生态系统结构

目前，针对战略生态系统结构的研究主要集中在商业生态系统，以摩尔学说和加恩西学说为代表的两大类。摩尔学派研究商业生态系统内部不同种群和各自系统，加恩西学派主要研究商业生态系统内部核心企业合作网络的交互机制。

---

① 李玉杰，刘志峰，李景春. 山西省文化经济发展生态位研究［J］. 经济问题，2007 （10）：36.
② 闫安，达庆立. 企业生态位及其能动性选择研究［J］. 东南大学学报（哲社版），2005 （1）：62－66.

摩尔商业生态系统，不仅包含顾客、供应商等传统的微观生态主体，还将政府、风险承担者、竞争者等中观和宏观生态主体纳入其中，明显大于传统企业的竞争网络。摩尔认为从生态学角度来分析商业环境，不能过分限定系统规模，商业生态系统远超于行业界限，系统内部各成员应相互合作以满足市场需求，并在合作的过程中各成员实现共赢。

加恩西学派认为商业生态系统的边界无法界定，以致无法量化系统内部的演化，只能将商业生态系统作为企业资源交换或价值创造的交易环境，将价值链中上下游成员，以及与企业直接或间接相关的交易成员都包含其中。

（二）战略生态系统角色

按照生态理论的分类，商业生态系统角色可分为战略核心型、战略关键型、战略缝隙型等类型。

战略核心型。源自生态学中的核心物种，主要是为整个生态系统及其系统成员争取利益。核心物种关系整个生态体系，它的存在可使整个体系都能受益，它的消失将给整个体系带来瘫痪乃至毁灭。而战略核心型企业则在整个商业生态体系中占据网络重要位置，为整个生态体系其他成员创造生存平台，以此来调整成员之间的关系，其目的是增强整个体系多样性发展，为系统成员打造更多缝隙市场。为此，战略核心型必须满足"价值创造"和"价值共享"两大要素，通过价值创造来吸引和维系系统成员，通过价值共享来避免成员衰退，增强系统发展。例如，微软、英特尔等企业就是在各自领域内的网络核心企业。

战略关键型。战略关键型与战略核心型存在较大区别。首先，在整个生态系统中，战略关键型所占比例较大，占据生态系统中重要的网络节点，而战略核心型则相反；其次，战略关键型是影响生态系统多样性的发展，占据系统主要的网络节点，容易实现一体化发展，主张价值独享，与战略核心型相反。由于战略关键型可凭借自身能力实现横向以及纵向一体化，不仅承担技术研发、产品生产、销售等各环节，还需要通过非开放式来避免其他企业的模仿及改进，影响整个生态系统的价值创造和分享，对系统其他成员的成长造成极大威胁。但由于战略关键型占据关键节点，拥有核心技术，生态系统无法缺失该类型企业，一旦失去，系统全面性的整体发展将受到影响，限制整体功能的有效发挥。

战略缝隙型。战略缝隙作为空间语境，相对大众市场而言，更多侧重细分客户群，属于小众市场。在生态系统中战略缝隙型占据绝大多数，往往处于价值链和生态链的边缘。这类企业往往独立性较强，在整个系统中基数较大，但占据的资源较少、市场占有率较低，对系统的影响力较小，必须依附于战略核心型企业才能发展。为此，此类企业需要培养与其他企业的互补能力，扬长避短，在先进技术基础上培养独特专业化能力，满足市场多样化需求。例如，日本认为缝隙产业是风险产业，通过技术创新获取市场定位，包括激光、超声波等特殊设备都是战略缝隙型。战略缝隙型为了获取生存能力，通过持续的技术改革，为生态系统创造价值，是生态系统中创新能力的重要力量，对系统健康发展至关重要。

（三）战略生态系统演化机制

战略生态系统的演化是在一定商业范围内，凭借复杂的生态网络复合系统，通过系统内部成员之间以及与外部环境之间的协同机制，推动生态系统发展。在推动生态系统演化的过程中，催生了不同的生态机制。

1. 非线性机制

生态系统内部成员并非都是从事相同或相似内容，成员之间存在较大差异，彼此联系又互为制约。生态系统外部环境更加复杂，内部成员的多内容导致系统对外必然涉及复杂的社会、经济以及自然环境，这些因素从宏观角度影响系统的各体系和各层次。内外因素的复杂性显示生态系统呈现非线性，各要素间的非线性作用是导致系统复杂性的内在机制。正是非线性作用，才使得生态系统不断创造新的价值因素，不断丰富和复杂生态系统。而多样和复杂的状态催生事物的快速进化，是生态系统可持续发展的重要保障。非线性作用越大，创造价值因素越多，吸引的物种越多，维持生存和实现共赢可能性则越高，所以，非线性意味着生态多样性、复杂性、创新性，呈现多因素、多目标的非线性状态。

2. 反馈调节机制

反馈调节机制是对系统要素引起的变化所做的调整，对系统发展有重要影响。反馈存在正负效应，正反馈主要表现为生态内某一因素的变化带动其他因素的变化，又反作用于原有因素，导致生态系统出现波动，破坏了原有系统的稳定；负反馈主要表现为维持生态系统的平衡，对系统的波动进行调节。正负反馈在偏离、波动、平衡、稳定的环节中进行调整。当前，战略生态系统中存在仅重视经济利益而忽略社会利益的正反馈，需要通过一定的负反馈来制约和引导企业行为，避免经济增长而生态恶化的矛盾状态，维持生态系统的可持续发展。虽然正反馈能为企业发展提供动力，但过度的正反馈所带来的破坏力是突变和毁灭的，影响负反馈的有效发挥，唯有在正反馈作用积累的过程中实时监控并及时调节才能避免。为了有效地发挥负反馈的调节机制，需要依靠系统内部完善的信息反馈机制。通过系统内部各要素之间的信息交换，实现有效监督调节机制。通过正反馈的发展动力、负反馈的调节机制，实现系统自我调节以维持系统的健康发展。

3. 协同共生机制

协同共生作为生态学中物种与物种间的生物表现，物种之间的变化相互影响协同进化。通过协同实现共生是系统进化的要件，但协同共生并非全部共生，只是相对概念。在战略生态构建的商业系统中，一部分成员会因各种主观或客观原因造成自身淘汰，但系统整体依然维持生存状态，而且成员之间的地位并非平等，更多是基于网络系统中的关键、中心以及其他集中控制形式来体现各类成员的地位。成员之间的协同共生是一种竞合关系，既有竞争，又有合作，同时，成员之间的合作并非简单资源共享，更多是价值创造和价值共享。

4. 循环再生机制

生态系统资源是有限的，内部资源的循环再利用是战略生态商业系统可持续发展的自组织。正如生物系统中，一些生物拥有对自身无用的物质，但会成为其他生物维持生存的原料，例如蜥蜴通过捕食海狮身上的蚊蝇来维持生存。商业系统也通过运用生物界中生产者、消费者、分解者的关系来构建商业系统的价值路径。系统成员在价值创造的过程中，发现潜在用途，识别合作伙伴，通过生态系统建立内在的循环机制，使其资源得以再生利用，提升系统生产效率。同时，系统成员也需要吸收负熵流，来维持自身发展的生命力，在吸收的基础上输出多余能量，以维持系统整体的生命力，往复循环构成系统的演化机制。

三、战略协同的生态演化

战略协同是生态系统通过市场环境分析，制定发展战略，而系统内部其他成员根据自身情况，在制定自身战略时努力与生态战略保持一致，最大限度获取自身资源，通过战略生态位的调整，实现单一主体无法实现的战略优势，实现战略协同的整体效应。通过战略协同可以最大效用地发挥企业有限资源，将企业间的阻碍降低到最低，最大程度地实现系统价值链的价值最大化，在战略协作中实现资源共享和优势互补，提升生态系统的竞争优势。

（一）战略生态协同演化过程

随着生态学对战略的不断渗透，基于生态视角的战略协同研究也不断演化。早期协同研究主要是集中在以组织生态学中单一种群来分析种群协同的演化。

之后又从原有单一种群研究逐步转向种群内子种群的协同关系。① 随着生态理论的不断拓展，战略协同逐步从单一种群推广至两个独立但彼此联系的种群间，研究种群间的战略协同演化关系。② 通过种群密度的依赖原理，用一个种群密度的增加或减少对另一种群的影响来判断其战略协同演化关系，如果任一个种群密度增加使得另一种群也增加，可定义为协同共生种群关系，例如手机硬件和软件种群关系；如果导致另一种群减少，则可定位为竞争种群关系，例如手机电视和传统电视种群关系；如果总是一个种群增加，而无对等互利，则可定义为偏利种群关系，例如媒体硬件载体与废旧回收等。

（二）战略生态协同演化规律

对于规律的分析可以通过种群成员进入或退出的变化轨迹来识别，通过外部环境变化对种群成员数量的影响来识别种群协同演化的规律。③ 而移动新媒体的演化都是通过企业数量增减程度来体现技术创新带来的影响。种群早期阶段，由于种群的产品或服务并未被公众熟知，需要种群提升相关产品或服务的市场接受度，整个种群的密度较低，进入种群的企业数量较少，整体收益较低，增速也较低，失败的风险则较高；种群中期阶段，随着种群产品或服务的技术性能不断提高，技术市场应用得到推广，公众接受程度提高，进入种群的企业数量将开始增加，种群密度也得到提升，但随着种群中的收益曲线逐步下降，随之密度速率下降，失败率也开始下降；种群后期阶段，随着种群密度的提高，种群内部的成员竞争强度开始增加，原有共生协同逐步向竞争转变，种群成为红海状态，导致种群中的资源变得更加稀缺，使得潜在进入种群的企业理性选择新的种群，避免红海竞争，而原有进入种群的成员在此背景下，退出率明显增加，直至剩下少数几家企业，才能得以缓解，种群出现共生。

（三）战略生态协同演化中的技术生命周期

技术的出现改变了种群的竞争格局，也催生了新的种群，资源价值被重新

---

① Hannan, M. T. , Carroll , G. R . Dundon, E. A. and Torres, J. C. . Organizational Evolution in a Multinational Context: Ent ries of Automobile Manufact Urers in Belgium, Britain, France, Germany , and Italy [J]. American Sociological Review, 1995 (60): 509 – 528.

② Jocl A. C. . Baum, Helaine J. Korn, Suresh Kot ha. Dominant Designs and Population Dynamics in Telecommunica – tion Services: Founding and Failure of Facsimile Transmission Service Organizations, 1965—1992 [J]. Social Science Research, 1995, 24 : 97 – 135.

③ P. A. Geroski. , M. Mazzucato. Modelling the Dynamics of Industry Populations [J]. International Journal of Indust Rial Organization, 2001 (19): 1003 – 1022.

界定，种群的竞争基础发生了改变。在技术创新的背景下，技术成为种群中重要的因素，技术变化成为最活跃的因素，在个体和群体的学习能力不断提升的情况下，技术的生命周期也得到延伸，拓展了技术在某些领域的应用潜能，也为技术成为标准或规则提供了可能。① 通过技术非线性积累实现技术的不断改进和变革，在技术优胜劣汰中实现演化。② 当某项技术成为支配产品的主流技术时，往往是该种群的关键事件，代表该项技术所处的混乱时代将被终结，种群将进入一个新的特定状态，甚至成为技术标准。③ 例如，苹果的操作系统和腾讯的微信，本属于两个不同种群，但在技术生命周期发展的过程中不仅影响种群的演化，而且两个种群之间也相互影响。研究表明，在技术创新或技术标准确立前后的种群创建率和失败率的不同④，充分说明技术改进、技术变革以及技术标准都会对种群的演化会产生巨大影响。

第三节 专利战略技术创新架构

一、专利战略技术创新的架构目的

（一）通过专利战略规避技术创新的研发风险

专利战略作为技术创新的价值导向，可以帮助企业有效识别、准确预测和合理评估相关技术，为技术创新进行必要的风险预警和防范。

1. 技术创新不是简单的技术创新，而是商业的经济行为，是以发明为前提，成果商业化为结局的过程。如果技术发明后未能进入市场并实现商业化，则不属于市场创新。⑤ 基于此，学者曼斯菲尔德（Mansfield）提出将技术发明及样

---

① Dosi G.. Technical Change and Indust rial Transformation ［M］. New York：St. Martin's Press.

② Tushman M. L. , Anderson P.. Technological Discontinuities and Organizational Environment ［J］. Administ Rative Science Quarterly, 1986 (31)：439 – 465.

③ Anderson P. , Tushman M. L.. Technological Discontinuities and Dominant Designs：A Cyclical Model of Technological Change ［J］. Administ rative Science Quarterly, 1990 (35)：604 – 633.

④ Jocl A. C. , Baum, el at. , Dominant Designs and Population Dynamics in Telecommunication Services：Founding and Failure of Facsimile Transmission Service Organizations, 1965—1992 ［J］. Social Science Research, 1995 (24)：97 – 135.

⑤ 冯晓青. 企业知识产权管理 ［M］. 北京：中国政法大学出版社, 2012：130.

品与技术创新相区别。技术最终能否商业化则主要取决于前期技术分析与后期制度配合，尤其是前期分析是直接决定技术后期能否商业化的关键，合理分析是技术创新成功的保证。但技术创新学提出的技术创新模型是将技术和技术发明作为外部力量，而非内生，形成技术创新与企业其他创新两条体系，造成早期预测只能侧重技术发展以及企业自身需要，无法兼顾市场需要和产品价值导向，致使许多技术产品由于缺乏合理的前期分析无法进入市场，即便是发明成功也由于无法把握市场变化和价值导向而昙花一现。

2. 由于创新本身就是在技术创新的基础上带动其他领域的创新，所以，专利战略就是为了更好地提升技术创新而伴随产生。作为专利战略，一方面以专利技术为基础，通过法定登记的公开专利技术信息，运用专利地图、索引等方法从中可以获取技术发展轨迹的信息，为技术创新提供科学的前期分析；另一方面以战略为模式，作为专利技术研发与企业战略模式的桥梁，有效地将企业价值主张和面临的市场环境融入专利技术创新之中，强化专利技术在早期研发过程中的针对性，提升专利技术在后期的市场商业化的实现。

3. 在制定专利战略进行技术创新时，通过专利文献可以了解技术演进情况，从中识别关键核心技术，预测技术未来趋势，降低技术创新的风险概率。（1）任何专利技术都是建立在原有技术基础上的创新，对原有技术了解程度越清晰，技术创新的可行性则越强，为此，通过专利文献分析可以获取专利技术申请状况、现有专利技术布局，从中获取技术创新的相关知识，以缩短技术创新的研发周期，保证技术创新的前沿性和可行性。（2）有效识别专利技术中的关键技术和核心技术，从中加以借鉴。专利技术不断演进使得技术变得越来越复杂，呈现网络结构，对于技术创新应先获取所研发技术当前的关键领域和核心技术，尤其是跨领域的技术创新，通过关键和核心技术的研发轨迹，从中获取发展捷径，减少资源浪费，提高创新效率和效果。（3）有效预测技术趋势。技术发展通过各种技术架构才得以演进，有其自身发展的技术轨迹，通过分析技术演进轨迹，可以了解技术支持或制约因素，并结合技术所处的产业领域综合分析，可有效预测技术未来趋势。

（二）通过专利战略降低技术创新的市场风险

技术创新不仅是技术研发的成功，更需技术成果的成功商业化，只有商业化的技术创新才是创新。通过专利战略，采取相应策略以保障和巩固创新成果的商业化。

1. 分析现有专利的权属、内容以及申请区域，以便进行市场预判和预测。

（1）预测新技术出现的潜在性、潜在市场区域、对现有技术取代的潜在性以及市场潜在需求等。（2）预判现有技术的竞争能力和市场饱和程度。结合技术生命周期，在技术成长期间，往往只有技术突破的少数专利。改进技术的不断增多则意味着技术已进入成熟期，技术申请逐步减少时，说明技术已处于成熟期或衰退期，市场竞争程度开始激烈，预示新的技术将有可能取代现有技术。（3）运用专利文献进行专利调整，了解相关竞争者或潜在竞争者的技术优势和劣势，调整专利技术市场定位，降低技术创新的市场风险，提升创新成效。

2. 了解现有市场格局，预测未来市场状况，提前进行战略布局。市场竞争优势的获取不是专利技术的数量和质量，而是专利战略运用是否得当。巧妙的战略运用可克敌制胜，否则再好的技术也会败走麦城，此类例子不胜枚举。

（1）嵌入上游专利领域。通过专利战略选择核心技术领域进行专利布局，通过几项基础专利或关键专利的创造使其进入核心技术领域，不仅可以获取技术优势，还可以获取技术之外的许可、谈判或者合作等优势。（2）挤压下游专利领域。选择新技术突破领域，申请市场化程度较高的改进型专利，使其挤压、封锁甚至堵死下游技术申请或商业化的空间。（3）占据全球重点区域。前面两种都可以选择不同区域申请，同时，如果没有能力在国外其他区域申请时，则应选择技术公开，从而可以有效防止竞争对手的专利申请。（4）紧盯专利申请信息。不论是早期技术研发，还是市场布局，以及战略战术安排，都要密切关注专利变动情况，及时把握技术窗口期，获取市场机会。

（三）通过专利战略促进创新成果专利化和商业化

技术创新必然产生创新成果，如不加以保护将会使创新成果存在被模仿或使用的风险，不仅是研发资源的浪费，而且使市场竞争力大大降低，失去创新收益。

1. "专利"作为法律术语，经过法定程序由法定机关授予法律文件，是对相应技术进行的法律保护，尤其是企业的核心技术基本都是采取专利的保护形式，可以作为技术创新成果的关键指标，可代表技术研发的重要表现形式。[①]同时，由于法律授予后获得的法定性和公开性，专利技术不仅具有保护功能，也可通过公开的专利技术进行技术预测，为企业技术创新和战略制度提供重要信息，提升企业的核心竞争力。当然，技术创新过程中涉及的相关技术不进行

---

① 栾春娟，王续琨，刘则渊等. 专利计量研究国际前沿的计量分析［J］. 科学学研究，2008，26（2）：334－310.

专利确权依然可以推动技术创新，尤其在没有专利制度时，发明人会通过商业秘密来保护创新①，但产生的作用有限。一方面由于没有专利保护，技术成果在创造时就有可能泄密，而成为竞争者的免费服务，无法发挥相应作用；另一方面由于缺少专利确权，技术合作缺乏有效凭证，无法实现技术商业化，从而失去推动技术创新的开展与深化。②

2. 移动新媒体之所以能快速发展，一方面是技术推动，更主要的是知识产权对技术的作用。目前移动新媒体由移动终端、操作系统、内容软件等形式组成，涉及多个领域。根据所涉功能，国家知识产权局专利审查协作中心将其分为四大技术领域，包括智能手机、人机交互、应用与服务以及低功耗设计。其中智能手机是作为移动新媒体的硬件终端，其他则是与终端硬件相匹配的移动新媒体软件，几乎涵盖该领域所有的软硬件技术及关键核心技术。这些技术大都获得专利。同时，无法达到专利要求的相关软件，也获得版权和商业秘密等形式，有效保护了软件的源程序和目标程序的相关代码，也吻合软件技术生命周期短的需求。③

二、专利战略技术创新的架构基础

（一）基础理论之间的关系

企业作为市场体系中的重要组成部分，与众多因素构成整个市场网络体系，企业的成长过程就是整个系统优化演进的过程④，与生态系统中的物种存在众多的相似性。

1. 具有相似的进化路径

战略、创新都具有生态理论相似的特征，都是基于从直接相关逐步扩展到间接相关，形成纵横交错的联系网，形成以"元"为中心逐步演变发展为"链"，进而发展为多个中心点的"网"的进化路径。战略是基于价值创造，通过价值定位确定价值单元，为了价值实现而与其他资源形成价值链，随着获取

---

① 刘林青，谭力文. 专利竞争优势的理论探源 [J]. 中国工业经济，2005 (11)：89 -94.

② 冯晓青. 企业技术创新中的知识产权管理策略研究——以知识产权确权管理为考察视角 [J]. 南京理工大学学报（社会科学版），2013 (8)：47 - 57.

③ 杨健，赵玥. 软件知识产权的法律风险及其防范——基于国际发展趋势与我国国情的考量 [J]. 学术交流，2013 (5)：165 - 169.

④ 覃巍. 企业成长理论中的生物学类比研究回顾与展望 [J]. 外国经济与管理，2012 (9)：7 - 14.

的价值逐步增多，原有的价值链相互交错进而演变发展为价值网络；创新是企业适应和进化的体现，是通过技术个体单元引起，由于产品需要多项技术支持，因而形成创新链，通过多项创新要素组成创新网络。

（1）战略价值链"价值元—价值链—价值网—价值生态"进化路径

早期，战略价值链是以纵向的线性价值链为主要模式。价值链是迈克尔·波特首次提出的，主要涉及企业基本活动（内外后勤、生产、市场、销售）和辅助活动（采购、技术研发、人力等）。① 但随着信息化的发展，市场竞争环境发生较大变化，波特的传统线性价值链显现出自身的局限性，无法解释价值创造来源及动力。Gossain 和 Kandiah 认为传统价值链忽略了产品本身之外经济效果，缺少与企业共生的供应商、合作者以及顾客的关注。② 中期，战略价值链向价值网络转变，增加横向价值链。随着传统纵向线性价值链的缺陷，学者开始更多关注横向价值链之间的相互关系。Brandenburger 和 Nalebuff 等学者提出价值网模型（Value Net），不仅实现了价值增值，还实现了价值再造，构成价值创造的源泉。③ 价值网作为价值链的升级版，不仅涵盖原有价值成员开发价值的结构设施，还促进了现有成员间相互合作产生价值的共生共享网络。④ 后期，战略价值链形成战略生态系统。随着纵向价值链和横向价值链的构成战略价值网，无论是广度还是深度都远超原有规模和范围，价值创造从原有企业层面扩展到整个领域的系统层面，形成纵横交错的整个社会各领域的复杂"价值星系"。⑤

（2）创新"创新元—创新链—创新网—创新生态"进化路径

首先，创新是企业进化的体现，是迫于竞争压力和市场诱导而主动行动构

① ［美］迈克尔·波特. 国家竞争优势［M］. 李明轩，邱如美译. 北京：华夏出版社，2002.

② Gossain S. Kandiah, G.. Reinventing Value：The New Business Ecosystem［J］. Strategy & Leadership, 1998, 26（5）：28－33.

③ Adam J. Brandenburger and Barry J. Nalebuff. Co－opetition. Doubleday［M］. New York：Doubleday Business, 1997.

④ J. Wikner, R. W. Grubbstrom. Integrated Produetion／Distribution Planning in Supplyhcain：An Invited Review［J］. European Journal of Operational Research, 2004, 115（2）：219－236.

⑤ Normann, R., R. Ramirez. Designing Interactive Strategy：From Value Chain to Value Constellation［J］. Harward Business Review. 1993, 71（4）：65－77.

成的正反馈循环。① 创新更多是从技术创新开始，将新技术作为创新元，并为此建立创新"孵化器"，为新技术提供类似于自然生态系统中的温室，为其提供一定时间的保护和资源保障。在孵化器中，新技术通过不断试错的试验已达到预期设定。其次，通过技术研发建立研发团队形成创新链。新技术研发需要不同学科不同技术的支持，以此获取外部资源满足新技术性能研发的需要和及时调整新技术的研发方向。最后，创新成果成功商业化还需要构建创新网络。创新成果只有市场化应用才能实现创新，而创新成果不仅需要技术支持，还需要获取市场支持、政策支持以及社会支持，由此形成了创新网络体系和创新生态系统。

2. 具有相似的生命周期

产业与生物一样具有生命周期，企业作为产业乃至整个市场的基本组成单元，具有生命周期，由企业组成的产业、市场则同样具有生命周期，这与生物组成的生态系统一样。1959 年，学者马森·海尔瑞（Mason Haire）首次提出用生命周期来看待企业成长曲线。学者雷蒙德·弗农（Raymond Vernon）在其著作中首次提出产品生命周期理论。而战略和创新作为企业管理重要内容，运用战略确定创新方向和制度保障，通过创新来实现战略目标，两者相辅相成，伴随产业发展的整个生命过程。

学者伊查克·爱迪思（Adizes）作为生命周期理论代表人物之一，将生命周期分为十个周期以及三个阶段，揭示了生命周期的本质特性、进化规律以及制约因素。② 在整个生命周期过程中，通过战略制定确定创新方向和目标（如图 1-3-1 所示）。在成长阶段，通过战略构想进入创业孕育期，需要通过创新成果的商业化来实现企业成长。通过战略建立创新方向，运用发明来实现技术创新以及成果商业化，避免企业陷入"成长烦恼"。成熟阶段，是生命周期中最佳阶段。前期努力在这个阶段得到收获，呈现良好的发展势头，此时，产业中的企业依旧可以进行相应的技术创新或制度创新，以维护竞争活力。在老化阶段，由于缺乏创新失去竞争活力，开始走向衰退或死亡。经历成熟阶段的企业会出现"专利技术刚性"从而因循守旧，或出现"专利技术悬崖"，没有创新技术的跟进，影响发展并加速衰亡。但是产业或者企业并非与生物一样会自然死亡，

---

① 梁嘉骅，范建平，李常红，宫丽华. 企业生态与企业发展：企业竞争对策 [M]. 北京：科学出版社，2005：96-153.

② ［美］爱迪斯. 企业生命周期 [M]. 赵睿译. 北京：中国社会科学出版社，1997：53-64.

很多还可以通过创新实现再生。

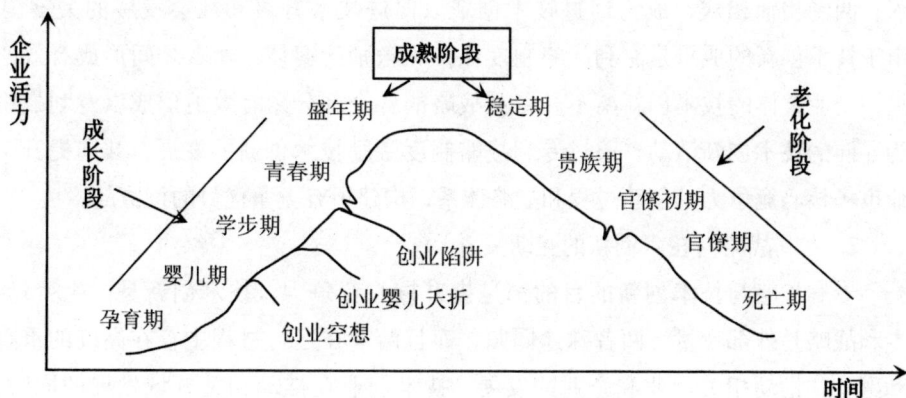

图 1 - 3 - 1 产业/企业生命周期示意图

（二）现有理论之间的关系

1. 专利战略对技术创新的制度激励

在知识经济时代，专利战略已成为竞争优势创造的基础。① 专利战略是集管理、经济、法律为一体的制度体系，许多企业，尤其是跨国企业通过专利战略为技术创新保驾护航。整个技术创新过程也是专利战略导向、保护、管理的过程，专利战略制度处处体现促进技术商业化的功能和相关机制。② 制度激励主要体现在几方面：一是技术创新过程中，通过专利文献技术导航战略规避技术风险，避免技术成果重复的法律风险③，明确了技术创新方向，促进资源的有效利用，构建了专利战略制度与技术创新之间的内在动力；二是技术创新后的知识产权保护，降低了技术创新不确定带来的风险，以保障必要的收益，构建了专利战略制度和技术创新活动的内在保障；三是技术知识产权化后的市场垄断优势，保障技术创新商业化利用后的利益收益，这种商业化的制度激励构建了专利战略制度与技术创新之间的内在联系。④ 同时，从价值链的系统角度，技术创新也处处体现与专利战略制度的高度融合，技术创新过程的技术创造、

---

① 舒辉. 自主创新与专利关系研究综述 [J]. 首都经济贸易大学学报，2014（4）：107 - 116.

② 冯晓青. 知识产权法利益平衡理论 [M]. 北京：中国政法大学出版社，2006：119 - 123.

③ 张建英. 专利文献在技术创新中的应用 [J]. 图书馆学研究，2003（9）：91 - 94.

④ 冯晓青. 企业知识产权管理 [M]. 北京：中国政法大学出版社，2012：140.

运行、市场化等过程也就是专利战略制度的专利战略创造、实施、商业化等过程，两者相辅相成，成为通过技术创新以促进技术升级和社会发展的关键。① 由于技术创新的成果是专利战略制度保护和激励的客体，两者之间形成有效匹配，企业整体的技术创新离不开专利战略的各个部分，有效地形成以专利战略为导向的技术创新活动，通过专利战略制度激励技术创新的发展，共同提升企业市场核心竞争力的创新过程和战略体系，构建了有竞争优势的价值链。②

2. 专利战略与技术创新的互动关系

专利战略与技术创新的目的都是提升核心竞争力，技术创新是内生变量，专利战略是外部变量，两者殊途同归，而且两者在运行过程中存在高度的重叠和融合，推动相关产业和企业的发展。技术创业在推动相关领域发展的同时，也会带来技术的野蛮增长，是把双刃剑，说明提升核心竞争力不能单独依靠技术创新，必须通过专利战略加以规范与引导，但制度的发展往往晚于技术的发展，许多制度创新都是由于技术创新带动的，有时无法及时地发挥对技术创新的引导和规范作用，且专利战略制度与技术创新之间的配合需要高度的协同，引导得到与否和规范尺度大小都会影响技术创新的效果。③ 所以专利战略作为企业战略与技术创新之间的衔接器，既要了解技术创新的发展轨迹，起到专利预测作用，也要了解企业战略的总体需要，起到专利导向作用，两者结合才能很好地发挥专利战略作用，提升核心竞争力（如图1-3-2所示）。

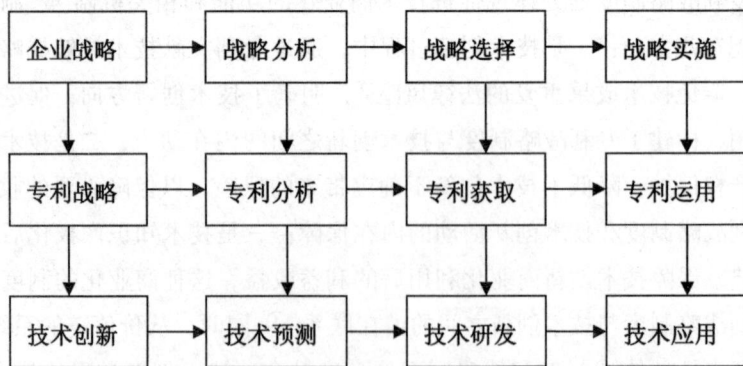

图1-3-2 专利战略与技术创新互动关系

① 郑文哲，陈双双. 集群演变过程中企业技术创新战略与知识产权战略匹配研究 [J]. 金华职业技术学院学报，2008 (5)：22-25.
② 华鹰. 企业技术创新与专利战略互动关系研究 [J]. 科技与经济，2010 (4)：45-49.
③ 解学芳、臧志彭. 制度、技术创新协同与网络文化产业治理——基于2000—2011年的实证研究 [J]. 科学学与科学技术管理，2014 (3)：31-41.

三、专利战略技术创新的重构思路

（一）构建专利战略体系下的技术创新

传统创新都是通过技术创新来促进其他领域的创新。而今，全球化和信息化的发展使得竞争日益激烈，技术创新面临的环境越来越复杂，创新的风险和不确定性逐步增大。为此，应建立专利战略的颠覆型战略来指导技术创新，围绕战略愿景和目标进行创新选择。同时，通过战略协同内部资源和外部环境，获取并整合知识信息，从中选择技术机会。根据战略愿景选择创新成员，组成创新网络，并通过战略层面建立创新制度，以保障技术创新的顺利进行（如图1-3-3所示）。

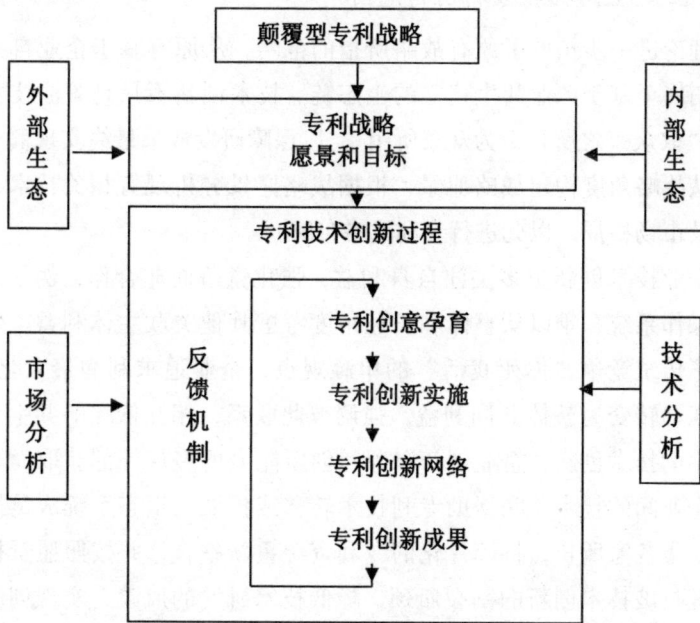

图1-3-3 专利战略指导下的技术创新

专利战略作为企业整体战略的子战略，根据整体战略，结合专利情况制定专利战略。通过专利战略为技术创新建立整体价值链系统，系统节点之间彼此联系、相互制约，通过价值链的价值活动来影响企业的技术研发、技术性能、产品功能以及市场优势等方面。第一，专利战略将贯穿于整个技术创新的过程和环节之中，从战略的角度帮助技术创新确定创新方向，分析技术以及产品所处竞争环境，尤其是外部市场竞争环境。从专利角度为技术创新提供技术信息、分析、预测、预警等帮助。第二，战略决策之前，首先应了解技术的客观情况和技术主流分布，避免闭门造车或信息不全带来的风险。可通过专利信息获取显性技术整体分布和发展状态，通过专利分析方法获取技术主题及其分布，并通过技术主题生命周期获取主题热点程度，为专利战略决策提供技术信息。第三，战略决策前还需要了解专利技术权属，从中分析市场主体的专利布局和主观意图，以进一步确认技术研发方向和竞争情况。第四，确定战略创新方向和模式。从战略角度分析技术客体信息和技术主体权属，并结合市场需求和竞争格局，通过技术客观信息选择技术主题以及技术前沿，以此选择创新方向和创新模式。第五，确定战略创新网络和战略制度。根据创新定位，从战略层面选择技术合作伙伴以构建价值网络，并建立相应的实施制度以保障创新成果的实现。

（二）立足生态拓展专利创新范围

生态理论进一步拓展了原有战略所指的范畴，从原有基于企业自身建立的供应链，拓展至基于产业共生建立的生态链。技术创新不只是关注技术自身的发展，是"取众家之所长，为众家所用"，以保障研发成果最终实现商业化，更主要的是从战略角度构建战略愿景，根据战略愿景分析现有相关技术、技术权力主体以及市场格局，以此进行专利战略布局。

传统企业技术创新更多关注自身利益，强化竞争而非合作，例如，诺基亚的封闭式操作系统，难以从整体和长远角度考虑其他关联主体利益。生态系统理论打破了传统竞争"你死我活"的单赢观点，企业追求利润最大化的思路，已从单枪匹马转变为整体共同利益，强调彼此联系、相互依赖的共生系统。在生态系统中的技术创新，企业创新资源和创新能力更多从外部获取而非企业内部，通过企业间的技术关联帮助专利技术转移或扩展。生态系统成员按照专利战略愿景，集各家所长，将碎片化的专利资源重新整合，并按照愿景构想重新配置，使其打破技术创新的割裂瓶颈，降低技术研发的风险，实现创新的共生共赢。例如，苹果之所以能够成功，并非因为某项技术，而是通过持续性战略愿景来推动生态系统的演进，从而保障企业的成功。

（三）建立专利战略技术创新生态系统

专利战略面对的生态系统与自然生态系统相似，存在合作、共生、竞合关系。整个系统从战略角度来分析未来的消费趋势，确定新价值的创造，通过专利战略分析现有生态环境，结合战略愿景来选择未来的关联主体，从而有效地进行战略布局。为此，建立专利战略技术创新生态系统，一是确定专利战略技术创新领域及模式，依靠整个生态系统形成创新合力，实现一己之力无法完成的领域。二是确定专利战略生态位。在整个生态系统中，企业应根据自身情况确定所处位置以进行某一范围的技术创新。三是制定专利战略生态位实施制度，以保障专利战略生态系统的有效运转，规范相关成员的创新行为，选择创新成果进入不同生态位的时机，实现创新成果的商业化乃至形成范式。

同时，构建专利战略生态网络。专利战略技术创新生态系统是基于价值创造，实现价值链整合和跨产业延伸，通过价值互动以实现系统的持续性，由不同价值创造主体建立的集合体。整个系统中既包括同质的上下游相关企业，也包括异质的研究机构、其他组织以及消费群体。通过同质和异质成员之间的合作来实现技术和市场方面的优势互补，并通过同质竞争和异质互补产生系统的演进动力。为此，系统企业成员必须有明确的定位，按照既定的制度进行有效的分工合作才能保障创新的成功。

另外，构建专利战略生态实施制度。专利战略生态系统构建是基于长期的战略目标和系统过程，具有开拓、扩张、领导、再造等生命周期①，通过动态的开放性以满足生态系统的战略演进。但由于系统的开放性，系统成员的合作关系既有长期也有短期，使得专利战略生态和专利战略生态位始终处于动态调整的过程，创新成果发展过程呈现非线性和不确定性。必须是整个环节中每个成员创新的实现才能成功推进创新成果进入下一个环节。为此，建立专利战略技术创新生态系统实施制度，使其科学地选择合适时机推进专利成果进入下个环节，以消除创新过程中的各种障碍（如表1-3-1所示）。

表1-3-1　专利战略生态系统构建理念

阶段	主要任务	构建理念
技术生态位（建立）	新价值孕育、创造，专利机会挖掘	占据缝隙市场，储备竞争能力
市场生态位（扩张）	新价值扩张、应用，专利市场开发	吸收更多成员，实现价值传递
范式生态位（领导）	新价值确立、颠覆，专利技术标准	强化系统地位，进行资源分配
再造生态位（再生）	新价值再生、培养，专利技术发现	适应生态发展，延续生命周期

---

① Moore, J.. Predators and Prey: A New Ecology of Competition [J]. Harvard Business Review. 1993, 71 (3): 75-86.

第二章

移动新媒体理论知识图谱

移动新媒体作为当前热点，文章通过文献计量等定量方法对相关文献进行分析，了解国内外移动新媒体相关理论的研究方向、主题、热点等研究状况，以期更好地把握其研究规律，实现对移动新媒体相关研究进行客观全面的认识。并在此基础上，通过科学和翔实的理论分析，把握当前理论的发展脉络，从中获取现有研究不足以及完善领域，为后续战略制定奠定良好基础。

第一节　国外移动新媒体研究

一、移动新媒体研究脉络

（一）研究数据

为了更好地了解移动新媒体国外研究情况，文章选择汤森路透的 Web of Science™核心合集，运用文献计量方法，采用 CiteSpace 可视化技术，分析国外移动新媒体的研究脉络、研究主题、研究热点、研究机构及作者等方面，通过梳理国外研究状况，以更好地探测未来的研究趋势。

Web of Science™核心合集囊括了 Science Citation Index Expanded™(SCI－EX-PANDED)、Social Science Citation Index (SSCI)®、Arts&Humanities Citation In-dex™(A&HCI)、Conference Proceedings Citation Index－Science™ (CPCI－S)。该数据库共收录超过 1 万多种世界权威的高影响力期刊以及超过 11 万个国际会议期刊，内容涵盖理工、人文等多种学科领域①，具有极强的权威性。文章以

---

① 汤森路透 Web of Science™核心合集［EB/OL］. http：//www.thomsonscientific.com.cn/pro-ductraining/WOS/ 2016－3－28.

"Mobile 和 Media"或者"Phone 和 Media"为主题，共检索到 1427 篇相关文献，最早文献出现时间为 1999 年。

（二）研究年度

文献发表时间的数量变化是探测学科研究繁荣程度的重要指标。数量变化通过曲线分布可直观地反映出研究所处阶段以及动态演变历程，对预测未来趋势具有重要意义。①

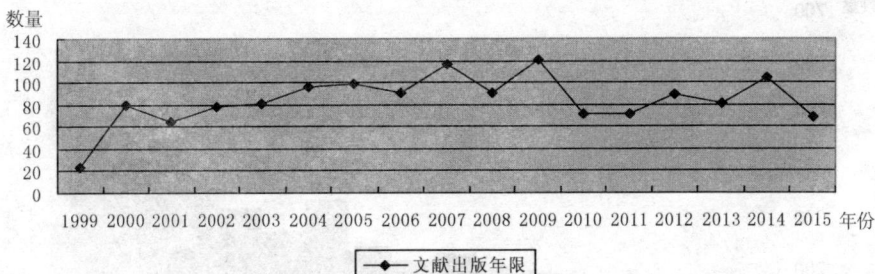

图 2 - 1 - 1　国外移动新媒体文献出版数量及周期变化

国外移动新媒体研究从 1999 年开始，作者 Krikelis. A. 首次介绍了移动多媒体。② 结合生命周期理论，移动新媒体已经进入孕育阶段，并迅速成长（如图 2 - 1 - 1 所示）。其中，从 2001 年开始，直到 2009 年增长到最高峰，这个阶段是快速成长阶段，虽然中间有些年限稍有回落，但整体处于增长状态；从 2010 年至今研究从快速增长逐步开始减缓，除了 2015 年略低以外，整体都保持在一定的稳定阶段，运用生命周期余弦函数曲线原理，说明研究已进入成熟阶段。

如图 2 - 1 - 2 所示，国外移动新媒体引文出现的时间与文献发表的时间基本一致，最早引文出现在 1999 年，是 Valadon，C. G. F. 等③作者关于移动多媒

---

① 邱均平，杨思洛，宋艳辉. 知识交流研究现状可视化分析［J］. 中国图书馆学报，2012（2）：78 - 89.

② Krikelis A.. Mobile Multimedia：Shaping the Infoverse［J］. IEEE Concurrency，1999，7（1）：7 - 9.

③ Valadon，C. G. F.，Verelst，G. A.，Taaghol，P.，Tafazoli，R.，Evans，B. G.. Code - division Multiple Access for Provision of Mobile Multimedia Services with a Geostationary Regenerative Payload［J］. IEEE Journal on Slectel Areas in Communications，1999，17（2）：223 - 237.

体通信系统设计的文章被 Mertzanis，I. 等①作者引用；引文从 1999 年开始进入快速成长阶段，并逐年得到提升，整个发展过程与移动新媒体研究的周期阶段基本一致，但引文的增长数量与发文表现不同，基本保持持续增长势头，被关注程度较高、时间较长，而这恰恰说明移动新媒体作为新兴领域逐步认可的过程，是驱使移动新媒体生命周期演进的动力，进一步佐证了对移动新媒体周期的判断。

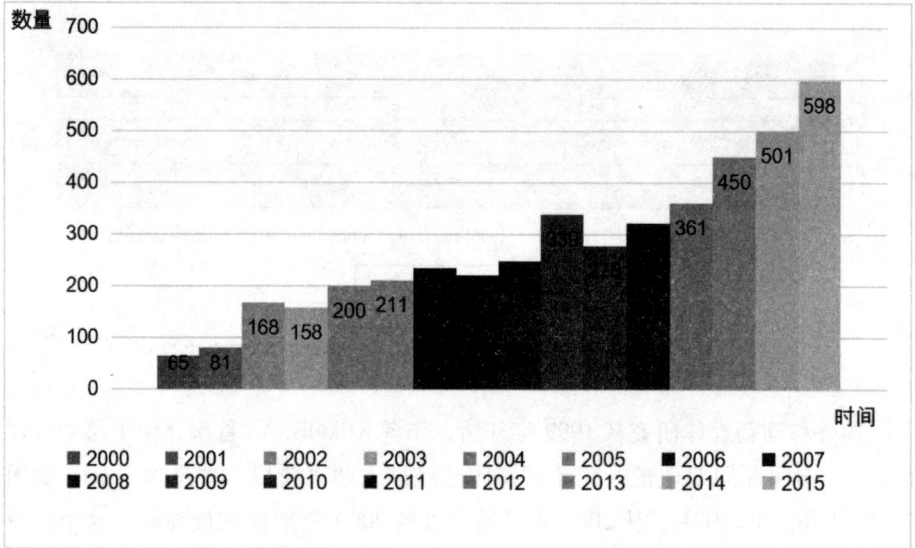

图 2 - 1 - 2　国外移动新媒体文献引文数量及周期变化

（二）研究学科

移动新媒体相关研究主要集中在 37 个学科研究方向，发文较多的集中在 10 个研究领域（如图 2 - 1 - 3 所示）。其中，Engineering（工程）、Computer Science（计算机科学）和 Telecommunications（通信）所占比例最多，分别为52.9%、52.6%、46.5%，属于移动新媒体研究的重要领域，这三个学科领域所发文献已超过 1427 的总数，达到 2169，充分显示现有论文所属学科存在交叉，发表的论文不仅属于某一个学科，同时还属于另一个或几个学科，例如，排名最高的工程学科中的相关论文，同时也属于计算机或者通信等学科领域，

① Mertzanis, I. , et al. . Satellite – ATM Networking and Call Performance Evaluation for Multimedia Broadband Services ［J］. International Journal of Satellite Communications，1999，17（2 – 3）：107 – 127.

目前，除了工程学、计算机科学、通信学之外，还存在 34 个学科，说明国外移动新媒体研究涉及的学科领域较多，范围较广，跨专业研究、学科交叉是国外该领域研究的重要特征。

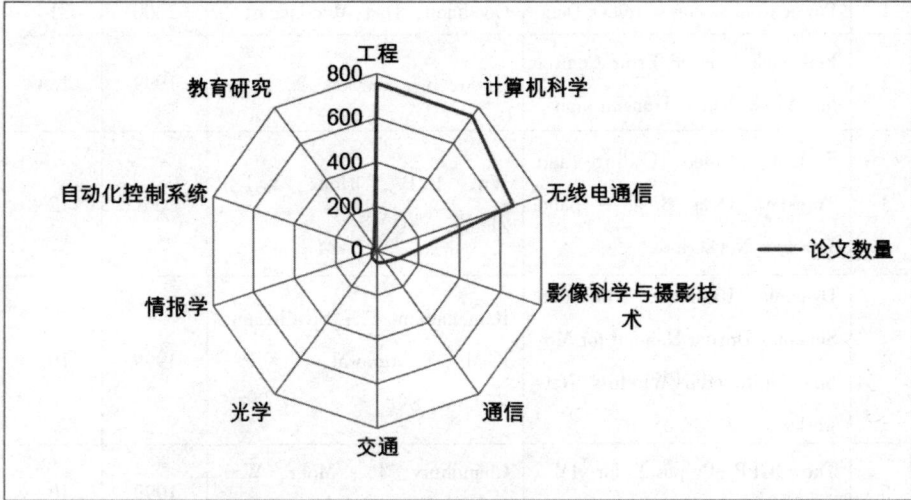

图 2 – 1 – 3　国外移动新媒体文献学科分布情况

（三）研究基础

被引文献是被认可和被接受的反映以及程度，被引频次是判断文献价值的重要标准，也是评价期刊、学科、区域、作者以及单位暂无替代的评价方法。① 而高被引文献则代表该领域在某个时间段的研究主题和研究热点，具有较强的学术价值，为此被称为"高频引文"。② 通过对国外移动新媒体研究文献的被引频次统计，得出其中排名前五的高被引论文（如表 2 – 1 – 1 所示）。

---

① 蔡言厚，杨华．论被引频次评价的适应性局限性和不合理性［J］．重庆大学学报，（社科版），2009，15（5）：59 – 62.
② 刘晓等．2001—2006 年《河北农业大学学报》主要文献评价指标分析［J］．河北农业大学学报（农业教育版），2009，9（11）：397 – 399.

表 2 - 1 - 1　国外移动新媒体被引文献排名前五情况列表

	文献题目	作者	发文时间	被引频次
1	Power Control for Wireless Data	Goodman, D. ; Mandayam, N.	2000	314
2	Feedback - based Error Control for Mobile Video Transmission	Girod, B. ; Farber, N.	1999	153
3	Scalable Video Coding and Transport Over Broad - band Wireless Networks	Wu, D. P. ; Hou, Y. T. ; Zhang, Y. Q.	2001	123
4	Dynamic Resource Allocation Schemes During Handoff for Mobile Multimedia Wireless Networks	Ramanathan, P. ; Sivalingam, K. M. ; Agrawal, P. ; Kishore, S.	1999	109
5	The 3GPP Proposal for IMT - 2000	Chaudhury, P. ; Mohr, W. ; Onoe, S.	1999	102

　　被引最高的是 Goodman, D. 等①研究移动多媒体如何有效的控制信息来源的文章，作者运用微观经济学和博弈论分析现有通信市场，发现达到纳什均衡并非应减少其他终端使用，认为实现某一终端最大效用是调整自身价格，提出通过调整效用与价格来实现利益最大化；Girod, B. 等②主要通过对移动多媒体网络视频传输过程中的反馈误差和评审技术进行对比分析后，系统提出每种技术的传播条件；学者 Wu, D. P. 等③学者提出通过一种自适应框架来解决移动媒体在视频传输过程中的视频质量问题；Ramanathan, P. 等④学者研究用户移动性切换管理，解决移动后能够将获得的传输资源无缝切换到一个新的基站，

① Goodman, D. ; Mandayam, N. IPower Control for Wireless Data [J]. EEE Personal Communications, 2000 (7): 48 - 54.
② Girod, B. ; Farber, N. . Feedback - based Errorcontrol for Mobile Video Transmission [J]. Proceedings of the IEEE, 1999, 87 (10): 1707 - 1723.
③ Wu, D. P. ; Hou, Y. T. ; Zhang, Y. Q. . Scalable Video Coding and Transport over Broad - band Wireless Networks [J]. Proceedings of the IEEE, 2001, 89 (1): 6 - 20.
④ Ramanathan, P. ; Sivalingam, K. M. ; Agrawal, P. ; Kishore, S. . Dynamic Resource Allocation Schemes during handoff for Mobile Multimedia Wireless Networks [J]. IEEE Journal on Selectd Areas in Communications, 1999, 17 (7): 1270 - 1283.

文章通过静态和动态资源分配方案来评估连续服务潜在资源需求，结果显示使用动态评估和分配，可以显著降低切换连接概率；Chaudhury, P. 等①学者主要是结合市场需求和技术要求，在 GSM 系统的基础上研究 3GPP 相关技术方法。

作为被引最高的前五篇文章，整体都是基于技术来分析移动新媒体，通过技术的不断完善和拓展来满足移动新媒体技术需求，并在此基础上逐步从市场需求和技术要求来分析移动新媒体的市场发展和标准构建。

（四）研究前沿

研究前沿代表该领域正在兴起的新兴主题或涌现的热门趋势，可通过文献共被引聚类及网络来体现。研究前沿通过可视化技术将移动新媒体相关文献形成不同主题聚类，从聚类中提取专业术语（前沿术语）和相关文献（前沿文献）来体现研究前沿。文章选择 TOP30 为节点阈值，获取共被引网络节点数量241，连线数量461，网络密度为0.0159。通过网络聚类共获得11个研究主题，Modularity 值为0.8607，Silhouette 值0.5042②，聚类效果较好（如图2－1－4所示）。

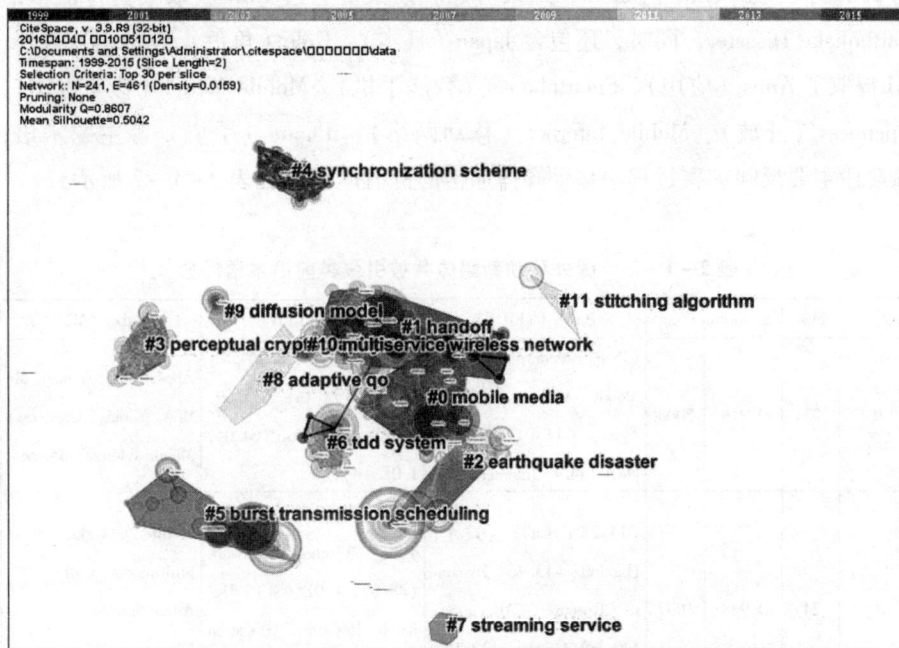

图2－1－4 国外移动新媒体前沿研究领域知识图谱

---

① Chaudhury, P.; Mohr, W.; Onoe, S.. The 3GPP Proposal for IMT－2000 [J]. IEEE Communications Magazine, 1999, 37 (12): 72－81.

② Silhouette 值是检验网络成员同质性的指标，该值越大说明成员同质性越高，效果越好。

　　聚类#0 Mobile Media（移动媒体），是整个网络聚类中最大的聚类，拥有35篇文献，整个网络聚类平均时间为2003年，Silhouette值0.919，非常接近最大值1，说明该聚类形成的结果可靠性较高。该聚类主要是研究移动媒体，此外还包含Use（使用）等术语。另外，还通过TFIDF提取了Media（媒体），以及还通过MI提取了Apps（应用）、Smartphones（智能手机）等主题术语（如表2-1-2所示）。

　　聚类#1 Handoff①（切换），该聚类位居第二，拥有24篇文献，平均时间为1997年，Silhouette值0.948，分析结果非常可靠。该聚类除了研究Handoff之外，还包含Wireless Network（无线网络）、Dynamic Resource Allocation Scheme（动态资源分配）等特征术语，同时，还通过TFIDF提取了Call（调用）、Broadband（宽带）等特征术语，以及MI提取的Mobile Networks（移动网络）、Multimedia（多媒体）、Call Admission Control（呼叫控制）、Communication - networks（通信网络）、Systems（系统）等主题术语（如表2-1-2所示）。

　　聚类#2 Earthquake Disaster（地震灾害），以14篇文献位居第三，平均时间为2003年，Silhouette值0.93，结果可靠。该聚类通过LLR获取聚类特征术语Earthquake Disaster，同时，还包含Japan（日本）、Role（角色）等术语，另外，MI提取了Apps（应用）、Smartphones（智能手机）、Mobile Media（移动媒体）、Openness（开放）、Mobile Internet（移动网络）、iPhone（手机）等主题术语；该阶段主要反映灾害过程中移动媒体通信的价值体现（如表2-1-2所示）。

表2-1-2　　国外移动新媒体共被引聚类前沿术语汇总

lusterID	Size	Silhouette	Year	Label（TFIDF）	Label（LLR）	Label（MI）
0	35	0.919	2003	（18.89）Media；（17.45）Mobile Media；（15.89）News；（14.4）Technologies；（14.4）Internet	Mobile Media（144.28，1.0E-4）；Use（75.09，1.0E-4）；Politic（64.04，1.0E-4）；	Apps；Smartphones；Mobile Media；Openness；Mobile Internet；iPhone
1	24	0.948	1997	（14.23）Call；（13.7）Handoff；（13.46）Dynamic Resource Allocation；（12.68）Control；（12.31）Broadband	Handoff（96.01，1.0E-4）；Wireless Network（88.03，1.0E-4）；Dynamic Resource Allocation Scheme（76.9，1.0E-4）；	Mobile Networks；Multimedia；Call Admissioncontrol；Ulscheme；Communication - networks；Systems

①　Handoff 切换：从一个基站向另一个基站转移用户站通信之动作。硬切换的特点是通信信道短暂中断。软切换的特点是一个以上的基站同时与同一个用户站保持通信。

lusterID	Size	Silhouette	Year	Label（TFIDF）	Label（LLR）	Label（MI）
2	14	0.93	2003	（17.06）Japan；（17.06）Earthquake Disaster；（15.89）Media；（14.49）Art；（14.23）Role	Earthquake Disaster（272.65, 1.0E−4）；Japan（272.65, 1.0E−4）；Role（146.53, 1.0E−4）；	Apps；Smartphones；Mobile Media；Openness；Mobile internet；iPhone
3	14	1	1996	（20.35）Perceptual Cryptography；（14.4）Several Wavelet Coefficient confusion Method；（14.4）MPEG；（13.44）Video；（12.31）Wavelet−transform Encoded Video	Perceptual Cryptography（404.44, 1.0E−4）；Video（320.83, 1.0E−4）；Several Wavelet Coefficient Confusion Method（130.03, 1.0E−4）；	Speech
4	14	1	1994	（22.35）Synchronization Scheme；（18.77）Correctness；（18.77）Proof；（18.77）Mosync；（16.19）Mobile System	Synchronization Scheme（559.4, 1.0E−4）；Correctness（283.73, 1.0E−4）；Proof（283.73, 1.0E−4）；	Mobile System
5	12	1	2003	（14.4）Cloud；（10.83）Burst Transmission Scheduling；（10.83）Mobile TV Broadcast Network；（8.73）OFDMA System；（8.73）Multi−level priority	Burst Transmission Scheduling（71.7, 1.0E−4）；Mobile TV Broadcast Network（71.7, 1.0E−4）；OFDMA System（47.91, 1.0E−4）；	Mobile Device
6	9	0.996	1993	（15.2）TDD System；（13.46）Using Game；（13.46）Theoretic Framework；（13.46）Fair−efficient Guard Bandwidth Coefficients Selection；（13.11）Game	TDD System（170.25, 1.0E−4）；Theoretic Framework（122.13, 1.0E−4）；Using Game（122.13, 1.0E−4）；	Call Admission Control

续表

lusterID	Size	Silhouette	Year	Label (TFIDF)	Label (LLR)	Label (MI)
7	7	1	2013	(14.4) Streaming Service; (14.4) Aware Mobile Peer – to – peer Communication; (13.46) Novel Energy – efficiency; (13.46) Vehicularad; (13.46) Social – inspired Video Sharing Solution	Streaming service (96.88, 1.0E – 4); Aware Mobile peer – to – peer Communication (96.88, 1.0E – 4); Social – inspired Video Sharing Solution (80.71, 1.0E – 4);	Networks
8	7	0.988	1996	(12.31) Adaptive Qo; (10.83) Mobile Video Transmission; (10.83) Feedback – based Error Control; (10.83) 3GPP Proposal; (9.73) Control	Adaptive Qo (74.89, 1.0E – 4); Mobile Video Transmission (56.14, 1.0E – 4); Feedback – based error Control (56.14, 1.0E – 4);	Mobile Networks; Multi-media; Call Admission-control; Ulscheme; Communication – networks; Systems
9	5	1	1994	(13.46) Diffusion Model; (13.46) Shared Bandwidth; (10.51) Evaluation; (9.72) Model;	Diffusion Model (103.23, 1.0E – 4); Shared Bandwidth (103.23, 1.0E – 4); Evaluation (89.21, 1.0E – 4);	Evaluation
10	5	0.99	2000	(10.83) Multiservice Wireless Network; (10.83) Using Handover Prediction; (10.83) Robustness; (8.73) Sensitivity Analysis; (8.73) Reinforcement	Multiservice Wireless Network (56.65, 1.0E – 4); Using Handover Prediction (56.65, 1.0E – 4); Robustness (56.65, 1.0E – 4);	Learning Approach
11	5	1	2005	(8.73) City Map; (8.73) Graph – based Markerless Registration; (8.73) Stitching Algorithm; (8.73) Sram; (8.73) Recognition	Stitching Algorithm (39.7, 1.0E – 4); City Map (39.7, 1.0E – 4); Graph – based Markerless Registration (39.7, 1.0E – 4);	Mobile Device

另外，文章从各聚类中选取位居第一的施引文献，共获取不小于0.25活跃度的11篇文献，以代表该领域研究前沿（如表2-1-3所示）。

Chen，Wenhong① （2015）作为聚类#0 中最活跃的施引文献，占据该聚类引用文献的 11%，代表聚类#0 的研究前沿。该文章主要是研究移动新媒体的应用价值，通过美国人群移动媒体及设备使用变化情况的相关调查进行分析，结果表明使用移动媒体可以消除城乡差异和教育差距，为弱势群体提供社会文化参与机会。该文章共引用了 61 篇参考文献，发表在 *Human Communication Research*。

聚类#1，Ramanathan，P. 等② （1999）主要研究用户移动性管理，该篇文章在"被引内容"中介绍过，作为施引文章共引用了 16 篇参考文献，占聚类#1 引用文献中的 17% 的比例，是该聚类中引用热度最高的文章，该文章发表在 *IEEE Journal on Selected Areas in Communications*。

Hjorth，Larissa 等③ （2011）发表的文献是聚类#2 中活跃程度最高的文献，达到 64%，该文献主要是研究移动媒体对人类生活环境的影响，尤其是在自然危害和危机事件发生后的作用体现，并列举了日本（3·11）地震和海啸灾难，以此说明通过移动媒体不仅增加了人们新的情感交流方式，维护亲密关系，还提升了危机管理能力。该文章共引用了 48 篇参考文献，并发表在 *Digital Creativity*。

Lian，S. G. 等④ （2003）属于聚类#3 中引用文献最多、活跃程度最高的施引文献，达到 43%，代表该聚类研究前沿。该文章主要研究移动媒体加密技术，尤其是网络切换时图像或视频加密。该文章共引用 14 篇参考文献，收录在 *2nd International Conference on Computer Networks and Mobile Computing*。

---

① Chen，Wenhong. A Moveable Feast: Do Mobile Media Technologies Mobilize or Normalize Cultural Participation? [J]. Human Communication Research，2015，41（1）：82 – 101.

② Ramanathan，P.；Sivalingam，K. M.；Agrawal，P.；Kishore，S.. Dynamic Resource Allocation Schemes during Handoff for Mobile Multimedia Wireless Networks [J]. IEEE Journal on Selected Areas in Communications. 1999，17（7）：1270 – 1283.

③ Hjorth，Larissa；Kim，Kyoung – Hwa Yonnie. Good Grief: The Role of Social Mobile Media in the 3·11 Earthquake Disaster in Japan [J]. Digital Creativity，2011，22（3）：187 – 199.

④ Lian S. G.，Wang Z. Q.. Comparison of Several Wavelet Coefficient Confusion Methods Applied in Multimedia Encryption [A]. IEEE Computer Society. 2003 International Conference on Computer Networks and Mobile Computing，Proceedings [C]. LOS Alamitos：IEEE Computer SOC，2003：372 – 376.

Boukerche, A.① 等（2001）是聚类#4 中活跃程度最高的施引文献，共占据该聚类 100% 的比例，代表该聚类的研究前沿。该文章主要是研究移动新媒体同步技术问题，通过高效式的分布算法来实现移动客户的多媒体访问。该文章共引用 21 篇参考文献，收录在 "*Proceedings – Conference on Local Computer Networks*" 会议论文集；

Hefeeda, M.② 等（2010）是聚类#5 中活跃程度最高的施引文献，占该聚类引用文献 25% 的比例。该文章主要是研究移动电视等设备在信号接收过程中的调度问题，提出最优高效调度算法，并通过相应仿真实验加以验证。该文章引用 42 篇参考文献，发表在 *IEEE – ACM Transactions on Networking*。

表 2 – 1 – 3 国外移动新媒体研究前沿文献

聚类	引用热度	研究前沿文献（作者 + 时间 + 文献名称）
0	0. 11	Chen，Wenhong（2015）A Moveable Feast：Do Mobile Media Technologies Mobilize or Normalize Cultural Participation
1	0. 17	Ramanathan, P.；Sivalingam, K. M.；Agrawal, P..（1999）Dynamic Resource Allocation Schemes During Handoff for Mobile Multimedia Wireless Networks
2	0. 64	Hjorth, Larissa；Kim, Kyoung – Hwa Yonnie（2011）Good Grief：the Role of Social Mobile Media in the 3·11 Earthquake Disaster in Japan
3	0. 43	Lian, S. G.；Wang, Z. Q.（2003）Comparison of Several Wavelet Coefficient Confusion Methods Applied in Multimedia Encryption
4	1	Boukerche, A.；Hong, S. B.；Jacob, T.（2001）A Distributed Synchronization Scheme for Multimedia Streams in Mobile Systems：Proof and Correctness
5	0. 25	Hefeeda, M.；Hsu, C. H.（2010）On Burst Transmission Scheduling in Mobile TV Broadcast Network

---

① Boukerche A.，Hong S. B.，Jacob T.. A Distributed Synchronization Scheme for Multimedia Streams in Mobile Systems：Proof and Correctness［A］. IEEE Computer Societyproce. Edings Cconference on Local Computer Networks［C］. LOS Alamitos：IEEE Computer SOC，2001：638 – 645.

② Hefeeda, M.；Hsu, C.. Hon Burst Transmission Scheduling in Mobile TV Broadcast Network ［J］. IEEE – ACM Transactions on Networking. 2010，18（2）：610 – 623.

聚类	引用热度	研究前沿文献（作者 + 时间 + 文献名称）
6	0.56	Virapanicharoen, J.；Benjapolakul, W.（2004）Fair – efficient Guard Bandwidth Coefficients Selection in Call Admission Control for Mobile Multimedia Communications Using Game Theoretic Framework
7	0.86	Xu, C. Q.；Jia, S. J.；Zhong, L. J.；Muntean, G. M.（2015）Socially Aware Mobile Peer – to – peer Communications for Community Multimedia Streaming Services
8	0.43	Girod, B.；Farber, N.（1999）Feedback – based Error control for Mobile Video Transmission
9	1	Watanabe, Y.；Shinagawa, N.；Kobayashi, T.；Aida, M.（1999）Evaluation of Shared Bandwidth for Mobile Multimedia Networks Using a Diffusion Model
10	0.6	Martinez – Bauset, Jorge；Gimenez – Guzman, J. M.；Pla, V.（2012）Robustness of Optimal Channel Reservation Using Handover Prediction in Multiservice Wireless Networks
11	0.4	Kim, H. K.；Lee, K. W.；Jung, J. Y.；Jung, S. W.；Ko, S. J.（2011）A Content – aware Image Stitching Algorithm for Mobile Multimedia Devices

二、移动新媒体研究主题

（一）主题内容

通过对移动新媒体关键词的时区视图分析显示，国外移动新媒体研究主题几乎每年都在变化。根据主题词出现频次，将历年主题词进行统计和归纳（如表2 – 1 – 4所示）。

表2-1-4 国外移动新媒体研究主题词汇总

年份	历年主题词汇总
1999	Mobile Multimedia (94); Multimedia (53) Systems (45) Architecture (24) Performance (23) Mobile Communication (22) System (16) MPEG-4 (14) Standard (10) Mobile Network (10) Resource Allocation (7) Codes (3) H. 324 (2) Dmif (2) Active Filtering (1) Self-similarity (5)
2000	Wireless Networks (28) Handoff (23) Internet (20) Capacity (10) Mobile Multimedia Services (7) Mobile Communications (7) DA-CDMA (4) Adaptive Call Admission Control (2) Antenna Array (1) Access Scheme (1) Traffic (2) Admission (2) Adaptive Qos (2) CDMA/TDD (2)
2001	Networks (38) Mobile (19) Wireless (16) Mobility Management (10) Fading Channels (8) Mobile Networks (7) Call Admission (7) Channel Assignment (6) Cellular-systems (3) Mobility Model (3) Mobile Communications (3) Distributed Algorithm (3) Atm Networks (3) Error (3) Parallel (3)
2002	Admission Control (11) CDMA (10) Mobile IP (8) Downlink (6)
2003	Quality of Service (21) Mobile Computing (18) Call Admission Control (15) Handover (8) Radio Resource Management (5) Bandwidth Allocation (5) Delay Jitter (2)
2004	Design (31) Management (22) Performance Analysis (9) Encryption (6) Video Encryption (3) Dynamic Resource Reservation (2) Chaotic Stream Cipher (2) Information Security (2) Direction Weighting (2) Embedded Dram (1)
2005	Services (26) Video (25) Protocol (10) Mobile IPv6 (5) E-learning (4) Component (4) Cooperative Game (3) Ensemble (2) Cellular Multimedia Networks (2) Adaptive Bandwidth Reservation (2) Anomaly Detection (1)
2006	Digital Rights Management (5) Decoder (4) AVS-M (4)
2007	Mobile Media (49) Technology (18) Mobility (17) Cellular Networks (15) Mobile TV (15) Multicast (10) Wireless Communications (8) Flash Memory (7) Bandwidth Reservation (6) 3GPP (4) Mobile Multimedia Device (4) Camera-phone (2)
2008	H. 264/AVC (10)

续表

年份	历年主题词汇总
2009	CMMB（17）Middleware（13）Mobile Phone（11）Video Coding（10）Adoption（8）DVB－H（8）OFDM（8）Low Power（8）Allocation（8）Mobile Multimedia Broadcasting（6）New Media（6）Information－technology（6）Display（3）Mobile Learning（4）
2010	Education（10）
2011	Framework（13）Energy Efficiency（11）Optimization（9）Augmented Reality（9）Transmission（9）Quality of Experience（7）Cognitive Radio（5）Features（3）Image Retrieval（3）
2012	Media（10）
2013	Social Media（18）Information（13）Model（12）Cloud Computing（11）Scheme（15）Smartphone（8）Mobile Phones（7）Consumption（7）
2014	AD HOC Networks（8）Algorithm（7）Gender（3）
2015	Communication（11）Multimedia Applications（9）Locative Media（7）Location（7）Convergence（6）Implementation（5）Interactivity（4）Mobile Technology（3）Otnology（3）Health－promotion（3）News Consumption（2）

（二）主题演变

为了更好地分析国外移动新媒体主题的形成与演变，通过 1999—2015 年历年的相关文献，并结合各年形成的关键主题词，国外研究主题及其演变主要集中体现在三方面：早期的移动新媒体技术形成阶段，中期的移动新媒体内容实现阶段，现期的移动新媒体应用融合阶段（如图 2－1－5 所示）。

结合可视化技术形成的移动新媒体主题知识图谱，可以明确地看到移动新媒体从 1999 年开始，属于主题形成阶段。根据中介中心性显示，最大的圆圈是早期形成的以 Mobile Multimedia 为核心的主题领域，说明早期主题的共现频次较多，相关主题内容的关注程度较高，圆圈的颜色显示，该主题在当前依然是研究热点。根据主题之间的连线以及颜色显示，各圆圈之间的连线较为紧密，尤其是早期形成到中期阶段，连线最为紧密，说明中期主题都是在早期主题基础上演进而来，而且以红黄暖色为主，进一步说明早期主题与现有主题之间有非常紧密的联系，表明移动新媒体属于新兴领域。

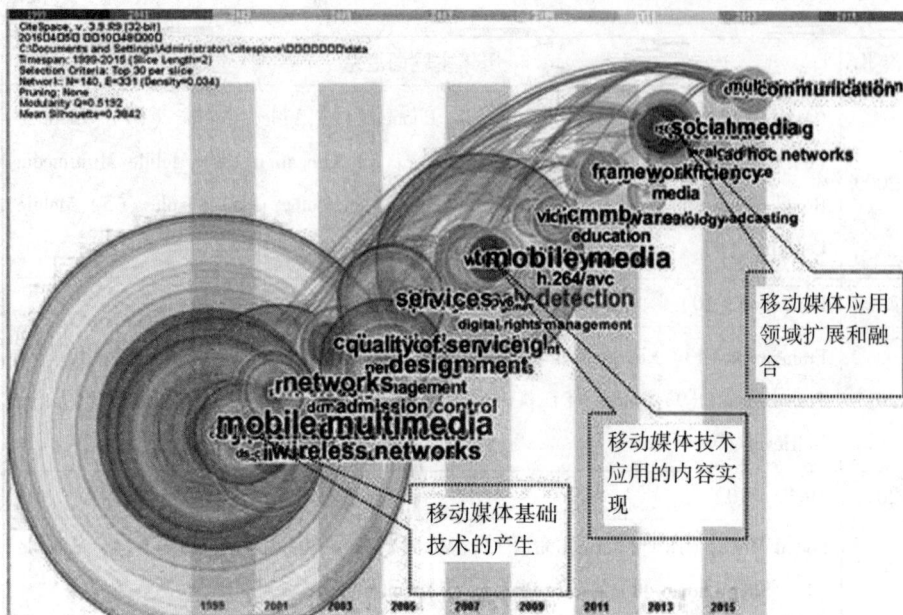

图 2 - 1 - 5　国外移动新媒体研究主题分布知识图谱

根据图谱的突现性指标分析，国外移动新媒体研究主题在其演变过程中有三个重要的突现点，说明是主题演变过程中具有影响力的主题内容，无论是提升还是下降都代表主题研究的转变。本文就是基于这三个重要的突现点来划分出国外移动新媒体研究的三个阶段。第一个突现点是 1999 年早期形成的（Mobile Multimedia；MPEG - 4①，Handoff），代表移动新媒体研究主题的形成，结合相关主题词和主题文献，该阶段主要是研究移动新媒体基础技术，通过通信及其他领域的技术改进或突破来增强或实现某些技术性能。第二突

---

① MPEG - 4（MP4）是一套用于音频、视频信息的压缩编码标准，由国际标准化组织（ISO）和国际电工委员会（IEC）下属的"动态图像专家组"（Moving Picture Experts Group，即 MPEG）制定，第一版在 1998 年 10 月通过，第二版在 1999 年 12 月通过。MPEG - 4 格式的主要用途在于网上交流、光盘、语音发送（视频电话），以及电视广播。

现点是 2008 年前后形成的（Mobile TV；CMMB①，Middleware②），代表移动新媒体内容形态领域的形成，结合相关主题词和文献，该阶段主要是研究移动新媒体相关内容的实现和功能。第三突现点是 2013 年形成的（Social Media，Cloud Computing），该阶段已形成移动新媒体产业融合业态，突现移动新媒体的应用服务以及未来领域，重点研究移动新媒体的未来社会需求（如表 2－1－5 所示）。

表 2－1－5　国外移动新媒体研究主题分布及其演变过程总结

时间切片	连线数/总数	文献量	主题词量	主题提炼	主题分布
1999—2000	47 / 48	166	39	移动通信技术切换、分配及标准	移动新媒体技术形成
2001—2002	41 / 53	294	19	移动网络分布、信道及 IP 协议	
2003—2004	35 / 37	365	17	移动服务质量、信息安全及加密	

① CMMB 是英文 China Mobile Multimedia Broadcasting（中国移动多媒体广播）简称。是国内自主研发的第一套面向手机、电脑等多种移动终端系统，利用 S 波段信号实现"天地"一体覆盖、全国漫游，支持 25 套电视和 30 套广播节目。2006 年，国家广电总局正式颁布中国移动多媒体广播（俗称手机电视）行业标准，确定采用我国自主研发的移动多媒体广播行业标准。标准适用于 30MHz 到 3000MHz 频率范围内的广播业务频率，通过卫星/或地面无线发射电视、广播、数据信息等多媒体信号的广播系统，可实现全国漫游。

② 中间件（Middleware）是基础软件的一大类，属于可复用软件范畴。中间件处于操作系统软件与用户的应用软件的中间。中间件是一种独立的系统软件或服务程序，分布式应用软件借助这种软件在不同的技术之间共享资源。中间件位于客户机/服务器的操作系统之上，管理计算机资源和网络通信，是连接两个独立应用程序或独立系统的软件。相连接的系统，即使它们具有不同的接口，但通过中间件相互之间仍能交换信息。执行中间件的一个关键途径是信息传递。通过中间件，应用程序可以工作于多平台或 OS 环境。

时间切片	连线数/总数	文献量	主题词量	主题提炼	主题分布
2005—2006	46 / 64	457	14	移动服务内容、性能、版权管理	移动新媒体内容实现
2007—2008	47 / 53	610	13	移动宽带、通信标准以及终端设备	
2009—2010	43 / 44	666	15	移动视频编码、技术性能、教育	
2011—2012	50 / 67	633	10	移动虚拟现实、图像检索技术优化	移动新媒体应用融合
2013—2014	73 / 84	802	11	移动社交媒体、云计算、手机消费	
2015—2016	47 / 54	356	11	移动应用程序、定位、网络融合	

三、移动新媒体研究热点

(一)研究热点

关键词是研究主题的核心，而关键词之间的关系状态则可以反映关键词的关注程度，以此来反映整体领域的研究热点。通过可视化技术绘制知识网络图谱，通过节点来反映研究热点程度，节点大小是频次高低的反映，节点连线是关系程度的体现，节点颜色则是关注程度的反映（如图2-1-6所示）。

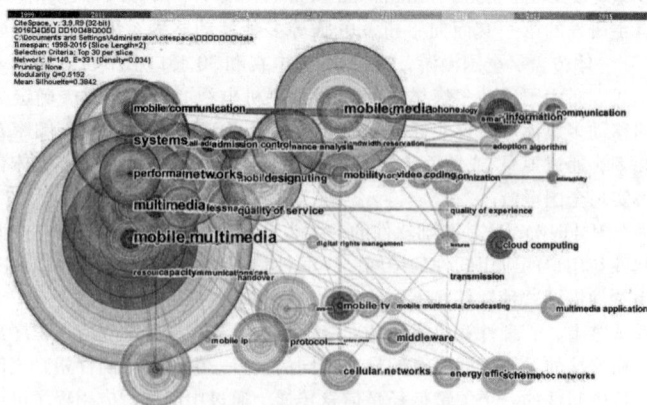

图2-1-6 国外移动新媒体研究热点知识图谱

（二）研究关键热点

为了更好地了解国外移动新媒体研究主题的热点，结合可视化技术，通过 Sigma 值和 Burst 值来反映。Sigma 值是共词频次和中介中心性的综合体现，反映研究热点中价值最高的热点，Burst 值通过原点的红色来反映研究前沿中的热点。图谱显示，1999 年的 Mobile Multimedia（移动多媒体）作为文章的研究主体，是整个知识图谱中节点最大的，与它的连线也最多、相对较粗，说明它的影响力最大。另外，与它联系紧密的是同年的 Multimedia（多媒体）、Systems（系统）等，从图谱连线看，是在它们的基础上进一步衍生出 Mobile TV（移动电视）、Social Media（社交媒体）等研究热点（如表 2 - 1 - 6 所示）。

表 2 - 1 - 6　国外移动新媒体研究热点

序列	Sigma	Bursts	研究热点
1	1.98	5.94	Mobile Multimedia, 1999, SO, V, P
2	1.23	4.44	Handoff, 2000, SO, V, P
3	1.20	3.42	Mobile TV, 2007, SO, V, P
4	1.12	4.31	Social Media, 2013, SO, V, P
5	1.11	3.57	Call Admission Control, 2003, SO, V, P
6	1.10	3.13	CDMA, 2002, SO, V, P
7	1.02	3.85	MPEG - 4, 1999, SO, V, P
8	1.01	4.30	Cloud Computing, 2013, SO, V, P

结合相关指标，综合选取了八个关键词作为该领域的研究热点，整个领域的研究热点与研究主题的演变基本一致。早期的 "Mobile Multimedia（移动多媒体）、Handoff（切换）、CDMA（码分多址）①、MPEG - 4（动态图像格式 4）" 主要是侧重移动新媒体基础技术性能或媒体功能的实现；中期 Mobile TV（移动电视），主要是侧重移动新媒体内容制作和实现，是各项技术性能或媒体功能的

---

① CDMA 是指一种扩频多址数字式通信技术，通过独特的代码序列建立信道，可用于二代和三代无线通信中的任何一种协议。CDMA 技术的原理是基于扩频技术，即将需传送的具有一定信号带宽的信息数据，用一个带宽远大于信号带宽的高速伪随机码进行调制，使原数据信号的带宽被扩展，再经载波调制并发送出去。接收端使用完全相同的伪随机码，与接收的带宽信号做相关处理，把宽带信号转换成原信息数据的窄带信号即解扩，以实现信息通信。

综合体现；现期 Social Media（社交媒体）和 Cloud Computing（云计算），主要侧重移动新媒体的未来发展领域，以及媒体功能的未来展现，这将是未来一段时间内的研究重点和热点。

第二节　国内移动新媒体研究

一、移动新媒体研究脉络

（一）研究数据

针对国内研究状况，本文检索工具选择中国知网数据库，选取《中国学术期刊网络出版总库》中 SCI 来源期刊、EI 来源期刊、核心期刊、CSSCI 期刊，以及《国内外重要会议论文全文数据库》《中国博士学位论文全文数据库》和《中国优秀硕士学位论文全文数据库》进行总体文献检索。检索年限结合新媒体产生时间，最初设定为 1990 年，但通过检索显示最早研究是 2001 年，与之前分析移动新媒体产生的时间相一致。目前，由于针对移动新媒体有不同的叫法，为此，检索主题锁定在接受程度较高的相关词语，设定检索主题分别为"移动新媒体""移动媒体""手机媒体"。检索后的文献，通过中国知网"文献管理中心—导出"中剔除不相关联的文献，并利用 CiteSpace 软件剔除其中重复文献，最终获取移动新媒体文献 76 篇、移动媒体文献 387 篇、手机媒体文献 1390篇，共 1823 篇相关文献。本文采用文献计量方法对相关文献进行分析，并利用Excel、CiteSpace 等计量工具对文献数据进行计量和可视化分析。

（二）研究年度

通过对移动新媒体的年度分布进行相关统计（如图 2 - 2 - 1 所示），以此来反映该学术领域的研究起点、研究分布、研究水平以及研究速度等情况。由于文献检索是通过"手机媒体""移动媒体""移动新媒体"三个相关主题组成，为此，年度分布也依然通过这三个主题进行年度分析。

研究起点显示，最早开始相关研究的是从 2001 年开始，主题词是"移动媒体"，与该产业在市场起源的时间基本一致；研究分布显示，随着时间的推移，相关研究逐年增加，其中"手机媒体"研究分布最大，这与移动新媒体传播平台相关，最初就是由于手机逐步具有媒体功能后才逐步引起大家对移动传播方式的关注，目前能充分反映并代表移动新媒体的就是手机媒体，所以"手机媒

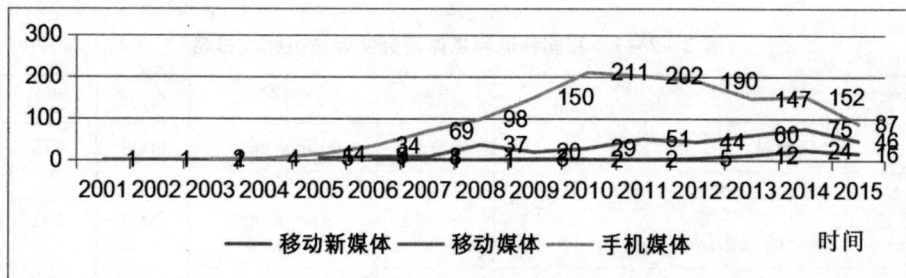

图 2-2-1 我国移动新媒体研究年度分布

体"研究较为丰富,而"移动新媒体"和"移动媒体"研究则较为平缓,其中,"移动媒体"研究较早,通过对手机的媒体功能分析逐步引起大家的关注,也带来之后的"手机媒体"研究。而"移动新媒体"虽然起步较晚,但与"移动媒体"本是一回事,仅是叫法上的区别而已;研究水平和速度方面显示,为了保证研究高度和前沿,文献在选择时主要是从核心期刊、硕博论文、相关会议中选取,结合之前的研究数量和分布,我国相关研究在 2010—2011 年达到高峰,之后相关文献量开始回落,但 2014 年开始有明显回升(因 2015 年属当年,无法获取全年数据),按照经济学余弦函数曲线理论,目前我国移动新媒体研究已呈现波浪型,说明研究已进入一定阶段。结合互联网最初的技术成熟度曲线,我国移动新媒体已进入稳步爬升的光明期(Slope of Enlightenment),相关研究和市场发展回归理性状态,实质性研究将逐步深入,真实影响力将逐步显现。

(三)研究基础

研究基础可以通过对相关文献共被引分析,以此揭示我国该领域的研究基础。并结合可视化技术,运用关键路径揭示研究基础中重要的关键领域。所谓共被引是指不同的两个主体被其他同一主体引用的现象,包括文献共被引、作者共被引、期刊共被引等形式。通过共被引分析,可以准确地反映出当前研究的基础,尤其是研究前沿依据的研究基础。本文将被引文章通过被引频次进行检索,获取被引频次排名前十的文献(如表 2-2-1 所示)。在这十篇文献中,主要都是相关传媒学科领域,重点分析移动新媒体的传媒功能和市场特性,以及对传统媒体的市场影响,并在此基础上提出产业融合、媒体融合的市场状态,奠定了我国移动新媒体研究的基础。

表2-2-1 我国移动新媒体研究文献被引频次排名

序号	篇名	作者	刊名	年份	被引
1	"新媒体"概念辨析	匡文波	国际新闻界	2008	378
2	互动·整合·大融合——媒体融合的三个层次	许颖	国际新闻界	2006	162
3	如何从全媒体化走向媒介融合——对全媒体化业务四个关键问题的思考	彭兰	新闻与写作	2009	110
4	论手机媒体	匡文波	国际新闻界	2003	108
5	1998—2009重大网络舆论事件及其传播特征探析	钟瑛 余秀才	新闻与传播研究	2010	103
6	手机媒体的传播学思考	匡文波	国际新闻界	2006	102
7	试论伊朗"Twitter革命"中社会媒体的政治传播功能	任孟山 朱振明	国际新闻界	2009	73
8	后博客时代的媒介参与——"微博"现象初探	牛梦笛	新闻界	2010	72
9	试论手机媒体的负面影响及控制	黄宏	新闻记者	2004	70
10	论新媒体传播中的"蝴蝶效应"及其对策	匡文波	国际新闻界	2009	69

　　研究基础的关键领域是通过关键路径将不重要的信息进行隐藏,将中介中心性较高的关键节点和路径以便突显,最终可视化图谱显示的关键路径是以匡文波(2003)、(2006)、(2007)形成的蓝色和绿色两大聚类,以及新华社(2004)形成的以黄色聚类为主的文献共被引,这几个阶段的文献以及形成的聚类对我国移动新媒体研究具有关键的基础作用。

　　在被引文献中,较早的绿色聚类是匡文波(2003)发表的相关文献,其中,具有代表性的是《论手机媒体》①,为2003年聚类重要的文献研究基础,该文

----

① 匡文波. 论手机媒体 [J]. 国际新闻界, 2003 (3): 55 – 59.

献重点分析手机在互联网的影响下会成为移动性、交互式的大众传播媒体，并预测会创造巨大传媒市场。蓝色聚类以匡文波（2007）发表的文献形成的关键路径，2007 年共发表了四篇核心文章，其中，具有代表性的是《2006 新媒体发展回顾》① 《论手机媒体的盈利模式》②，作为 2007 年聚类关键的文献研究基础，这个阶段主要是研究新媒体的概念界定、发展回顾以及盈利模式等几方面，提出新媒体是相对传统媒体而言，属于数字媒体，包括网络、手机、数字电视等媒体形式，并在此基础上提出手机媒体的四大盈利模式，并将其加以解释。这无疑奠定了移动新媒体的媒体地位，具有里程碑的影响。另外，匡文波（2006）最具代表性的是《手机媒体的传播学思考》③，该文章被引 102 次，影响力较高，主要是认为手机媒体的传播方式使得传统传播理论无法解释，在此基础上针对手机媒体的传播模式以及用户进行研究。新华社（2004）《主流媒体如何增强舆论引导有效性和影响力》实证研究④，是通过四篇系列实证文献来分析新媒体对传统媒体和主流媒体带来的影响，并提出完善措施，系列论文从2004 年刊定至今，每年都有被引，共被引 88 次，说明文献有其自身的影响力。另外，针对相关被引作者和机构进行共被引分析，结果显示依然还是以"匡文波"为代表的这几位作者，与施引文献分析基本一致。期刊共被引是以中国人民大学出版社为主的研究机构，通过对相关作者、期刊以及所在单位进行分析后，发现这些作者大多属于中国人民大学，说明该校在该领域的研究具有较强的权威性，但依然处于研究领域的初级阶段，还未形成多流派成熟研究。

（四）研究主体

主要是反映文献作者、机构的合作网络，在网中节点的大小反映的是作者或者机构的发文量。

1. 作者合作

通过软件分析，在 1823 篇文献中，独立作者和第一作者共计 490 位。软件将作者发文和合作时间通过不同颜色来代表，从较早时间的蓝色向当前时间的

---

① 匡文波 . 2006 新媒体发展回顾［J］. 中国记者，2007（1）：76－77.
② 匡文波 . 论手机媒体的盈利模式［J］. 国际新闻界，2007（6）：63－66.
③ 匡文波 . 手机媒体的传播学思考［J］. 国际新闻界，2006（7）：28－31.
④ 新华社在 2004 年发表了四篇关于主流媒体如何增强舆论引导有效性和影响力系列文章，从主流媒体判断标准和基本评价、重视对几类重要报道领域的改革与创新、媒体舆论场与口头舆论场重大重合度、占领不了市场就占领不好阵地四方面进行实证分析，以此来调整传统媒体的定位和市场。

红色逐步渐变来显示。软件将有影响的作者通过不同大小的圆圈来代表，频次较高的作者其圆圈较大，反之较小。

第一，合作频次方面。检测显示，出现频次最高的是匡文波（47次），36位在5次以上，绝大多数维持在5次以下，频次整体较低。

第二，作者合作方面。软件将合作作者网络通过连线显示，分析发现共有45组，其中一组维持在6人之间，两组维持在4人之间，两组维持在3人之间，其他都是两人，合作程度普遍较低。但从连线颜色和粗细判断，颜色显示合作团队大多属于近年产生的，连线较细显示团队相互合作的程度一般。为了更好地了解这些团队合作情况，通过历史文献检索，合作最多的6人小组，是在2010年在"第27届中国气象学会年会现代农业气象防灾减灾与粮食安全分会场论文集"发表了两篇合作文章；喻国明组成的4人合作小组也是仅在2012发表了两篇相同主题的合作文章，但都缺乏后续合作。匡文波的合作小组较为松散，主要是因为与两人共写一篇，与另外两人单独合作两篇文章，合作文章整体水平不高，刊发于高水平期刊的文章较少。另外，通过软件探测关键路径显示，作者合作之间缺乏关键路径，说明目前我国研究还未形成有影响力的研究路径和领域，整体说明研发团队还处于初步形成阶段。

第三，发文时间方面。在这一研究领域的发文缺乏连续性，文章历史年轮的大小显示时间影响力较低，多数作者未用后续文献。研究显示，只有匡文波的影响力较大一些，目前共刊发了70篇相关文献，但也仅与4位作者曾有合作，合作程度和影响力都较低。另外，该领域有的作者发文间断性较长，有的都是最近几年发文，说明研究的主题变化较大。

2. 机构合作

根据可视化图谱显示，共有370家单位，以传媒单位和院校为主，占91.1%，圆圈最大是中国人民大学，频次达到117次。而技术为主的单位只有33家，仅占8.9%，其中，中国电信最高，频次仅为5次，说明当前研究的单位主要是以媒体单位为主，技术单位为辅；从颜色的分布来看，存在时间的分割，蓝色和绿色显示较早时间，涉及的单位大多缺乏合作，有合作的单位许多都是近年开始涉足该领域，还较少涉及技术领域；单位合作图谱显示，目前的状态还停留在单向交流，其中中国人民大学传递数量最高，为6家，绝大多数仅维持在2家左右，说明单位之间尚未建立良好的合作关系，缺少流动，缺少有影响力的学术机构。

二、移动新媒体研究主题

研究主题反映了我国相关研究涉猎领域，能较好地反映我国移动新媒体的研究领域及前沿，更好地把握研究的发展轨迹。本文借助 CiseSpace 软件对我国移动新媒体相关文献进行可视化网络图谱分析，运用 CiseSpace 提供的聚类标签、时间线、时区三种可视化视图方式，通过共被引聚类主题图谱来反映不同时间段的研究前沿以及发展轨迹，以此来了解我国该领域的研究水平和涉及范围，为未来研究提供相关借鉴。

（一）研究主题聚类

通过可视化网络图谱显示，我国移动新媒体研究主要集中于 12 个聚类，涉及移动新媒体的不同领域。可归纳为两大方面：一方面是新领域，主要是涉及移动新媒体新在哪里，包括#1 "公交移动电视"、#5 "微信"、#9 "手机短信"、#10 "移动博客"、#12 "移动流媒体"，这些都是基于手机这个移动平台产生的新业务，是区别于传统媒体和新媒体重要领域，强调自身个性特点；另一方面是新影响，主要是涉及移动新媒体带来的影响，包括#0 "社会舆论"、#2 "内容来源"、#3 "跨媒体经营"、#4 "新华社"、#6 "手机用户数"、#7 "思想政治教育"、#8 "纸质期刊"、#11 "传播研究"、#13 "出版工作"，这些都是对原有媒体领域带来的影响，迫使原有媒体进行调整，也引起学者对移动新媒体产生影响的领域和原因进行研究。另外，聚类主题之间的位置越接近，说明之间存在一定交叉，出现在同一文献中的可能性越高。

在这些聚类中可以通过历史年轮来反映其聚类主题的中心性价值，历史年轮主要是通过节点年轮结构来反映该聚类形成的时间、总被引程度以及紫色标注的中心性。结果显示，#0 "社会舆论"、#1 "公交移动电视"、#2 "内容来源"、#4 "新华社"、#7 "思想政治教育" 等聚类主题中心性较高。另外，聚类主题可以通过颜色来反映聚类形成的时间，最新的应属黄色聚类，主要集中在#5 "微信" 和#6 "手机用户数"，都是我国移动新媒体研究前沿领域。

（二）研究主题分布

为了更好地了解我国移动新媒体研究前沿的分布以及演化过程，本文通过可视化视图中的时间线视图和时区视图来反映我国研究的聚类主题之间的传承关系和演进过程（如图 2 - 2 - 2 所示）。

时区视图主要反映主题在时间维度中演进的过程和状况。通过时区视图可以了解相关文献在时间演进过程中的更新状态以及相互影响情况。可设定横轴为时间，纵轴为知识，随着时间推移，聚类主题及文献将从左向右逐步向上，形成自下而上的演进视图。通过分析，我国早期研究在 2002—2003 年节点中心性很高，形成的聚类也较多，说明这个时期发展较为鼎盛，文献之间具有较好传承关系，但 2004—2005 年突然减少，说明传承关系减弱。同时，颜色显示在 2008—2010 年和 2014—2016 年两个时间段与早期研究具有一定的传承关系，说明属于研究经过调整后又进一步深入研究，在此基础上产生了一些新的聚类，例如"微信"。

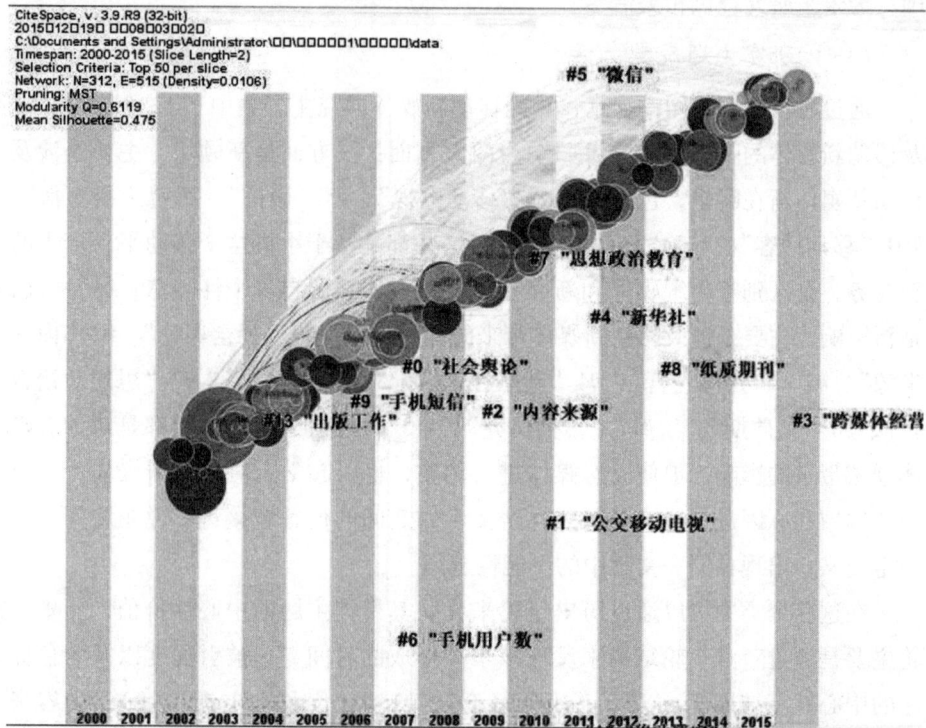

图 2-2-2　我国移动新媒体时区和时间线视图

时间线视图可以反映出每个聚类间的关系，也可以直观地了解到每个聚类形成文献的历史跨度。设定纵轴代表聚类，横轴代表时间，按照之前节点的分析，结合聚类视图，将我国移动新媒体聚类主题分为八方面。这些聚类主题是通过相关方法提取的聚类命名。目前，最为活跃的当属#0"社会舆论"，该聚类相比其他聚类始终保持很高的繁荣度，说明移动新媒体对传统媒体带来较大影响，提升了媒体传播的能力；#7 中"思想政治教育"明显最大，该领域主要是通过移动新媒体对学生进行思想教育，说明人们对移动媒体带来的便利后的负面影响具有较强的关注度；而#1"公交移动电视"整体较好，尤其是最近几年影响力和中心性更高，说明对电视领域的需求和冲击；另外，#4"新华社"和#5"微信"最近几年也保持较好发展，说明移动新媒体对传统媒体带来的影响以及新的传播方式带来的影响具有较强的时效性。而其他聚类则出现不同程度的降低，尤其是#3、#9、#10、#11和#12后期几乎没有文献。其中，#9"手机短信"和#10"移动博客"由于受微信等业务的影响市场需求明显减少。随着媒体分类越来越细，不同媒体之间的差异也越来越明显，像#11"传媒研究"从整体角度去研究则具有一定困难性。同时，由于移动新媒体是技术带来的产物，技术影响至关重要，像#12"移动流媒体"因技术的局限影响其自身发展，但随着技术的突破该领域预计会逐步好转。另外，还需要注意#3"跨媒体经营"，随着当下"互联网+"的发展，以及"三网融合"的运行，预计随着市场的逐步成熟，这个领域将会逐步趋暖。

三、移动新媒体研究热点

关键词共现图谱主要通过关键词的节点共现功能反映过去和现在不同聚类主题之间的研究热点。关键词的节点大小说明出现的频次多少，节点内圈的颜色反映出现的时间，节点内圈的厚度反映那个时间段频次多少，节点之间的连线表示共现关系、粗细表示共现强度、颜色表示共现时间。本文共通过四个不同视图来反映相关领域的热点情况。

（一）研究热点

根据关键词共现图谱分析（如表2-2-2所示），目前我国研究关键节点频次靠前的主要集中在"手机媒体"（1115）、"新媒体"（283）"移动媒体"（251）、"媒介融合"（176）、"第五媒体"（128）等领域，作为该领域出现频次较高的节点代表该领域研究热点，尤其"手机媒体"出现的频次几乎相当于后面九个领域的总和，说明手机作为媒体已经得到广泛的认可。同时，之后发展起来的排名第七"手机"和第九"手机电视"，说明手机媒体已不断深入技术与视图领域，提升手机媒体的涉猎领域。同时，与"手机媒体"同年出现的"第五媒体"以及2001年的"移动媒体"，都是基于手机发展创造的媒体新领域为研究对象，之所以会有不同名称，是因为移动新媒体是基于移动功能和新媒体特征而命名的，尤其是新媒体是针对传统媒体而言，当有新的技术出现后，现在的移动新媒体将不再是新媒体了，为此，很多学者希望通过其他方式来确定更加贴切的词语，造成当下不同的叫法。另外，从 2006 年之后出现的关键词，反映出移动新媒体已不是单一媒体，而更多是反映媒体业务的不断深入，并已延伸到媒体之外的领域，已开始显现出对社会各领域的影响。

对于关键词节点不仅要考虑出现频次，还需要考虑关键词节点的中心性。本文通过节点中心性以反映这些高频次关键词在某个时间段在研究前沿中占据重要位置，具有较强影响力，发挥重要作用的节点。目前，我国高中介中心性节点（Centrality）领域主要集中在"第五媒体"（0.26）、"3G"（0.23）、"手机媒体"（0.22）、"移动媒体"（0.19）、"传播模式"（0.18）、"传播渠道"（0.13）等领域。与之前的关键词高频次排名不同，"手机媒体"虽然频次最高，中心性却低于"第五媒体"，发表于 2003 年"第五媒体"文献的影响力最高。另外，通过节点内圈颜色和厚度分析，"移动媒体"从颜色分析明显研究较早，其内圈厚度也较厚，说明移动媒体研究已具有一定的研究水平，具有较强的影响力，紧随其后的为"第五媒体""3G"和"传播渠道"，考虑文献存在一定的滞后性，考虑通信技术 4G 发展，估计 3G 很快就退出研究领域了，而"媒体技术"或"数字技术"将予以替代，成为研究前沿的热点。

表 2-2-2　中国移动新媒体关键词网络图谱

Citation Counts	References	Cluster #	Centrality	References	Cluster#
1115	"手机媒体"，2003，SO，V，P	3	0.26	"第五媒体"，2003，SO，V，P	5
283	"新媒体"，2006，SO，V，P	7	0.23	"3G"，2003，SO，V，P	2
251	"移动媒体"，2001，SO，V，P	0	0.22	"手机媒体"，2003，SO，V，P	3
176	"媒介融合"，2006，SO，V，P	1	0.19	"移动媒体"，2001，SO，V，P	0
128	"第五媒体"，2003，SO，V，P	5	0.18	"传播模式"，2006，SO，V，P	1
90	"大学生"，2010，SO，V，P	7	0.13	"中国移动"，2003，SO，V，P	5
85	"手机"，2006，SO，V，P	2	0.13	"传播渠道"，2003，SO，V，P	1

续表

Citation Counts	References	Cluster #	Centrality	References	Cluster#
78	"新媒体时代", 2008, SO, V, P	6	0. 11	"报业集团", 2006, SO, V, P	4
78	"手机电视", 2006, SO, V, P	7	0. 11	"媒体信息", 2008, SO, V, P	0
74	"思想政治教育", 2003, SO, V, P	7	0. 10	"媒体广告", 2002, SO, V, P	1

(二) 研究关键热点

截至目前，文章通过图表分析，我国研究热点中从2004年的"第五媒体"到2013年"自媒体"共20个突现节点的热点术语。通过突现节点（Burst）的力度（Strength）进行相关排名，其中除了2010年前的六个之外，其余都集中在近两年，占据70%，说明当前研究热点较高（如图2-2-3所示）。

由于术语较多，本文将热点术语按照功能不同划分为"定位型""创新型""业务型""关联型"几种类型。"定位型"主要是因为移动新媒体作为新兴事物尚处于不断被认识和了解的过程，所涉领域多处于新兴和交叉，并且随着技术的发展所涉领域不断扩张，相关学者希望通过研究能界定其发展外延，给予明确恰当的价值定位，属于该领域的热点术语，包括：新媒体、移动互联网、全媒体、第五媒体、网络媒体、自媒体。"创新型"主要是因为移动新媒体本身就是创新的产物，创新是它赖以生存的核心能力，同时，市场的竞争不断加剧，也促使它必须不断地通过技术创新或制度创新，以提升自身的市场竞争力，属于该领域的热点术语，包括：影响、创新、对策、转型。"业务型"重点介绍移动新媒体所涉及的业务领域、这些业务所具有的功能和便利，以便大家更好地了解和使用移动新媒体，属于该领域的热点术语，包括：微信、手机广告、社交媒体、微博、手机电视。"关联型"主要是因为移动新媒体本身就是关联产业创新后的交叉领域，所以自身的发展必然带动相关领域的改变，许多学者都是由于关联领域的较大改变而引起关注的，其中，大学生作为手机使用的高频人群，其人际传播的方式随着移动新媒体的兴起发生改变，使得关联产品的手机/移动终端已不再是简单的通信工具，并由此带来制度创新，属于该领域的热点术语包括：大学生、手机、移动终端、三网融合、人际传播。

按照高热点术语出现的时间划分，其中，2010年之前（含2010年）的热点术语有6个，而2010年之后的热点术语14个，是之前的两倍还多。另外，已经截止的热点术语是 8 个，现有热点术语共有 12 个，主要包括"新媒体、影响、创新、微信、对策、大学生、三网融合、社交媒体、全媒体、转型、移动终端、自媒体"。通过时间反映的术语数量，充分说明移动新媒体已是当前研究的热门领域。而这些高热点术语，尤其是最近 12 个高热点术语，按照之前功能分类划分，"定位、创新、关联、业务"依然在该领域研究中占据重要的位置。同时，按照 Bursts 中（Strength）的数据排名，影响力前四热点术语依然还是该类型，这就说明当前研究应重点围绕这些主题和内容。通过对这些术语的分析，移动新媒体研究更多地关注影响方式以及未来创新的模式，说明研究不仅关注"媒体价值定位"，也已逐步深入对当下的"影响"和未来的"创新"。同时结合之前关键词中的"传播模式"和"传播渠道"，以及对"微信"和"移动互联网"新媒体的研究，说明研究热点与市场发展契合度很高，市场需求直接影响学术研究。

Top 20 References with Strongest Citation Bursts

References	Year	Strength	Begin	End	2000—2015
"新媒体"	2000	19.3961	2013	2015	
"影响"	2000	12.3513	2012	2015	
"创新"	2000	10.1664	2013	2015	
"微信"	2000	9.0823	2013	2015	
"手机广告"	2000	8.883	2008	2010	
"对策"	2000	8.8387	2012	2015	
"大学生"	2000	8.4798	2013	2015	
"三网融合"	2000	8.3302	2010	2012	
"移动互联网"	2000	7.4553	2013	2015	
"社交媒体"	2000	7.0645	2013	2015	
"微博"	2000	6.8481	2011	2012	
"手机电视"	2000	6.6882	2007	2009	
"人际传播"	2000	6.3203	2005	2009	
"全媒体"	2000	6.0596	2011	2015	
"转型"	2000	5.9663	2012	2015	
"第五媒体"	2000	5.83	2004	2009	
"移动终端"	2000	5.6811	2013	2015	
"手机"	2000	5.5107	2006	2007	
"网络媒体"	2000	5.4257	2008	2010	
"自媒体"	2000	5.2388	2013	2015	

图 2 - 2 - 3　我国移动新媒体研究前沿和热点排名

第三节　移动新媒体研究述评

一、国内外移动新媒体研究特点

（一）国外移动新媒体研究特点

从 1999 年开始，国外移动新媒体经过 16 年的发展已逐步发展成为新兴研究领域，平均每年发文量接近 100 篇，已从早期的成长阶段发展到成熟阶段，形成自身独有的研究特点。

第一，研究主题较为集中。国外移动新媒体虽然已经历十几年的发展，形成众多研究主题，但依然还是围绕早期形成的 Mobile Multimedia（移动新媒体）主题进行演变发展。而且，从主题之间的连线可以明显辨识，在研究发展的过程中虽然经历了几次重要的主题转折，但依然还是在原有领域发展，并未进入新的领域，属于研究基础的主题突破。另外，从被引文献的时间显示，早期的研究基础对现在的研究依然具有较强的影响。这些因素都充分说明研究主题较为集中，尚未形成多元发展。

第二，研究专业较为多元。通过汤森路透 Web of Science™ 核心合集的相关检索和分析，国外移动新媒体研究涉及 37 个学科，范围较广，远超过单一学科的学术背景。另外，从研究文献显示，许多研究文献呈现交叉现象，属于多个学科领域，这与移动新媒体自身的发展较为一致，移动新媒体本身就是从通信、互联网、计算机等学科逐步发展演变而来，国外研究从早期技术突破到中期的内容实现持续关注，所以研究专业呈现多元化特点。

第三，研究热点较为多元。通过对国外移动新媒体 1999—2015 年每个阶段的热点进行汇总分析后发现，早期研究热点主要体现在相关技术领域，例如，Handoff（切换）明显就是通信领域的基站切换，属于通信技术而非媒体领域。随着技术的不断成熟，涉及媒体的技术性能逐步显示出媒体功能，研究从技术逐步转向具体的内容，例如，2007 年的 Mobile TV（移动电视），随着内容的不断深入和产业融合，移动新媒体产业从成长发展到成熟，并随着互联网的发展逐步渗透到社会的各个领域，原有技术性能和内容功能已无法满足社会需求，现期研究热点又聚焦到社交媒体以及产生的大数据和云计算。研究热点充分显示出国外移动新媒体研究呈现多元化发展。

（二）国内移动新媒体研究特点

移动新媒体虽然到目前为止存在多种不同叫法，但依然吸引了越来越多学者的关注和研究。在短短的十几年间，我国相关研究得到快速增长，在经历最初新鲜好奇似的高峰后逐步趋向余弦函数的波浪状态，并随着技术成熟度曲线逐步向光明期发展，充分说明我国研究已从初级阶段迈到更高级的阶段。在整个发展过程中，我国移动新媒体研究总体呈现如下特点。

第一，研究主题较为集中。虽然在聚类主题和关键词等可视化图谱中呈现十几种不同主题，但是从历史年轮显示，十几年间所有研究依然较为集中，都围绕在以"手机媒体"为代表带来的"社会舆论"周围。虽然移动新媒体在研究热点中有"第五媒体""手机媒体""移动媒体"等不同的术语，但依然不影响研究在这个集中区域内的深入。由于这样集中的引文文献，相关施引文献也较为集中，整体研究的前沿和基础都较为集中。

第二，研究专业较为集中。针对我国相关研究文献的检索显示，主要集中在新闻专业领域，其他专业领域涉及较少，主要是由于移动新媒体这个新事物最初主要影响的范围以媒体为主，必然会引起相关领域学者的关注。目前研究的重点主要从新闻专业角度分析证实和展现移动新媒体的媒体性质和功能，以及带来的各种影响。

第三，研究热点较为集中。我国移动新媒体从手机媒体发展到自媒体，经历了不同的研究前沿和热点，其间有的一直延续，有的却已终止，但通过"定位、关联、创新、业务"几个分类方式将历年的研究前沿和热点进行划分，结果显示不同时期的热点术语不同，但始终围绕在这几种分类方式中，只是先后顺序不同而已。另外，研究发现，研究热点与市场契合度较高，相关研究不仅关注内在原理，而且更关注市场需求，并借鉴国外经验，以此来构建相关研究领域，注重研究的社会效应。

二、国内外移动新媒体研究不足及建议

（一）国外移动新媒体研究不足及建议

目前国外相关研究存在的问题以及需要加强的领域如下。

第一，市场需求与研究主题存在一定程度的脱节。通过对国外移动新媒体研究的相关文献进行分析显示，国外研究主要是从其他领域的技术性能研究开始，随着相关技术的不断实验并成功后，原有领域技术具有的性能逐步替代并

改进了传统媒体，进而显现出移动新媒体的特性。整个研究过程更多是基于技术的发展而进行的研究，针对市场的分析也更多是技术主体原有市场领域而非移动新媒体领域，研究的主题大多涉及技术性能或媒体功能。虽然，移动新媒体的研究必然涉及技术，但市场需求也同等重要，所以，国外移动新媒体在市场分析方面明显要晚于国内移动新媒体的研究，例如，社交媒体，早在 2009 年已成为国内热点，而国外则到 2013 年才成为热点。社交媒体之所以成为研究热点，主要是因为市场需要带来的社会变化，使得原来的社交增加了许多其他社会功能，例如支付、推送、商务等功能，而这些功能在技术领域早已拥有，但哪种技术受欢迎更多取决于市场而非研发。

第二，生态系统与研究内容存在一定程度的不足。国外移动新媒体研究主要涉及 37 个研究学科，虽然呈现多元化状态，但较多集中在计算机、通信领域，几乎占据了绝大多数文献，涉及媒体等人文社科领域依然较少（见图 2 - 1 - 3），与现有的移动新媒体的定位存在一定差异；而且，目前的研究基础和前沿也较多涉及技术分析（见表 2 - 1 - 2 和表 2 - 1 - 3），而市场和媒体分析的文献较少，这类文献更多体现在近几年，说明国外移动新媒体的研究尚未脱离原有领域的研究格局，更多是技术性能带来的业务拓展，仅是从增加原有产业的市场业务，而非从成熟产业角度进行研究。随着移动新媒体产业逐步成熟，加入的产业成员逐步增多，产业多元化进一步增大，需要从更多学科和领域来审视移动新媒体，原有的范围和规模已无法满足整个产业体系的需要。今后，应从移动新媒体产业的自身角度进行研究，逐步转变原有角色，与新入成员进行学科融合，使其呈现更多的生态多元化特性。

（二）国内移动新媒体研究不足及建议

目前我国相关研究存在的问题以及需要加强的领域如下。

第一，市场需求不断增加和专业研究队伍不足的矛盾凸显。通过对我国移动新媒体研究的文献进行统计显示，我国相关研究的发文量较多、增长趋势从最初的平缓和高峰后，呈现稳定均衡态势。在这样的发展背景下，依然没有形成较为相对专业和稳定的研究团队，说明我国研究中相关学者深度不足、范围过窄，机构和学者之间缺乏有效合作，这是今后应加强的领域。具体情况如下。

从作者合作网络图谱分析。首先是合作频次较低。目前频次绝大多数处于 5 次以下，频次较高的作者很少，整体处于频次较低的层面，说明我国学者更多是单打独斗，缺乏合作的主动性，而由于移动新媒体涉及较多领域，个人研究必然具有一定的局限性，影响研究的系统性。其次是合作团队方面。分析发现，目前合作队伍的人数和频次都较少，在45组中只有5组在3人以上的合作团队，剩余全部在2人及以下，合作人数和频次严重偏低，说明缺乏相应的合作团队。

从机构合作网络图谱分析。首先，机构合作的频次较低。研究显示，最高频次仅为117次，机构中心性更低，说明机构合作研究不够活跃。其次，机构合作领域较为单一，研究机构多为传媒机构，尤其是以高校为主，其他机构较少。虽然专业领域较为集中，但是移动新媒体作为"外来品种"进入的交叉学科，单一的专业研究必然造成一定的片面性，尤其是以技术为核心发展起来的移动新媒体，参与的技术机构竟然仅占全部机构的8.9%，而当前技术不断地创新，使得移动新媒体涉猎的领域越来越多，已远远超出媒体专业研究的范围。最后，机构合作时间较短。从颜色的分布来看早期单位大多缺乏合作，许多合作都是近年开始，而且维持合作的时间以及交流的次数都较少，说明机构之间尚未建立良好、稳定的合作关系，缺乏有影响力的研究机构。

从合作网络图谱的连线分析。首先，从颜色判断，颜色显示合作队伍大多是近年产生，说明个人研究正逐步向合作研究发展，但连线较细显示团队相互合作程度一般，虽然有些团队有一定的发文量，但是时间上缺少连续性，二次合作较少。其中原因，一方面很多研究者都属于相同或接近专业，研究的触角和领域必然具有一定趋同，许多学者都希望寻找有新意的论点，抑制研究的不断深入，影响研究的深度；另一方面，按照我国当前研究的现状，当相关领域已有学者研究，尤其是被水平较高的学者深入研究，之后的研究将围绕这一领域进行传承研究，虽然会做大研究聚类，却不利于整体研究创新突破，从当前研究基础的分析中可证实，主要基于匡文波一人的文献，对于研究的全面性具有一定限制，影响研究广度。

移动新媒体既不是以媒体起家，更不会以媒体安身，目前，"互联网＋"的发展已展现了移动新媒体的不同面，所以应引导不同领域的学者和机构参与其中，尤其是相关技术和市场领域的学者和机构，将来随着技术的不断突破和制度的不断创新，移动新媒体涉及的领域将更加广泛。同时，组建稳定团体不仅要满足研究的需要，更是要满足市场的需要，当下不仅面临国内企业发展的需要，而且更多是面临国外跨国公司的进攻，一方面媒体具有一定的社会公共性，影响人的意识形态，另一方面移动新媒体具有更加深远的市场影响力，影响市场结构和平衡。为此，应尽快建立移动新媒体研究团队，从不同专业和领域来完善，为我国企业和市场发展构建强大的智囊团队。

第二，生态环境不断改变和研究体系发展滞后的冲突。15年的时间，移动新媒体从手机发展为手机媒体，从原来移动通信领域进入移动媒体领域，从硬件产品转为软硬件结合的产品，从不具备线上能力到拥有线上线下互动功能，在整个发展演变的过程中，手机已成为移动新媒体的代表，融通信、媒体、商业为一体的O2O，使得原有的生态环境发生巨大改变，从手机关联群体增加到更加广泛的线上线下软硬件及客户群体，这就需要移动新媒体的研究不断创新来适应和满足所处的生态环境。但从现有的分析发现，我国相关研究体系存在发展滞后和体系局限问题。

首先，当前研究体系的不足和局限影响移动新媒体的生态环境分析和价值定位。生态环境分析主要是针对移动新媒体面临的内部环境、产业环境、宏观环境进行分析，从中梳理出重要的关联群体，以供相关产业和企业更好地制定相关战略，通过创新实现成功。为此，任何机构或技术的成功都是基于整体生态环境下不同关联主体协同实现的，全面系统地分析生态环境则是研究的重中之重。之前已经分析研究队伍存在专业、人员、合作等不足表现，同时，结合研究热点高突现视图中"关联型"术语涉及的关联群体"大学生、手机、移动终端、三网融合、人际传播"，仅涉及用户群体"大学生"、配套企业"手机、移动终端"、管理层面"三网融合"、下游企业"人际传播"等领域，仅涉及早期"娱乐性"中的部分关联群体，但用户群体远超过大学生。随着"互联网＋"的不断发展，"应用性"功能将逐步替代"娱乐性"，功能已不仅限于"人际传播"，更多是营销和服务，下游企业将会涉及更多需求。另外，管理层面知识产权等制度也更加重要，尤其是著作权方面则较少涉及。这些关联群体的研究缺失和不足将直接影响移动新媒体生存和发展导向，导致无法全面准确反映移动新媒体生态环境，必然影响相关领域的研究。

其次，当前研究体系的不足和局限影响移动新媒体的价值定位。价值定位包括价值和价值链定位两方面。我国研究热点始终围绕在这些方面，但由于研究领域、研究学者和团队存在的不足，导致依然无法解决此类问题。根据研究显示，在研究热点中出现6个不同术语研究价值定位。这些术语之所以叫法不同，主要也是基于实现的功能，所以技术创新和市场延伸名称也会不断更替，说明我国目前还未找到恰当的定位术语。同时，我国的研究重点过于集中，较少涉及其他领域，使得学者所涉领域和移动新媒体关联群体需求的领域出现不一致，缺少技术、研发、市场、法律、管理等多层次多主体的研究团体，必然影响价值链条的分析和定位。根据现有研究缺少全面分析的实证文献，影响创新研究的针对性和实用性，为此，应针对移动新媒体"价值、创新、关联"进行不同领域的研究，引导不同领域的学者参与其中，以满足市场发展的需要，提升创新研究的水平。

综上所述，国外是从其他产业技术发展研究演变而来，更加侧重移动新媒体技术发展带来的社会变革，而国内主要是传媒市场新旧格局的市场改变引起学者关注开始的，研究更多侧重移动新媒体市场发展带来的社会变革；呈现出国外在移动媒体技术上更加占据优势的局面，而国内在移动媒体市场上更加占据优势的局面。但两者之间都存在一定的不足，如果能将其结合，形成技术与市场的融合研究，则更加有利于移动新媒体产业的发展。这也是本文研究的主要观点。

第三章

移动新媒体专利战略生态

根据 WIPO 相关报告，专利作为世界上最大的技术信息源，囊括了全球 90%～95% 的科技信息，而且约有 70% 的发明信息从未出现在专利文献之外的其他刊物上。① 专利战略包括主体和客体，专利技术作为战略客体，其技术的优劣直接影响战略的制定和实施，从逻辑上说在专利战略制定前应充分了解专利技术状况，才能有效地结合自身情况和外在环境制定相应的发展战略。正如解释学认为，在成为技术创造之前应首先成为技术解释主体，结合现象学理论，技术创造主体应对技术具有 "前认识"，形成技术主体间的技术共识。同时，专利技术研发的成功只是完整成功的一半，市场应用并形成范式才是最终完整的成功。要想达到技术解释的前提就必须有相应的技术文本，通过记载不同技术的文本与不同技术主体进行沟通。② 为此，本文选择专利文献来分析专利技术，从中获取技术内容相关主题和核心专利技术主题，并应结合生态系统地个体、种群、群落理论、借鉴生态位、遗传、变异、协同进化等方法，了解技术利益关联体，从战略竞争角度，系统地考虑专利生态环境，识别和应对专利技术的完整生存境遇，以更好地来挖掘和预测技术趋势，来供专利发明者理解并转化。

---

① Liu C. Y., Yang J. C.. Decoding Patent Information using Patent Maps [J]. Data Science Journal, 2008, 7 (1): 14 - 22.

② 吴致远. 技术的后现代诠释（博士学位论文）[D]. 沈阳：东北大学，2006：17.

第一节　专利战略的专利技术本质分析

一、专利技术哲学

海德格尔认为技术是近现代的根源，技术本质就是解蔽，开启了我们依意的世界，也无时不在压榨我们。① 技术作为时代发展最为瞩目的创造领域之一，与我们的生活紧密相连，影响着我们的体验和思维，使得我们周遭都是技术之物，构成了我们的生活世界。为此，技术作为劳动成果的代表，马克思将其认为是人与动物的根本区别。② 波普尔（K. R. Popper）将我们面对的世界划分为物质世界（第一世界）、精神世界（第二世界）、客观世界（第三世界）三方面（如图 3 - 1 - 1 所示），而我们面对的更多属于客观世界，由于客观世界是通过不同知识形成，很多学者将其客观世界划分为科学知识和技术知识两方面。波普尔将我们之前认识"第一世界"和"第二世界"渠道拓展到"第三世界"，形成认识世界的多维思路。③ 而我们面对的专利技术，虽然更多属于技术知识，但早已将科学知识作为知识来源融入其中，是不同知识融为一体的复杂体，知识在两者之间是双向流动而非单向。④ 正如文森特认为技术虽然不是科学，但它可以运用科学。⑤ 科学通过技术的应用极大地促进社会的进步，改变人类的生产和生活，并进而影响哲学、文学、艺术乃至宗教、伦理等精神领域，提升了人类文明程度，从而带动整个社会的整体进步。⑥

---

① 陈嘉明. 现代性与后现代性［M］. 北京：人民出版社，2001：180.
② ［德］马克思. 劳动在从猿到人转变过程中的作用［M］. 曹葆华等译，北京：人民出版社，1971：509 - 522.
③ 高继平等. 专利—论文混合共被引网络下的知识流动探析［J］. 科学学研究，2011（8）：1184 - 1189.
④ Layton, E. T. Technology as Knowledge［J］. Technology and Culture, 1974, 15（1）：34 - 41.
⑤ Vincenti, W.. What Engineers Know and How They Know It：Analytical Studies from Aeronautical History［M］. Baltimore：JohnsHopkins UniversityPress, 1991：4.
⑥ 胡新和. "科学、技术与社会发展"笔谈［J］. 中国社会科学，2002（1）：20 - 30.

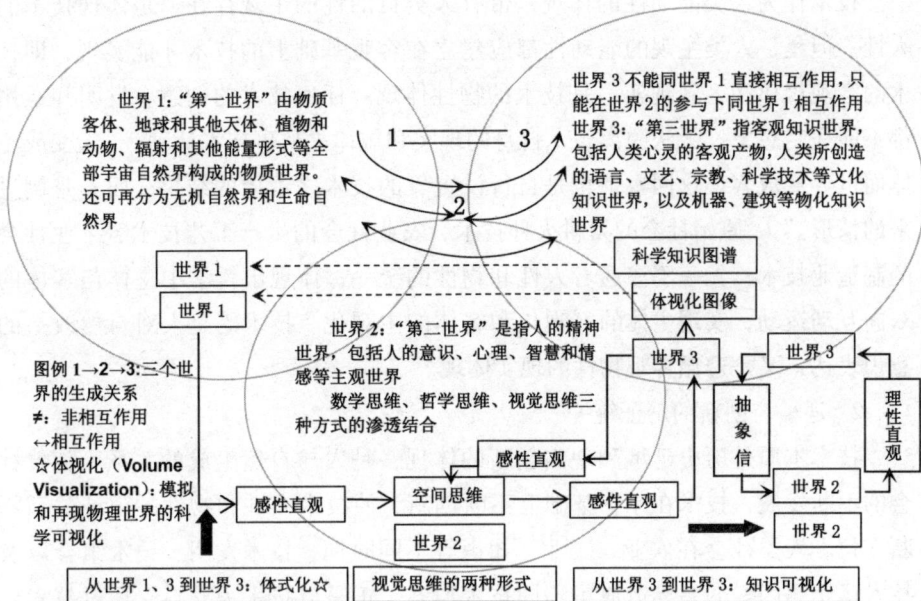

图3-1-1　波普尔的三个世界理论

资料来源：陈悦，陈超美等．引文空间分析原理与应用 CiteSpace 使用指南 [M]．科学出版社，2014.

（一）技术本质

技术使得社会和人从一开始就成为技术的社会和技术的人，是人类认识和改造世界的能动性活动，作为人类和客观世界相互关系的中介，为人类活动发挥不可替代的作用。① "技术在其本质中实为一种付诸遗忘的存在真理之存在的历史天命。"②

1. 人性和物性的辩证统一

技术的本质是哲学领域不断追问的研究话题，至今都无法形成共识。目前，现代技术哲学认为征服自然作为技术本质是较为典型的观点。既强调技术的社会属性，又强调技术的自然属性。海德格尔认为技术体现人对自然的有限征服。埃吕尔认为技术社会不同于人类社会，是以事物为主的技术自主性。从中体现出 "人性与物性" 两者之间的辩证统一。

---

① 刘大椿．技术何以决定人的本质 [J]．东北大学学报，2006（1）：2-3.
② [德] 海德格尔．技术的追问 [A]．孙周兴译，海德格尔选集 [C]．上海：三联书店，1996：384.

技术作为人类能动性的体现，带有人类目的性的主观存在，是体现技术的人性。但是，人类主观的能动性都应建立在客观基础上的技术才能实现，即技术的客观规律和客观现实，是技术的物性体现。任何技术的创意、发明和运用都不能凭空想象，无法脱离技术自身的现实和规律去从事技术活动。"人变成主体而世界变成客体这回事情也是自行设置着的技术之本质的结果，而不是倒过来的情形。"① 原始社会的刀耕火种技术、农业社会的生产工艺技术、工业社会的制造业技术，无一不渗透着人性和物性的统一，体现出哲学中主体与客体的双向互动运动，实现主体的客观化和客体的主观化。技术既是人对自然改造的意识表达，又是遵循客观物性的现实体现。

2. 延承与创新的辩证统一

技术本质是历史延承和现实创新的体现，是人与自然生成的关系。随着社会的不断发展，技术在原有基础上不断创新，使技术人性和物性的辩证关系不断变化。人类社会在农业、工业、知识等不同时期，技术发明、技术组合以及技术运用等因素的差异造成了不同技术形态。正是以技术为支点，通过技术延承，依靠技术创新，使人类超越自然物种的限制。人类依靠人造物来取代人类自身功能，而技术产生的人造物取代人的过程就是人类自我超越的过程，是人类物化过程。同时，在不断物化的过程中对技术的依赖程度也更强，"与其说技术满足人类需求，不如说技术控制人类"。技术已突破了技术工具特性，成为世界统治的本体论，海德格尔称其为技术"座驾"，更多体现出技术意志，人已失身于技术，成为技术的奴隶，"技术越来越把人从地球上脱离开来而且连根拔起"。②

当今，技术的发展已经改变了社会的整体格局。从社会领域，高科技的发展已使社会受制于技术统治之下。从人本领域，高科技使得产业分工更加细化，每个人都固定在细分的岗位，成为大工业的小部件，导致人类活动呈现片面、局部、机械的发展状态，影响主体的"全面化"，呈现"功能化"。"人作为人已消逝，只是作为一种功能性工作的组成部分。"③ 从自然领域，技术对社会和人本领域的改变，也给自然领域带来一系列影响，不仅带来很多创新发展的正

---

① [德] 海德格尔. 技术的追问 [A]. 孙周兴译，海德格尔选集 [C]. 上海：三联书店，1996：430.

② [德] 海德格尔. 技术的追问 [A]. 孙周兴译，海德格尔选集 [C]. 上海：三联书店，1996：1305.

③ [荷] E. 舒尔曼. 科技文明与人类未来——在哲学深层的挑战 [M]. 李小兵等译，北京：东方出版社，1995：70.

能量，也带来很多负能量，例如雾霾、温室效应等影响。

所以，对技术的全面了解更利于产业和社会的发展。我国学者张祥龙认为："技术造成的历史命运不会'不要技术'的意向和做法所改变；改变只能来自追溯这技术的技艺和自身缘构发生（Ereignis）以求在回复之中脱开形而上学加给的那些特性，而返回到人的缘构生存之中去。"①

（二）产业技术

产业技术就是演化于产业层面的技术形态。美国学者安妮塔·M.麦加恩（Anita Mc Gahan）通过实证分析揭示产业存在演变轨迹，而将专利技术作为核心内容之一是否受到实质威胁作为产业演变轨迹的判断标准。宏基创始人施振荣基于 IT 背景提出"产业微笑理论"②，主要是指通过上中下游的产业链获取的价值附加值高低形成的"微笑曲线"（如图 3 - 1 - 2 所示)③，充分展示了产业价值链需要每个环节相互配合，实现价值增值，而其中技术研发始终属于价值高位。④ 由于技术与市场的紧密联系和互动，技术已成为核心竞争要素影响市场格局，同时，技术发展使得每项技术已不再单一，每项产品和服务都由更多复杂的技术群支撑，甚至涉及不同学科和领域，远超出单个企业能力范围，例如，智能手机的研发，涉及手机硬件和软件，需要计算机、材料学、通信、电子、信息、系统、网络、设计、开发、运营等学科和领域。需要不同企业的参与才能完成一部手机的制作，每项技术都需要其他技术配合，使得企业自身研发的技术能否成功则取决于相关产业技术群的接受程度和协同程度，只有产业关联技术群共同配合技术优势才能得到发挥，使得技术创新已从企业角度转变到产业角度，从产业技术整体结构来寻找技术机会，"各取所长，协同配合"，已成为产业技术发展的状况。整个产业的价值实现不仅是企业之间的竞争，更是产业之间的竞争，呈现多层次的产业网络结构。⑤

---

① 张祥龙．海德格尔思想与中国天道［M］．三联书店，1996：432.

② Shin N., Kraemer K., Dedrick J.. Value Capture in the Global Electronics Industry：Empirical Evidence for the － Smiling Curve//Concept［J］. Industry and Innovation，2012，19（2）：89 - 107.

③ 朱亚东．产业战略与企业战略关系研究（博士学位论文）［D］．天津：河北工业大学，2013.

④ Al － Mudimigh A. S., Zairi M., Ahmed A. M.. Extending the Concept of Supply Chain：The Effective Management of Value Chains［J］. International Journal of Productin Economics，2004（87）：309 - 320.

⑤ 杜义飞，李仕明．产业价值链：价值战略的创新形式［J］．科学学研究，2004，22（5）：552 - 557.

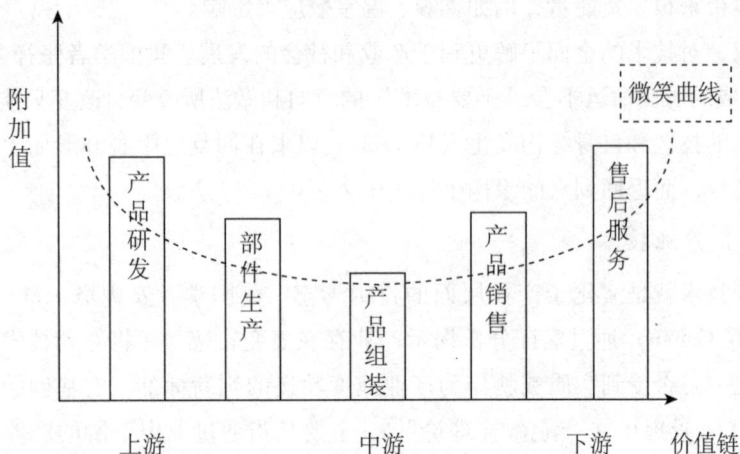

图 3 - 1 - 2　产业微笑曲线图

（三）技术演进

1. 技术演进动力

技术是在内因和外因的相互作用下不断演进，其本质是人类社会和自然环境两大系统的协同体现。自组织技术观认为人类社会中的社会需求作为技术演进的外因，是借助技术系统向自然获取来满足需求，而自然环境中的技术系统作为技术演进的内因，是技术不断演进发展的根本动力。[①] 技术的实现不仅要考虑社会需求的必要性，更要考虑技术系统的可行性，通过对技术发展方向和系统功能的设定来实现技术目的，人类社会需求的满足必须转化为技术才能实现。[②] 人类社会需求的满足必须结合技术自身发展规律，脱离技术实际水平和发展规律将无法实现，需求不断满足的过程就是技术演进过程。

人类社会需求作为技术发展的外因，美国学者乔治·萨顿（George Sarton）认为"需求是技术之母"。[③] 但外因是人类一般目的，并非基于技术自身，而是基于人类自身，只不过可以通过技术来实现而已，但内因则是基于技术自身，通过技术状况来对接外因需求，当现有技术无法满足时则通过技术改进或创造来满足，为此，内因才是技术发展的直接动力，通过技术系统的基本矛盾来推

---

① 王金柱. 技术自组织特征分析 ［J］. 系统科学学报，2006（2）：84 - 89.

② Don Ihde. Technology and Life World ［M］. Bloomington：Indiana University Press，1990：284.

③ George Sarton. A history of Science ［M］. London：Oxford University Press，1953：16.

动技术发展，使其通过技术实现来解决人类需求。

技术通过构思、设计、研发、试验等过程来创造技术，并通过技术运用和范式来实现技术的物化。整个过程通过技术自组织，通过满足需求的同时，又产生新的需求，并带来新的一轮技术创造，社会需求引起技术发展，技术发展又创造新的需求①，形成外因和内因的大循环。当社会需求的外因植入技术系统内，必然应受到技术系统内在约束。一方面应遵循客观规律，一方面应遵循技术自身发展规律。通过遵循规律来引导技术发展，两者缺一不可。

2. 技术演进路径

学者 Nelson 和 Winter 提出"自然轨道"概念来说明技术自我增强的演进特征。每一条技术都有对应的技术轨道，而且技术在演进过程中，根据自身内在逻辑和发展规律进行技术选择和变迁，使其呈现连续性和非连续性特征，形成 S 型曲线演进路径。同时，也导致技术在演进过程中又呈现确定性和不确定性特征，为此，技术在演进过程中可通过两条路径来实现技术发展轨迹，即技术原理的新运用和技术原理的新创新两条路径。

一条是技术原理新运用的演进路径。早期的技术演进就是通过自然选择来确定的，是在原有技术原理基础上对已有技术的局部改进，可以有效预测技术未来发展方向。通过遵循特定技术演进规律，将其技术锁定在原有优势领域，使其技术沿着既定轨迹获取原有技术带来的收益，呈现技术演进的连续性和确定性，由此形成技术收益递增和技术锁定效应。例如，蒸汽机的技术演进就是瓦特、高压、过热、多级膨胀等不同阶段的技术路线，但都是基于同一个技术原理——通过膨胀热力转变活塞运动，属于渐进式技术发展路线。

另一条路径是技术原理的新创新。通过创造新的技术原理来颠覆或突破原有技术原理，使得技术在演进的过程中呈现技术突破、替代、融合等技术跃迁模式，技术演进也由此呈现非连续性和非确定性。由于原有技术原理无法满足新的需求，这时将通过构思新的技术原理来解决原有技术原理无法解决的问题，促使技术发展呈现飞跃式发展，例如有线电话—模拟手机—智能手机。整个技术发展路线通过两条路径相伴演进，形成技术原理从诞生、运用、极限的渐变再到新技术原理突破跃变的演化路径②（如图 3 - 1 - 3 所示）。

---

① ［美］乔治·巴萨拉. 技术发展简史 ［M］. 周光发译，上海：复旦大学出版社，2000：5.
② ［日］星野芳郎. 技术发展的模式——技术发展阶段论 ［J］. 科学与哲学，1980（5）：145 - 160.

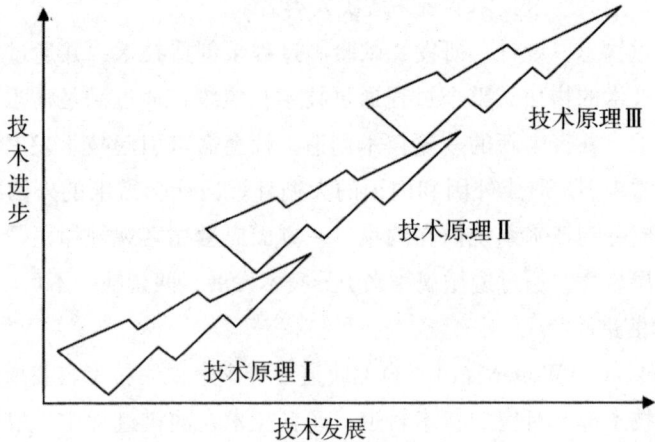

图 3 - 1 - 3　　技术演进路径的发展过程

3. 技术演进层次

技术演进的连续性和非连续性特征使得技术呈现基础技术、改进技术、组合技术等不同层次。技术演进是技术基础知识的派生和扩张，由于知识和技术的有限存量制约了技术后续进步，技术创新必须在原有知识存量的基础上实现。基础发明诞生了基础技术，在此基础上，围绕基础技术进行持续改进形成改进技术，而将基础技术和改进技术进行相互融合形成组合技术，使其技术演进的过程中最大限度地发挥技术潜力①（如图 3 - 1 - 4 所示）。

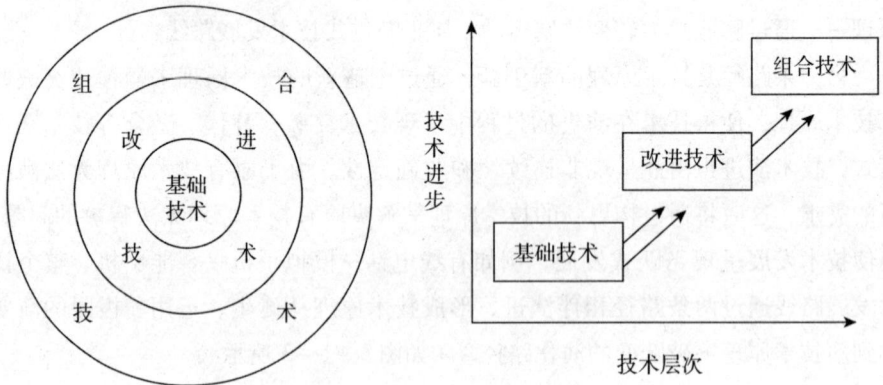

图 3 - 1 - 4　　技术演进层次结构图

————————

① 杨武. 技术创新产权［M］. 北京：清华大学出版社，1999：89.

基础技术。具有技术的基础性特征，主要是基于科学原理而产生的技术发明或发现。基础技术是基于市场深刻洞察和环境长期孕育而产生的，具有全新技术思想，与现有技术存在根本差异。通过对不同领域的涉足，以此建立技术垄断优势，形成独特的经济价值，从而催生新的市场领域。

改进技术。具有技术的渐进性特征，主要是基于基础技术的改进。改进技术是基于基础技术存在不足，通过改进使其具有比现有技术显著的新颖性、创造性、实用性等特征。改进技术不产生新的技术思想，仅是性能局部质变，在原有技术知识的基础上形成技术演进过程。改进技术是围绕基础技术产生的性能改进，具有广泛经济价值，体现技术演进中的创新特征。

组合技术。具有技术的颠覆性特征，主要是基于现有技术和市场环境的重新组合。组合技术根据市场需求，将不同技术性能重新组合形成新的技术性能。组合技术大自涉及技术方案，由此开辟一个新的市场，小至涉及技术元素，使其产生新的效果和用途。

通过基础技术、改进技术、组合技术形成具有网络整体性特征，构成集群网络结构，是技术演进形成的知识图谱（如图 3 - 1 - 5 所示）。整个网络起始于基础技术、发展于改进技术、形成组合技术的知识交流路线轨迹和演进网络。通过网络图谱的可视化分析，可清晰展现整体技术系统的演进、技术之间的关系，以此准确识别和有效预测未来技术创新领域。

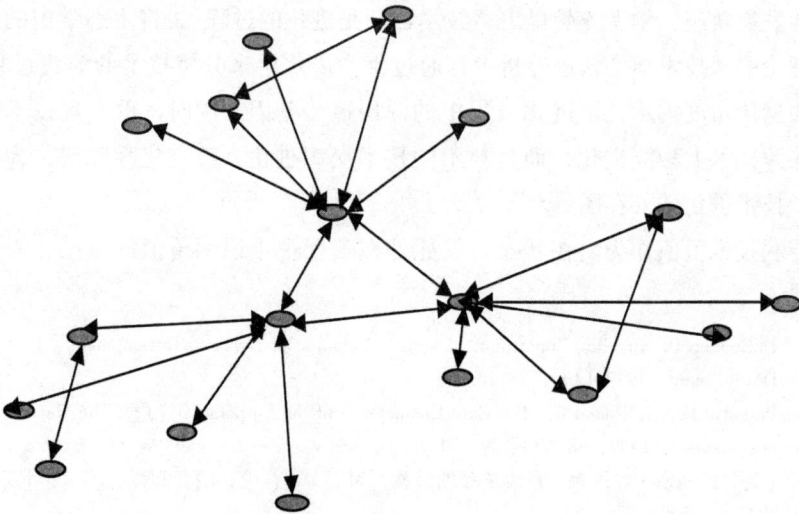

图 3 - 1 - 5　技术生态网络关系结构

二、专利技术演变

正如创新先驱熊彼特所言，"创新并非孤立事件，而是蜂拥而至"。而这种蜂拥而至的集群现象正是由内含技术的创新集合构成。① 作为专利技术，在其演变的过程中自然会形成以基本发明为核心，发明改进和发明组合相围绕的专利技术集群，以此构成基础发明、改进发明、组合发明等技术发展的不同层次。另外，专利技术演进过程往往都是基于科学领域的重大发明，以此形成的专利保护则较宽，在此专利上不断进行的技术创新则将逐步缩小该范围，形成专利改进和组合，也由此增加了创新难度，催生重大技术突破和创新，从量变到质变构成核心技术的积累。② 对于已有技术体系的企业，重新按照移动新媒体产业发展来确定未来的技术研发等一系列创新活动，无疑是对原有技术体系核心的挑战。③ 许多技术领域都是由若干技术组成的庞大体系，许多技术热点和前沿都是由若干基础技术支撑，其专利技术演变就是专利技术价值的演变，不同专利技术展现的特性就是价值的外化表现。为此，重塑专利技术价值定位必须了解技术的演变轨迹以及动力根源。

（一）专利技术演变轨迹

专利技术的产生有首次研发和再次创新两种情况，而专利技术创新就是在原有技术上的创造和提升，即便首次研发也并非都是无依据的创造，所以通过对专利技术演变轨迹的分析，了解专利技术价值的演变过程。为了更好地展现技术的发展轨迹，学者齐曼提出"技术创新是进化的过程"，将生态学中的生物进化理论引入技术演变轨迹分析中，通过生物进化树来分析技术的演化过程。④ 从生物遗传角度揭示技术进化过程中的深层遗传基因。同时，也发现技术进化并非在源技术上独立进化，而是与不同技术交织进化，没有代际障碍，为我们展现了技术进化的外在图景。

专利技术价值作为内在状态，仅凭外在表现很难说明价值的延续，需要对

---

① DeBresson C.. Breeding Innovation Clusters: A Source of Dynamic Development [J]. World Development, 1989 (17): 1 – 16.

② Prahalad C. K., Hamel G.. The Core Competence of the Corporation [J]. The Harvard Business Review, 1990, 68 (3): 79 – 91.

③ [美] 托马斯·库恩著. 科学革命的结构 [M]. 金吾伦, 胡新和译, 北京: 北京大学出版社, 2003.

④ [英] 约翰·齐曼. 技术创新进化论 [M]. 孙喜杰, 曾国屏译, 上海: 上海科技教育出版社, 2002.

技术内在 DNA 进行分析才能确定。按照生态理论分析，价值就是生物的 DNA，对于专利技术的 DNA，只能通过之前专利技术的分析才能确定是否沿承，而专利引文无疑是专利技术价值 DNA 库。许多学者通过专利引文分析技术进化过程中知识流动①、技术轨迹②、关键路径③等发展脉络，借助知识网络可视化展现技术进化轨迹，揭示了技术进化过程中存在 DNA 基因，根据专利三性要求发现技术变异的现象，并通过网络图谱展现技术进化过程中的组合路径。通过专利引文展现的专利技术发展的轨迹，从中了解价值的沿承过程。

为此，按照技术的发展层次将专利对应分为：基础发明、改进发明、组合发明。作为基本发明可通过专利文献的被引频次来识别，而基于专利文献高频引用后的专利则为改进发明，而通过专利文献的被引频次和技术密切程度可识别组合发明（如图 3-1-6 所示）。例如，美国 CHI 调查公司对"记忆增强剂"专利引用分析，通过专利被引频次数量了解专利技术，其中，主要是基于公司 3 的三项基础发明演进而成改进专利；而公司 2 和公司 3 在基础专利的基础上形成了完整的专利技术集群，通过专利间的联系程度和引用频次展示技术演化结构，从中可以看出公司 2 的后续专利都是基于公司 3，说明后续专利对之前专利的依赖性更强。基于以上分析来判断专利水平和集群规模。

（二）专利技术演变动力

达尔文在《物种起源》中提出，物种是在不断进化的过程中生存的，认为物种进化是自然选择组合的。之后，马克思提出应建立技术进化的相关论著，认为技术进化不是依靠随机组合，而是人为选择组合的，人为意志决定主观行为，在决定历史发展因素影响下，通过有意识的选择而进行的技术进化，整个过程都受到人为意志的影响。④ 杨中楷等通过专利引文发现技术演化不存在生物代际障碍，而且很多技术演变具有很强的自主性。⑤ 这些说明技术在演变的过程中专利技术组合并非随机，而是选择，"如何选择，谁来选择"无疑是专利

---

① 庞杰. 知识流动理论框架下的科学前沿与技术前沿研究（博士学位论文）［D］. 大连：大连理工大学，2011.

② Dosig. Sources, Procedures and Microeconomic Effects of Innovation ［J］. Journal of Economic Literature, 1988, 26 (3)：1120-1171.

③ Hommonn P., Doreain P.. Connectivity in a Citation Network：the Development of DNA Theory ［J］. Social Net-works, 1989, 11 (1)：39-63.

④ 巴萨拉. 技术发展简史［M］. 上海：复旦大学出版社，2000.

⑤ 杨中楷等. 基于专利的技术进化树的构建与解析［J］. 大连理工大学学报（社会科学版），2015 (2)：115-119.

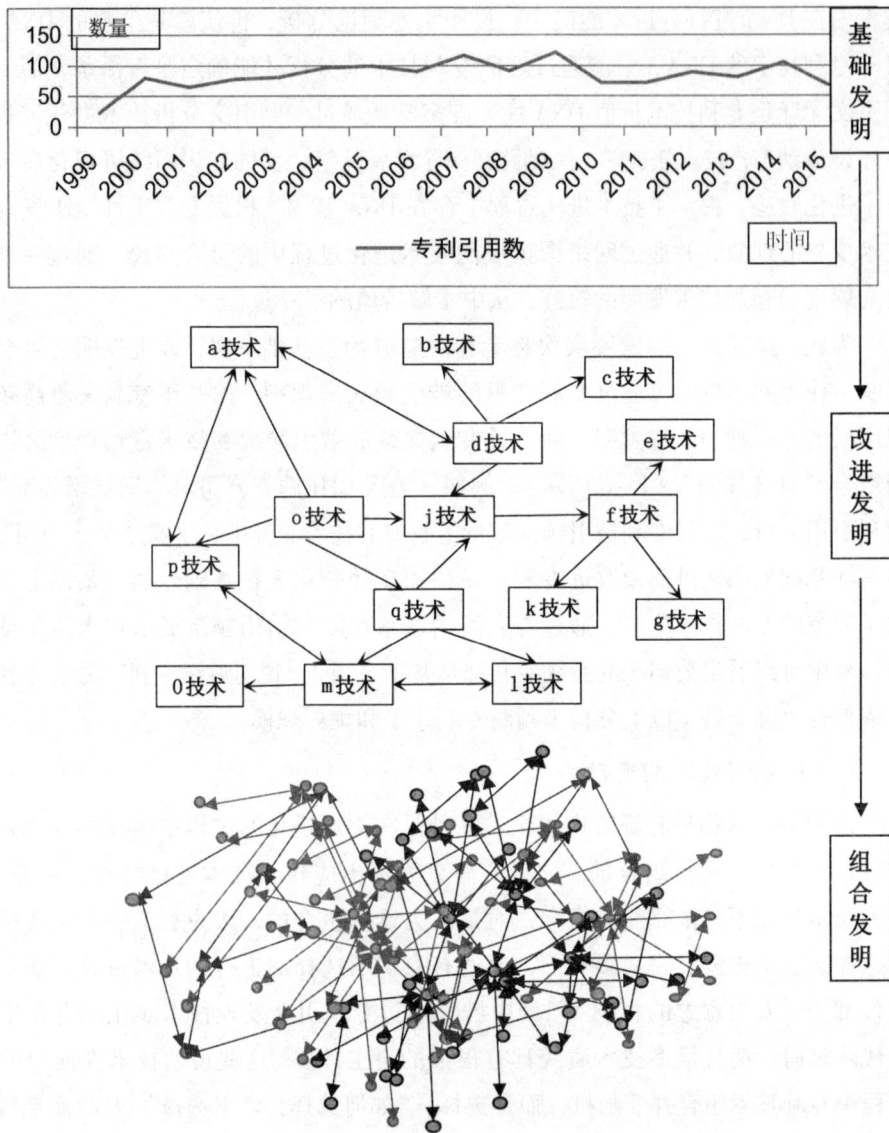

图3-1-6　专利技术演进及进化过程

技术价值演变的动力。

1. 专利技术演变环境因素

按照马克思技术进化论的观点，技术进化过程中一方面受历史发展因素影响，一方面受人为意志因素影响。波普尔将我们面对的世界划分为物质世界、精神世界、客观世界三方面，而我们面对的更多属于客观世界。由于客观世界是通过不同知识形成的，很多学者将客观世界划分为科学知识和技术知识两方面。① 而我们面对的专利技术，既包含科学知识，也包含技术知识，是将不同知识融为一体的复杂体。专利技术创新就是通过学习相关知识重新进行组合实现创新的知识演变轨迹。如此庞杂的知识如何选择，直接决定专利技术价值的导向。许多学者从历史影响因素的整体角度分析对人意志的影响状况，探究专利技术进化如何选择，从而发现经济、政治、文化、制度等外部环境对技术进化具有较强的影响，并总结出宏观因素影响机制。作为人类意识活动，专利技术创新过程不仅受外部环境的影响，内部环境影响更大。为此，学者刘则渊认为外部环境中科学发展的推动和社会发展的需求是技术进化的外部动力，而技术规范和实践之间的矛盾是技术进化的内部动力。②

2. 专利技术演变的发明人

虽然外部环境和内部环境对技术进化选择都有较强影响，但是为什么在同样环境和影响因素下专利技术进化的情况却千差万别？说明环境的影响是充分条件，而非必要条件。根据基础研究存在的情况，成功的巴斯德式专利以及一些研发成功但市场失败的案例，都充分说明很多研究都是因为发明人而决定了研究成果的走向。他们的选择行为决定着专利技术具备何种价值，与其说专利技术是解决相关产品或技术的源问题，不如说是发明人想让专利技术去解决什么问题，通过专利技术来实现发明人的价值导向。发明人是专利技术的动力根源，技术更多体现的是发明人意志，发明人的价值取向和决策直接左右技术发展方向。③ 为此，专利技术价值驱动力来源于发明人，价值重塑必须首先了解发明人的价值定位。

三、专利技术主题

专利是反映技术的最大信息源，专利技术单元通过专利文献来展现。通过专利文献的分析，可以从中挖掘专利技术中的价值信息，而专利技术主题则是价值信息的重要体现，对其分析可以反映技术核心，获取技术主题。④ 专利技术主题

① 高继平等. 专利—论文混合共被引网络下的知识流动探析 [J]. 科学学研究，2011 (8)：1184 – 1189.
② 刘则渊，王海山. 论技术发展模式 [J]. 科学学研究，1985 (4)：2 – 8.
③ 王前. 机体哲学论纲 [J]. 大连理工大学学报（社会科学版），2014，35 (3)：1 – 5.
④ 胡阿沛，张静，雷孝平等. 基于文本挖掘的专利技术主题分析研究综述 [J]. 情报杂志，2013 (12)：88 – 92.

是在技术主题的基础上衍生的，而技术主题遵循技术遗传和变异的演化趋势。①通过归纳现有主题内容分析出技术演化趋势和演化路径，对于基于专利技术的战略制定具有重要意义，可以准确研判特定阶段的技术发展水平。通过主题分析为战略决策提供技术动态、了解技术轨迹、获取新兴技术、预测未来趋势。

（一）专利技术主题构成内容

专利技术主题是指将专利文献中关联技术功能通过一组技术术语反映某技术领域的主题内容。专利技术主题涉及内容包括：专利技术术语、专利聚类演变、专利网络关联。

第一，专利技术术语。技术术语作为技术知识单元，不同的技术术语作为不同技术领域专业术语，每一个技术术语都代表不同的技术知识单元。专利文献通过题目、摘要、内容蕴含若干技术术语。通过不同代码、学科、主体来揭示技术信息。一般一个专利技术主题由若干数量的技术术语构成，通过技术术语的主题内容来反映该技术涉及的领域，以便确定研究内容和方向。

第二，专利聚类演变。专利聚类是通过不同知识单元构成的若干专利技术术语构成的。每个专利聚类都代表某一领域的专利技术主题。而专利技术主题是专利文献在一定期间的技术术语核心表现，随着专利技术研发的不断深入，技术术语会发生各种变化带动聚类的变化，专利技术主题也将随着变化。技术主题演化是以时间为基点，应分析不同阶段主题内容和发展趋势。一是主题内容的演化，重点分析的是不同阶段主题内容的不同形态。由于技术主题呈现延承的层次性和创新的递进性，通过技术范式下的技术发展轨迹来体现。正如多西提出的技术范式下的技术发展轨迹。② 主题演化则在范式规定下进行强选择的进化。③ 二是主题趋势的演化，重点分析技术在演化过程中的生命周期。Triz理论提出技术演化遵循"产生、成长、成熟、衰退"的技术生命周期，而技术主题也是在此基础上呈现不同的生命周期规律。

第三，专利网络关联。通过不同技术术语的关联性形成专利聚类，从而构成专利技术主题（如图3-1-7所示）。在同一个技术聚类中，由于与其他技术

① 叶春蕾，冷伏海. 基于社会网络分析的技术主题演化方法研究 [J]. 情报理论与实践，2014（1）：126-140.

② Dosi G.. Technological Paradigms and Technological Trajectories: A Suggested Interpretation of the Determinants and Directions of Technical Change [J]. Research Policy, 1982 (11).

③ 王敏，银路. 技术演化的集成研究及新兴技术演化 [J]. 科学学研究，2008, 26（3）：466-471.

形成关联，一种或多种技术的变异（渐变或突变）带动其他技术为此做出必要反应，一方面会导致技术系统内容紊乱，引发技术间的相互摩擦；另一方面会使技术间的匹配度提高，以使技术网络内容达到最佳匹配状态。为此，在专利技术演进过程中，不仅要关注技术自身功能的提升和演进，而且需要关注不同技术之间的影响和作用。专利技术主题是"牵一发而动全身"的技术网络，对其关注和研究更利于技术应用的成功，更好地促进整体网络系统升级换代。

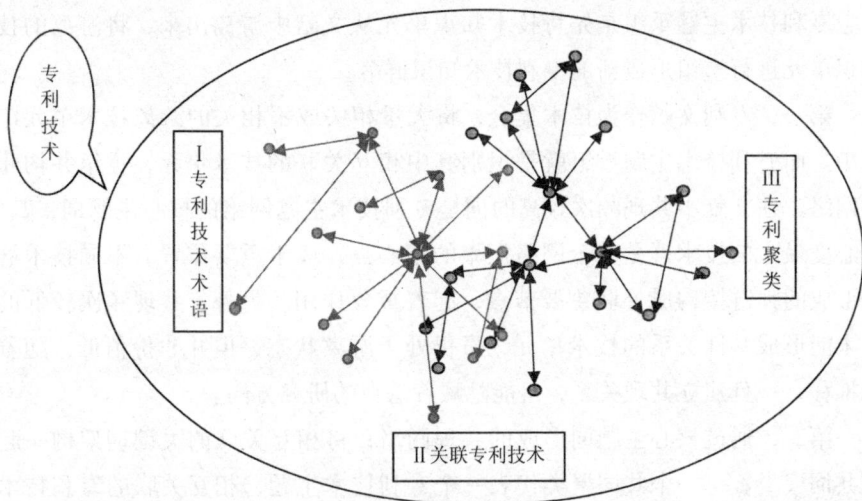

图 3 – 1 – 7　专利术语—聚类—网络关系演变示意图

（二）专利技术主题构成机理

专利技术主题形成过程是技术知识的游离和重组的过程。技术演进也存在生命周期规律，通过继承和创新得以不断演进。在此期间，技术从产生到衰老，经历技术重组和再造形成新的技术。作为知识的技术，其重组过程就是知识生产过程，是"对客观知识中的相关知识单元在结构上进行重新组合使之有序化后形成知识产品的过程"。①专利文献作为专利技术知识的载体，充分展现了专利技术的延承和创新，从中体现出技术间的游离和重组。

专利技术主题提炼是将专利文献中频次较高的技术术语进行提取，形成技术聚类，每个聚类代表一个技术主题，关联主题之间形成主题网络。为此，专利技术主题结构分析时，首先，从专利文献中提取专利技术术语，将共现频次

---

① 丁鸣镝. 知识重组随想（之二）[J]. 图馆学刊, 2004（3）: 1 – 2.

较高的专利技术术语作为研究对象，通过技术术语的重组来分析研究内容和研究方向。其次，不同共现频次的技术术语形成相互关联的主题网络，其中，以共现频次最高的技术术语为核心，形成若干技术主题之间的汇聚效应和关联关系，构建专利技术主题网络。识别和分析核心主题以揭示专利技术网络关键路径和核心技术，帮助专利技术在网络结构中准确定位。

（三）专利技术主题重组过程

专利技术主题重组是先将技术知识单元从文献中游离出来，将游离的技术知识单元进行重组形成新的专利技术知识群落。

第一，专利文献作为技术集合，将大量相关或不相关的游离技术单元汇集其中。而专利技术主题重组就是识别其中相互关联的技术单元，重组并构建主题网络。在文献中共现频次较高的词是专利技术主题网络的核心主题词，其中，中心度最大的技术群是整个网络汇聚的中心点，属于重要位置。不同技术群之间形成的强链接构成外联主要节点，起着重要作用。另外，共现频次较低的以及未能形成共性关系的技术单元，虽仍处于游离状态，但并非价值低，随着时间推移，一旦建立共现关系，可能隐藏着潜在的研究方向。

第二，通过核心主题词形成的共现网络，将相互关联的关键词架构一起形成共词聚类，每一个共词聚类代表一个专利技术主题，相互关联的专利技术主题形成知识网络。而涉及其中的技术单元都是来自不同专利文献，共同出现的不同专利文献说明文献之间的关联性，通过文献分析以揭示专利内容，从中可以识别现有技术对原有技术的继承和创新，也从中可以分析专利技术的游离和重组，并从中分析新的技术单元和技术网络。技术重组的学科差异越大，研究领域越新，创新度则越高。

第三，不同专利技术主题的交互融合。在整个产业领域，不仅涉及单一专利技术主题，还涉及若干专利技术主题。彼此独立的专利技术主题通过关键的技术术语建立衔接，形成关联关系。技术不断地延承和创新，使得专利技术主题之间的衔接更加错综复杂，为了更加清晰地展示和识别主题之间的关键路径，通过确定关键技术术语来揭示技术不同主题内部以及关键路径。倘若将关键技术术语移除，整个网络将会瘫痪，涉及其中的技术单元将会游离。为此，关键技术术语是专利技术主题间的关键桥梁或通道，是技术研发的关键节点，关键技术术语的重组将引起多个专利技术主题的改变。

第二节 专利战略的专利技术生态分析

一、专利技术生态影响

作为首谈技术问题的职业哲学家奥尔特①，认为技术不能孤立地看待，应放入"完整的生存境遇"中，才能更好正确地理解技术。② 而这完整地生存境遇正是专利技术面对的生态环境。生态理论认为生物种群在漫长的进化过程中已形成了完善而又高效的生存系统，促进生物种群的繁衍生存。而企业与生物种群存在许多相似之处，都是开放有序的自组织，都是通过协助和学习来适应环境，在合作共生中进化生命周期。作为近代生态学奠基人，美国学者奥德姆认为生态学是适合包括人类在内的所有拥有生命形式研究的科学。③ 专利战略的核心是专利，技术则是专利的核心，拥有技术生命周期的专利技术，通过新旧技术的更替推动着整个技术系统的演进和变革，进而推动整个社会的进步和发展。④ 专利战略是以专利为主体而构建的战略，为此，专利战略生态的研究更多的是专利技术生态的研究，通过识别和应对专利技术的完整生存境遇，才能更好地制定专利战略，确保专利技术物性和人性的真正实现。例如，自行车专利技术需要考虑整体技术的关联情况和专利权属的市场环境，确保专利技术的应用，延续专利技术的生命周期（如图3-2-1所示）。

---

① ［美］米切姆. 技术哲学概论［M］. 殷登祥译，天津：天津科学技术出版社，1999：7-23.

② 本文在引用奥尔特加著作时参考并使用了高源厚先生对《关于技术的思考》一文的译法，该文被吴国盛先生主编的《技术哲学经典读本》（上海交通大学出版社，2008）收录其中。

③ Odum H. T., Odum E. C.. Ecology and Economy: Energy Analysis and Public Policy in Texas ［R］.//Policy Research Project Report. L. B.. Johnson School of Public Affairs, The University of Texas at Austin, 1987：78.

④ 齐燕. 专利信息生态相关问题初探［J］. 情报理论与实践，2014（12）：41-52.

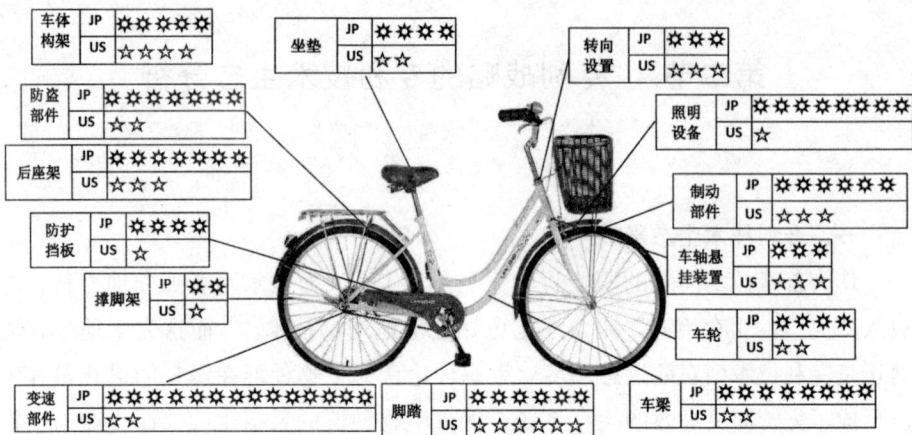

图 3 - 2 - 1　美国和日本自行车各构成部件的专利对比程度

（一）专利研发

生态理论的引入，拓展了技术研发的思路和领域，力求小而精。一方面，从生态网络的整体角度进行技术定位，提高研发价值，降低研发成本。企业研发不再完全基于自身技术能力，可涉及单一企业无法期冀的技术领域。通过专利信息，从整个生态技术网络角度识别关键或核心技术，结合自身技术优势，选择适合自身研发的技术领域，通过技术架构与其他研发主体建立技术同盟，实现系统资源的合理配置，获得技术研发的突破或变革。另一方面，通过生态协同，提高了技术研发成功概率。企业在从技术研发到市场推广的整个过程中，可以技术为核心与其他企业建立生态链，形成利益关联体，通过共同诉求进行技术研发，提高技术成功概率。例如，苹果公司基于未来发展需要，通过专利技术的并购或联盟建立研发生态网络，以满足未来发展需要，从中也可以体现苹果公司向移动新媒体产业的演进过程（如表 3 - 2 - 1 所示）。

表 3 - 2 - 1　苹果公司基于战略发展并购活动大事记

年份	并购/收购公司
1997	NeXT（编程业务） Power Computing（克隆电脑公司） Xemplar Education（软件公司）

年份	并购/收购公司
1999	Raycer Graphics（图形芯片公司） NetSelector（网络软件公司） Astarte（DVD 制作软件）
2001	Bluebuzz（网络服务提供商） Source Technologies（图形处理软件） PowerSchool（在线信息系统服务） Nothing Real（特效软件） Zayante（软件公司）
2002	Silicon Grail Corp – Chalice（数字特效软件） Emagic（音乐软件） Propel Software（软件公司） Fingerworks（手势识别）
2005	WO2006/023569A1 US20070070052A1
2006	Silicon Color（色彩校正） Proximity（软件公司） P. A. Semi（半导体公司） US2008086594A1
2008	W2006/023569A1 US20070070052A1 WU2007002636A1
2009	Placebase（地图） Lala（流媒体音乐） Quattro（移动广告商） Intrinsity（半导体公司）

年份	并购/收购公司
2010	Siri（语言搜索） Poly9（地图） C3（3D 地图）
2011	北电（无线通信）

资料来源：李瑛. 专利视角下的智能手机竞争态势研究（硕士学位论文）［D］. 大连：大连理工大学，2013.

（二）专利协同

专利技术生态系统的建立，使得传统专利协同得到进一步拓展，不仅技术间存在协同，技术与周围环境也存在协同和影响，促进技术生态演化。①

1. 专利技术间协同

在技术生态中，技术之间存在相互兼容或相互排斥的关系。② 随着时间的推移、环境的变化，单个技术性能会发生改变，而技术间也会因此相互影响发展改变，而这两种情况都会存在于技术系统之中。③ 技术生态是技术与技术间的协同。技术协同是避免技术间的竞争，传统技术协同更多是基于技术本身的协同，而技术生态不仅包含技术之间的协同，还包括技术支持的产品或服务的商家和消费者，不仅包含技术研发主体，还包括技术使用主体，通过广泛主体之间的技术协同，避免技术的"死亡之谷"。例如，Office 等软件，不仅涉及相互兼容的电脑、手机等终端产品的支持，还涉及使用技术的用户群体，在生态系统中，每次技术改进不仅要考虑技术的功能，还需要考虑用户的转化成本，尤其是已养成使用习惯的用户。

2. 专利与环境协同

技术与生物一样，无法脱离环境而发展。技术面临的环境包括物质生存

---

① 刘娜. 技术的生态适应性及协同演化研究（硕士学位论文）［D］. 济南：山东师范大学，2012.

② 肖峰. 论技术演变的进化特征及其视角互补［J］. 科学技术与辩证法，2007，4（6）：71－75.

③ 王敏，银路. 技术演化的集成研究及新兴技术演化［J］. 科学学研究，2008，26（3）：466－471.

环境、人文创新环境。① 技术生态通过与环境协同来推动技术生态的健康发展。一方面环境需求推动技术产生，并随着需求的不断增加而提升技术水平，使其技术改进或突破。另一方面，产生的技术在满足市场需求的同时，又催生对技术的新的需求。两者之间的矛盾是推动技术演化的动力。② 而技术生态系统可以将技术与环境相协同，通过系统内部的发展动力、知识传递及扩散，促进技术主体实现与环境之间的平衡，避免单个企业技术创新存在的问题。

（三）专利定位

专利定位反映技术在生态网络中所处的位置。每个企业都通过专利技术获取相应的"生态位"，通过所处的生态位发挥不同的作用。不同生态位体现系统成员处于竞争或者合作关系，彼此独立又相互联系的是合作生态位，相互重叠又互为排斥的是竞争生态位。通过差异化竞争来实现生态位的重叠或分离。③ 系统成员通过优势高低、影响大小、资源多少来决定生态位的位置。对于产业生态而言，早期进入的成员获取优势的可能性较高，而后进成员则处于劣势，资源争夺能力较弱，成本投入和转化较大，以至于后进者不得不与核心企业建立合作，以此来提升自身竞争优势，获取更好的生态位。在整个生态系统中技术水平是决定生态位高低的关键因素，是影响种群发展以及成员变迁的首要条件，是影响企业竞争优势高低的决定因素。

生态学中强调物种之间的相互影响，这种生态关系为技术生态提供理论依据。通过生态理论建立技术间的互利共生，使其企业在合作过程中获取利益，共同发展。通过生态群落或种群在互惠或亲缘的基础上建立生态网络，以产业技术的关联为基础，将相关利益主体纳入其中，构建协同共生、互补共赢的生态链。通过技术生态拓展了原有创新范围和领域，打破了空间限制，使其主体间的依存关系需求稳定生态网络的意愿更加强烈。

---

① 朱方长. 技术生态对技术创新的作用机制研究 ［J］. 科研管理, 2005, 2（4）: 8 - 14.
② 毛荐其, 刘娜. 基于技术生态的技术协同演化机制研究 ［J］. 自然辩证法研究, 2010, 26（11）: 26 - 30.
③ 张光宇, 张玉磊, 谢卫红等. 技术生态位理论综述 ［J］. 工业工程, 2011（4）: 11 - 16.

二、专利生态系统内容

（一）专利生态系统对象

对于专利与生态之间的交叉研究，已有学者开展了一些研究，主要集中在专利生态位方面，通过专利技术生态来分析竞争格局。Stuart 等学者通过分析同一专利中不同企业所占数量来确定企业所处的技术生态位，并通过专利引用量来反映技术生态位在企业间的重叠程度。① 我国学者刘林青通过专利生态理论论述专利生态位及优势，从中构建以专利生态位为核心的专利新战略。② 孟奇勋通过专利生态论述提出专利生态系统，以此构建企业战略模式。③

专利生态主要是根据生态学的理论和方法来研究专利活动，将专利的相关活动作为生物体，从中研究专利孕育、诞生、进化、衰退以及生命周期中与环境互动关系，其核心价值就是专利技术以及技术创新信息，所以专利生态的研究应从专利技术的视角来进行则更有意义。

专利文献作为专利技术创新的成果体现，清楚地记载了技术创新取得的进步和成果，可准确了解种群的密度、年龄、出生及死亡率等特征。可通过专利计量方法分析专利种群和专利群落的演变轨迹和规律，可进一步拓展技术创新领域。另外，生物物种的流动是单向的，整个生态都会随着衰退而结束，而专利流动是循环的，并不会随着技术衰退而结束，每个专利的产生都是在原有专利基础上实现，周而复始形成知识循环，构成专利生态系统演变动力（如图3－2－2所示）。

---

① Toby F. S. , Podony J. M.. Local Search and the Evolution of Technological Capabilities [J]. Strategic Management Journal, 1996 (17)：21－38.
② 刘林青，夏清华. 复杂产品系统背景下的专利战略基本逻辑研究 [J]. 外国经济与管理，2006, 28 (9)：8－15.
③ 孟奇勋. 开放式创新环境下专利经营公司战略模式研究 [J]. 情报杂志，2013 (5)：195－201.

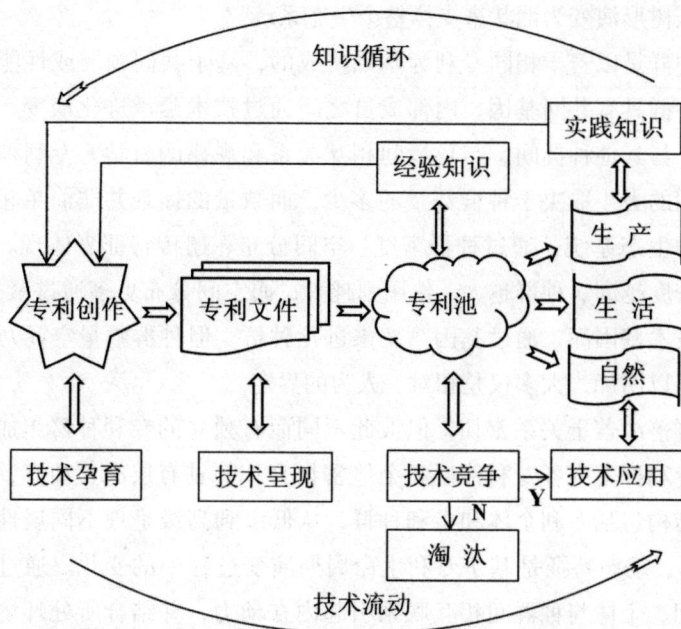

图3-2-2 基于技术流动和知识循环的专利生态系统

（二）专利生态系统要素

专利单元既是专利单元体现，也是整个专利单元形成所支持的专利链条。基于专利技术生命周期过程的生态系统，开始于专利孕育、诞生于专利研发、成长于专利应用、成熟于专利范式、衰退于专利替代、再生于专利延承。研发成功的技术需要专利审查后通过专利文书来体现专利的成长过程，通过专利有效时间来体现专利的成熟；而专利的成功与否并非基于研发的成功，而是市场的检验，通过生态学的"适者生存"理论，胜出者将为市场发挥功效，并在后续改进的过程中形成范式，创造更多财富。随着技术被更先进的技术所替代，专利将逐步衰退直至终结。

专利链条是以若干专利单元为基础所构成的，是同一技术不断创新后形成的链条，链条被替代在两条以上，代表不同历史阶段技术发展水平和状态。每个技术都是在链条前者技术知识基础上的演变形成的，通过对现有技术的解析可以发现之前技术的影子，以此来分析技术发展的演变轨迹。专利链条作为整个生态系统衔接的中介环节，通过不同的专利链条将分散的专利单元形成有序的链条结构，并通过不同的链条结构来支撑相似技术或领域形成专利树形，而不同专利树形的专利链条之间的衔接将是技术突破的关键，随着技术突破的不

123

断累积将从树形演变为网状来支撑整个生态系统。

专利种群是以若干相同专利为基础构成的，基于共同领域或性能的技术集合。专利种群具有共同基因，内部成员之间通过技术延承进化演变，是研究种群成员间、与其他种群间、与环境间相互关系和规律的科学。专利种群在生态系统中作用的大小取决于种群数量的多少，而数量的体现并非简单相加，而是新质提升的生态系统，通过种群密度、空间分布、遗传特征来体现。其中，数量越大，密度越高、种群越大，作用则越大；而空间分布更多通过聚类来体现；遗传作为技术基因库，通过基因频率来进化种群。但种群数量空间乃至时间的界定一般难以明确，大多仅是相对、人为的界定。

专利群落由若干关系密切，但彼此不同而有独立的专利种群组成，是种群集合体。专利群落中各专利种群和个体密切合作，具有层次、动态、整体等特征。层次结构包括专利个体和专利种群，从低级到高级呈现不同属性和结构的层次特征①；动态特征是基于专利生命周期演变过程中的变化。通过专利个体间、种群间、个体与种群间相互联系引起内在动力，并结合所处环境的相互作用形成外在动力。群落在内外不同动力的演变中实现技术变革，每一项技术变革都会引起技术直接或间接后果②；专利群落并非简单相加，而是体现相互依存和相互作用的有机整体。正如 Odum E. P. ③ 认为群落是一个结构单元，不仅包含各种群物种，还包含内在的营养体系和代谢系统，各物种遵循生存规律和睦相处，而非随意散布。

三、专利生态系统模式

通过生态理论，可将专利生态认定为通过专利个体、种群、群落间以及与环境间的关系，在技术生命周期的知识循环和持续创新过程中形成生态系统。专利生态系统是通过专利个体演进形成专利种群，再通过不同专利种群构成专利群落的演变过程。整个专利生态系统都是以专利个体为基点，以专利种群和群落为主体。

（一）专利生态系统模型构建

专利生态系统中，专利个体可视为物种个体，通过若干专利个体构成专利

① F. 拉普. 技术哲学导论 [M]. 辽宁：辽宁科学技术出版社，1986.
② 李喜先等. 技术系统论 [M]. 北京：科学出版社，2005.
③ Odum, E. P.. The Strategy of Ecosystem Development [J]. Science, 1969（164）：262 – 270.

种群，通过"物以类聚"的方式将若干功能相似和关联的专利种群构成专利群落系统，再由若干专利群落构成相互关联的技术共生、寄生、竞争等专利生态系统。通过技术主题为基点构建专利生态系统模型，囊括专利个体、种群、群落等系统内容，并通过线性来推演技术轨迹和生态网络。

以专利技术主题为聚类的专利生态系统，专利个体的产生为专利生态系统的开始，并随着专利数量的增加逐步构成了专利个体、种群、群落等生态系统。在专利数量增加的过程中，相关主题内的不同技术将通过竞争和协同形成竞合关系，并通过市场应用给物质、客观、精神等世界带来影响，从中体现出专利的生态价值。通过专利个体技术知识的流动和循环催生了新的专利，持续循环往复使得以专利技术为主题的技术性能不断完善，而主题聚类也得到完善和提升。

专利生态系统模型构建时，第一步，根据专利生态系统确定专利研究对象，并进行相关专利文献搜索。第二步，根据德温特专利数据库手工编码进行分类，划分不同的专利生态系统；例如，T——Computing and Control（计算和控制），W——Communications（通信）等专利系统手工代码划分。第三步，将专利生态系统进一步划分为若干专利生态群落，例如，T01 数码电脑；T02 模拟和混合计算机；T03 数据记录等专利种群手工代码划分。第四步，将专利群落进一步划分为若干专利种群，例如，T01～J02 多处理器系统，T01～J03 评估统计数据，T01～J10 视频和图像处理等组成专利群落的专利种群。第五步，将专利群落进一步划分为若干专利链条，直至每个专利文本。第六步，将专利链条做进一步划分，分出若干最小知识专利元，直至不能再分割。

整个生态系统，被划分为若干作为"物种"的专利知识，专利群落、种群、链条等层次中的专利知识间存在一定程度的交叉和重叠，尽管是没有交叉的最小知识元，但依然存在知识联系。专利生态系统就是专利知识的构成，通过知识大小颗粒来代表，共同构筑专利生态中的知识领域。

专利生态系统各层次之间存在如下关系。

第一，隶属关系。专利生态系统之间存在一定的隶属关系，在专利文本中体现的专利技术轨道也是专利技术的隶属关系。每个专利技术都是通过专利单元构成，而较小的专利知识群又构成了较大的专利知识群。例如，太阳能通过最初的 3457427 和 3427453 两项专利开始，通过 3982963 开启了太阳能电池板的雏形，而之后的专利则与之前的专利形成隶属关系。

第二，交叉关系。专利在发展的过程中存在一定程度的内容交叉。很多专利都是通过彼此独立的若干专利构成新的专利，进入新的专利知识领域。例如，W05 – D06G5G、W02 – C03C1G、W01 – CO1D3G 作为第三代移动通信的专利技术，通过交叉共同支持 3G 技术。

第三，共现关系。通过下级较小专利知识共同服务上级专利知识，而较小专利之间就存在共现关系。在专利生态中更多体现的是一种生态共栖关系，以此来揭示科学领域的知识结构能力。① 例如，W01 – CO1P1 多媒体设备、W01 – CO1P2 个人数字助理就存在专利上的共栖，通过专利共现共同构建智能手机等多媒体终端设备。

（二）专利生态系统专利计量对象

专利生态系统计量是基于专利知识计量来分析专利生态系统，为此，专利文献是专利计量重要研究对象的载体，从中研究专利主体和专利客体。

基于专利文献结构和专利生态层次，专利主体可以分为四个层次：第一层主体是发明人个体，第二层主体是发明人群体，第三层主体是专利权人，第四层主体是国家或区域内发明人和专利权人构成的主体系统。

基于专利文献结构和生态层次，专利客体主要是针对专利技术本身，其涉及的专利名称、专利摘要、专利说明、专利权项等客体内容都隐含在专利文献之中。按照专利生态系统，通过专利知识计量方法，可以将专利技术进化轨迹分为专利单元、专利链条、专利种群、专利群落等专利知识生态系统。

在专利生态系统中，专利作为知识单元的体现，运用专利计量方法，专利单元可称为专利知识元，作为专利知识的起点，以专利单元为基点，将离散的专利单元重聚，按照一定的规律进行重新组合，挖掘隐含其中的专利链潜在信息，发现未知的知识种群和群落等，利用相关技术抽取专利主题词、关键词等，识别专利单元间的逻辑关系，识别技术演变轨迹，在发现、挖掘基础上将识别的知识信息重新组合，实现对专利生态系统的再造，完成专利战略的创新。

（三）专利生态系统计量指标

1. 专利单元

专利单元作为知识元，构成了专利生态系统最小单位，通过专利单元将隐含于专利文献之中的研究对象抽取出来，并通过相应词语予以表示。运用专利计量方法，以专利单元的频次和权重来反映专利单元的数量，从中体现某一专

---

① Leydesdorff L. Why Words and Co – words cannot Map the Development of the Sciences ［J］. Journal of the American Society for Information Science. 1997, 48 （5）: 418 –427.

利单元的重要程度；以专利单元间关联程度的中介中心度来反映专利单元的质量，中介中心度是反映网络中介对资源控制能力的大小，从中体现某一专利单元的影响力和支配力等。

2. 专利链条

专利链条是通过两个以上相互关联的专利单元构成，将离散在专利文献中的专利单元通过技术链条形成相关联系的专利链，通过文献共现来反映专利单元的组织情况，从中反映专利生态网络中的技术主题，并通过频次数量和技术主题识别关键技术和热点技术。为此，通过专利计量方法，通过频次数量反映专利链条数量，并通过链条长度来体现专利链条的构成。结合影响指标来衡量专利链条质量，并通过中介中心度来反映专利链条中具体专利单元的中介影响力，从中挖掘新技术和旧技术间的关键节点，将中介中心度关键节点中较大的点作为关键技术主题。[①]

3. 专利种群

种群来源于生态理论中的"生物种群"，与知识计量中的"知识群"相一致。专利种群则是在生态和知识的基础上构成，以此来反映专利文献中相互关联的专利单元和专利链条组成的专利种群。运用专利计量方法，采用强度数量维度来衡量专利种群的规模以及专利单元的组成情况，然后，运用聚集度来测算不同专利种群在生态系统中的重要作用和影响力度。专利种群是基于核心技术形成的种群群体，通过种群内容的反映来区别于其他种群。但技术体系不仅涉及内在要素构成的技术单元，还需要与其他技术构成有机的技术体系。所以，专利种群需要通过生态系统的其他种群的配合才能实现，并通过聚集度衡量种群强度，以此来分析和实现专利种群的生态定位。

4. 专利群落

群落也是生态理论术语，相当于知识计量中的知识网络，是将专利文献中抽取的相互关联的专利单元构成的专利群落。整个群落也是通过相应节点和边界来反映专利单元、链条、种群等专利知识。结合生态系统，通过专利计量方法，一方面反映专利群落的数量和质量两维度。采用网络规模指标分析数量维度，再通过密度来反映整个网络体系的质量。网络规模大小决定系统获取资源

① 栾春娟. 网络中心性指标在技术测度中的应用 [J]. 科技进步与对策, 2013, 30 (3)：10－13.

的丰裕程度。① 通过群落数量来反映专利系统中资源多寡。而网络密度反映群落内部专利知识的密集程度，专利关联越高，系统资源密度就越高，资源流通则越快，有利于保持系统的稳定性和整体性。不仅对专利单元提供资源，也限制了系统资源的发展。另一方面专利群落是专利发展到一定程度形成的群落网络，其中包含核心、关键技术以及相关技术群体，具有一定的系统稳定性和平衡性。随着时间的推移，专利技术产生孕育、诞生、成长、成熟、衰落等生态变化，但这种变化会通过系统的稳定性来维持内外平衡。同时，也带动相关专利单元产生自适应，以维持系统自身平衡，又催生其他专利单元、链条以及种群的发展。

第三节 移动新媒体专利战略生态环境实证分析

一、移动新媒体专利技术专利计量分析

在构建专利知识图谱之前，运用传统专利计量方法对移动新媒体专利数量、技术领域以及学科等方面进行计量分析。根据德温特专利数据库（DII）手工代码，选择移动新媒体所属的 T01 - N01B 手工代码，并以 Mobile 为限定主题，共检索到 1768 条专利。

（一）移动新媒体专利申请数量及周期分析

根据德温特专利数据库专利数量统计，从 2002 年至今，移动新媒体专利数量呈现逐年增长趋势（如图 3 - 3 - 1 所示）。从 2002 年到 2008 年，专利数量持续低位徘徊，甚至到 2007 年和 2008 年降至 9 个和 1 个，相关专利技术研发数量较少，占全部数量的比例仅为 6.8%，说明移动新媒体在早期发展时，并未引起太多企业的关注。从 2009 年之后，专利数量开始持续快速增长；2014 年达到最高峰，专利数量占整个数量的比例为 72.2%；2015 年开始下降；而 2016 年数据仅统计至 2 月底，占整个数量的比例为 20.5%，无法分析全年情况，故而隐去。

① Bradach J. L. . Eccles R. G. . Price Authority and Trust: From Ideal Types to Plural Forms [J] . Annual Review of Sociology, 1989（15）: 97 - 118.

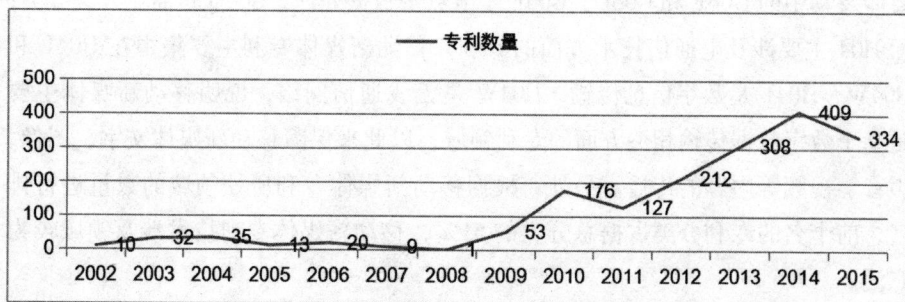

图 3 - 3 - 1　移动新媒体专利申请数量趋势图

根据战略生态理论，专利技术也存在生命周期，通过专利数量的变化来反映专利技术生命周期，专利技术生命周期包括专利导入期、专利成长期、专利成熟期、专利衰退期四个不同阶段。① 首先，专利导入期。根据移动新媒体专利数量的变化分布情况分析，2002 年进入移动新媒体专利导入期，由于移动新媒体属于新的生态领域，早期涉足企业较少，专利数量始终在低位徘徊，专利技术处于萌芽阶段，尤其是在 2008 年，专利数量仅为 1 个，说明这个阶段移动新媒体面临接受还是淘汰的局面，是专利技术商业化的转折点，技术将经历"死亡之谷"。其次，专利成长期。2009 年的快速增长，说明移动新媒体专利技术被市场接受，实现前期专利技术的商业化，进入专利成长期，从 2009 年至2014 年，虽然 2011 年略有回落，但增长速度依然快速，直至 2014 年达到增长最高位。最后，专利成熟期。2014 年是移动新媒体增长最高的时期，而 2015 年又呈现下降趋势，基本判断 2014 年是移动新媒体成长期的结束，而 2015 年是移动新媒体成熟期的开始，专利技术将逐步趋向稳定和成熟，专利将呈现竞争的激烈局面，专利数量从之前成长期的快速增长逐步转变为稳定增长，数量将呈下降趋势，专利竞争将从多元化发展转变为核心企业的寡头竞争趋势，单一或较少专利发展方式将面临专利组合或联盟的竞争挤压，专利竞争更加趋向"联合作战"。专利申请数量从侧面印证了移动新媒体的发展趋势。

（二）移动新媒体专利申请类别和学科分析

按照国际专利分类代码，移动新媒体主要集中在 G06 和 H04 这两类（如图3 - 3 - 2 所示）。其中，G06 主要是相关计算和推算方面的专利，移动新媒体主

---

① 李春燕. 基于专利信息分析的技术生命周期判断方法［J］. 现代情报，2012（2）：98 - 101.

要涉及其中的 G06F 和 G06Q，G06F 是电数字数据处理，G06Q 是商业方法分类；而 H04 主要涉及电通信技术方面的专利，移动新媒体专利主要集中在 H04L 和 H04W，H04L 是数字信息传输，H04W 是无线通信网络，说明移动新媒体主要是基于数字数据传输相关方面的专利领域，以此来保障移动新媒体文字、图像、声音、视频等内容的传播。另外，根据移动新媒体专利所处领域的数量进行排名，前十名的专利分类占据总分类的 51%，移动新媒体专利技术涉及领域较为广泛。

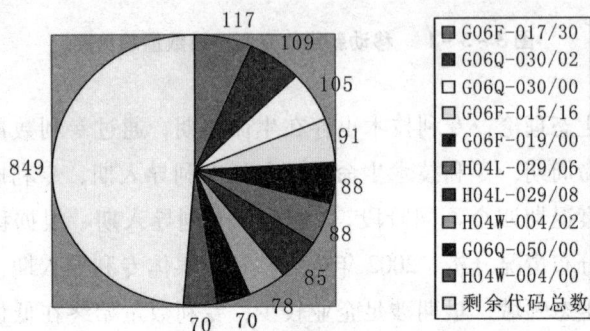

图 3 - 3 - 2　移动新媒体专利国际代码分类图

按照学科分类，移动新媒体专利技术涉及的学科主要还是集中在计算机科学（Computer Science）/工程学（Engineering）和通信（Communication）（如图 3 - 3 - 3 所示）。

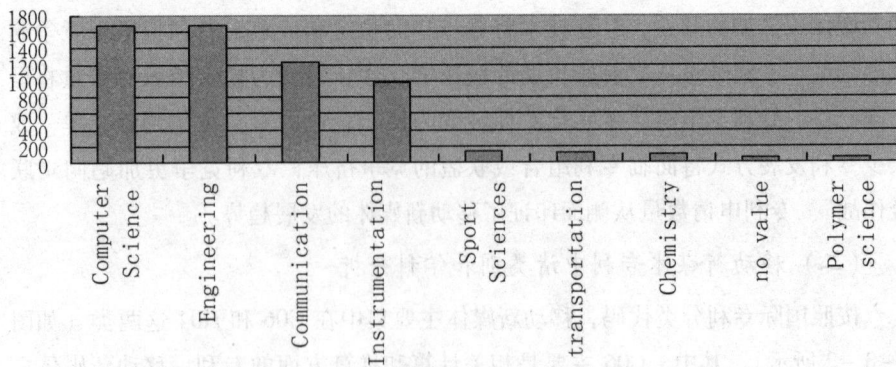

图 3 - 3 - 3　移动新媒体专利学科分类图

二、移动新媒体专利技术主题知识图谱

通过传统专利计量分析，了解了移动新媒体专利技术领域申请情况的逐年变化，以及移动新媒体的发展趋势。从中发现移动新媒体专利技术之间存在相互关联、相关引用的交叉状态。同时，由于移动新媒体是虚拟产品，与一般的产品不同，无法通过物化的形式识别专利技术的存在，为此，移动新媒体专利技术的链接信息需要借助可视化技术软件来深层挖掘专利技术信息，以科学知识图谱的形式来展现和研究。本节通过科学知识图谱理论进行专利共引，运用CiteSpace 可视化软件构建移动新媒体专利技术结构网络图谱，从中解读网络结构，并找出专利主题以及演进过程。

参数设定：软件选择 CiteSpace，V. 3. 9R9（32 bit）版本；时间区域设定为2000—2016 年，时间切片为 2 年；选择分析对象 Terms 进行共引分析；对象之间的连接强度选择夹角余弦距离（Cosine），即

$$\text{Cosine}(x,y) = \frac{XY}{||X||\ ||Y||} = \frac{C_x C_y}{\sqrt{(\sum_{i=1} C_{x_i}^2)(\sum_{i=1} C y_i)^2}};\ \text{分析对象的数据}$$

筛选时区选择采用 TopN 选择，选择每个时区前 50 个高频节点；图谱修剪方式选择 pruning sliced network，先修剪每个时区的图谱，然后拼接在一起；图谱可视化方式选择聚类视图（cluster），采取静态（static）方式和 Show Merged Network 快照方式，将所有时区汇集在一张图谱中，侧重体现聚类结构、关键节点和重要连接；CiteSpace 聚类视图采用谱聚类算法，可实现样本空间在任意形状下进行聚类，并很好地获得聚类最优解。聚类标注依据 TF * IDF（TFIDF）加权算法，强调研究主流并自动标签词，加权值越大对聚类表征越高，主题词越重要。同时，结合对数似然率 Log – Likelihood Rate（LLR）算法和互信息 Mutual Information（MI）算法，这两种算法强调聚类研究特点。通过以上这三种算法的结合，可实现对聚类主题最佳诠释。

（一）移动新媒体专利技术主题结构分析

移动新媒体专利技术结构图谱：最终移动新媒体专利形成复杂的共引图谱，共含有 63 个节点，190 条连线，图谱网络密度 Density = 0.0973，网络结构和聚类清晰度满足聚类需要，其中，模块值（简称 Q 值）Q = 0.5469，符合 [0, 1] 区间要求，平均轮廓值（Silhouette，简称 S 值）S = 0.5954，Q > 0.5 认为聚类选择合理。

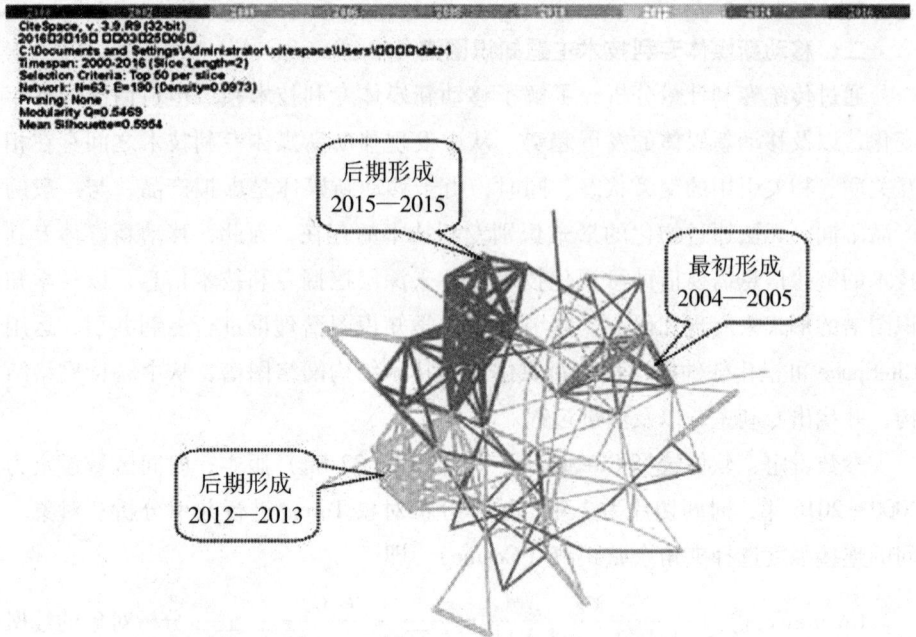

图 3 - 3 - 4　移动新媒体专利技术网络结构图谱

移动新媒体专利技术生命周期：

移动新媒体专利技术生命周期分为 8 个时间段，并通过不同颜色代表。根据颜色可以看出移动新媒体形成的主要时间段，是 2004—2005 年、2012—2013 年、2014—2015 年三个时间段。根据线条的粗细程度，主要是 2004—2005 年、2014—2015 年两个时间段，反映这两个时间阶段的专利联系较为紧密，专利间活跃程度较高（如图 3 - 3 - 4 所示）。

移动新媒体专利技术生态演进：

主要形成三个专利聚类的演进，包括：2004—2005 年、2012—2013 年和 2014—2015 年三个时区形成了专利技术网络聚类，其中，2004—2005 时区形成的专利聚类是整个产业的专利基础，而 2012—2013 年和 2014—2015 年时区，是目前移动新媒体重点发展区域。同时，标注未来产业领域的紫色区域，虽然专利技术较少，但与其他时区相比，由于存在较多结构洞，将会是未来专利重点发展区域（如图 3 - 3 - 5 所示）。

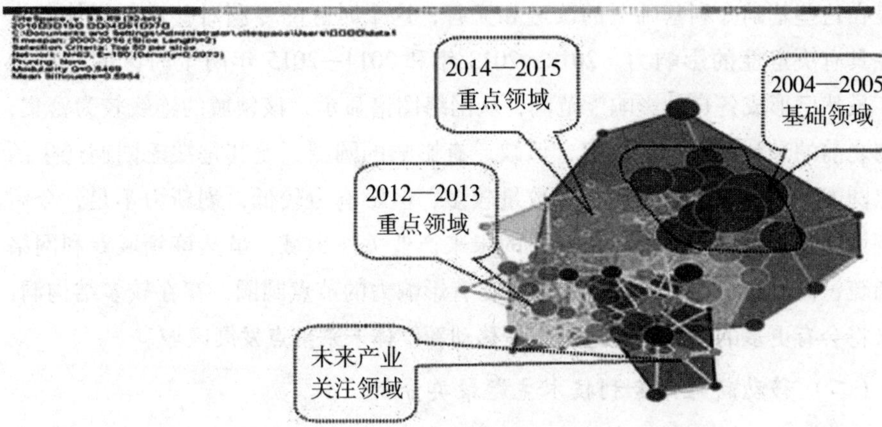

图 3 - 3 - 5　移动新媒体专利技术聚类网络图谱

网络图谱聚类的结构通过连线构成，并结合相应颜色来说明聚类在整个网络中受关注程度和关注时间。其中，连线粗细代表专利之间的密切程度，依据图谱显示，2012—2013 年和 2014—2015 年两个时区的专利连线较粗，不仅同年的专利连接紧密，而且对之前的专利也连接紧密，说明这两个时区的专利已有效地形成了各自专利领域。如果结合专利技术生命周期，2004—2005 年是移动新媒体专利技术的孕育时期，2012—2013 年和 2014—2015 年两个时区是移动新媒体专利技术进入成长期后期和成熟期前期。而更多黄色或深黄色连线，说明2012—2013 年和 2014—2015 年两个时区的专利技术通过对早期基础专利的改进，形成了与早期专利的知识连接，早期导入期和成长期前期的专利技术更多属于技术突破的基础专利。整个网络图谱都呈现在红色范围，印证了移动新媒体正处于成长末期和成熟初期，早期基础专利对整个移动新媒体专利技术具有较强的影响力。

三个时区形成的专利技术网络聚类，已形成各自不同方向的专利领域，通过网络节可反映各自在网络图谱中的影响力。网络图谱中每一个圆圈都代表一项移动新媒体专利，圆圈大小代表专利在整个网络图谱中的影响力，圆圈越大影响力越大；圆圈颜色代表专利在整个网络图谱中受关注的程度和时间，圆圈越红说明当前关注程度最高，活跃度越好。依据图谱显示，最大的圆圈主要集中在 2004—2005 年形成的聚类，而且都是充满红色，说明该聚类对整个移动新媒体的影响持续至今，活跃程度最高，结合专利生命周期和专利生态演进，2004—2005 年时区是该产业技术突破孕育基础专利的形成阶段，后续发展基本

133

都是在这些基础专利基础上的改进和完善，这个时区的专利对移动新媒体整个产业具有决定性的影响力。2012—2013 年和 2014—2015 年两个时区的专利聚类，虽然已形成各自的影响度范围，从网络图谱显示，该领域的连线较为密集，并与之前的专利技术产生连接，但缺乏有影响的圆圈，尤其是缺乏同期产生的节点圆圈，说明该时期专利技术数量较多，但影响力较低，创新力不足，今后该领域的竞争将逐步加大。而标注的未来产业关注领域，虽然该领域专利网络较稀疏，尚处于早期形成阶段，但存在有影响力的节点圆圈，存在较多结构洞，未来将会有更多的专利技术进入，是移动新媒体未来重点发展区域。

（二）移动新媒体专利技术主题聚类分析

专利技术主题图谱是通过技术术语共现提炼的，其目的是通过专利文献获取技术术语间的关联关系，揭示该专利领域技术内在联系和微观结构。① 主题图谱是了解专利技术整体情况，识别发展特点的有效途径。传统专利文献分析，可以获取相关专利技术的主题和特征，但无法展现各专利技术术语之间，以及专利主题之间复杂的关联关系，而专利技术主题图谱运用相关技术是展现若干技术术语之间、若干主题之间的关系结构，以及由此构成的有机群落的内在机理。

本节运用 Citespace 软件，采取主题术语（Terms），从移动新媒体专利文献中抽取专利技术术语，通过共现余弦指数将技术术语形成若干聚类，构成移动新媒体专利技术主题，并结合时区划分展示专利技术主题演进过程。

检索结果显示（如图 3 - 3 - 6 所示），2000—2016 时区共生成 5 个专利技术主题，其余聚类因无法达到设定的阈值标准，所以图中没有显示。移动新媒体专利技术主题聚类图谱有助于重要区域的快速定位，主题聚类中，主题密度越大，说明内含的主题词则越多，该主题的权重也越大。从分析结果看，5 个聚类主题分别为聚类#0 Aggregation、聚类#1 Route、聚类#2 Cellulosic Material、聚类#3 Transparent Resin、聚类#4 Weft。移动新媒体专利主题分为 5 个聚类，聚类自动形成的标签代表主题间的相似性，不同聚类由不同颜色代表，不同颜色代表聚类活跃的不同时期。

---

① 谢彩霞，梁立明，王文辉. 我国纳米科技论文关键词共现分析［J］. 情报杂志，2005，24（3）：69 - 73.

CiteSpace, v. 3.9.R9 (32-bit)
2016□3□22□ □□11□10□06□
C:\Documents and Settings\Administrator\.citespace\Users\□□□□\data1
Timespan: 2000-2016 (Slice Length=2)
Selection Criteria: Top 50 per slice
Network: N=63, E=190 (Density=0.0973)
Pruning: None
Modularity Q=0.5469
Mean Silhouette=0.5954

#2 cellulosic material

#0 aggregation

#3 transparent resin
#1 route
#4 weft

图 3 - 3 - 6　移动新媒体专利技术主题聚类图谱

通过专利文献的共引图谱分析，获得移动新媒体专利主题 5 个聚类信息，并通过聚类规模、轮廓值、中间年以及聚类标签进行汇总（如表 3 - 3 - 1 所示）。其中，聚类标签运用聚类标注 TF * IDF（TFIDF）加权算法，并结合对数似然率 Log - Likelihood Rate（LLR）算法和互信息 Mutual Information（MI）算法，将各聚类中排序最高的主题词作为聚类主题进行标注，形成以这些主题词为中心的聚类标签。例如，以聚类#2 为例，该聚类共获得 11 个节点；0.618 的轮廓值；引文平均发表年份为 2013 年；聚类标签 Route 等（TFIDF），Use 等（LLR），t01（Digital Computers）等（MI）。

表3-3-1　移动新媒体专利主题图谱及聚类相关信息

Cluster ID	Size	Silhouette	Mean (Year)	Label (TFIDF)	Label (LLR)	Label (MI)
0	19	0.617	2011	(8.04) Aggregation; (8.04) Game; (7.69) Service; (7.28) Highlight; (6.23) Using Data Parameter	Method (261.73, 1.0E−4); Aggregation (225.26, 1.0E−4); Mobile Phone (154.69, 1.0E−4);	a85 (Electrical Applications); t01 (Digital Computers); v06 (Electromechanical Transducers and Small Machines)
1	11	0.814	2013	(10.43) Transparent Resin; (8.62) Luminous Transparent Resin Composition; (8.62) Luminous Material; (8.62) Having Preset Average Particle Diameter; (8.62) Forming Molded Article	Luminous Transparent Resin Composition (363.78, 1.0E−4); Luminousmaterial (363.78, 1.0E−4); Transparentresin (363.78, 1.0E−4);	a85 (Electrical Applications); t01 (Digital Computers); v06 (Electromechanical Transducers and Small Machines)
2	11	0.618	2013	(10.15) Route; (6.23) Route Notification System; (6.23) Mobilebody; (6.23) Notification Part; (6.23) Notifying Routing Information	Use (165.33, 1.0E−4); Vehicle (148.72, 1.0E−4); Route Notification System (119.15, 1.0E−4);	t01 (Digital Computers); w05 (Alarms – signalling – telemetry and Telecontrol); w06 (Aviation – marine and Radar Systems); x23 (Electric Railways and Signalling)
3	11	0.846	2013	(7.69) Cellulosic Material; (7.69) Hydroxy – carboxylic acid; (7.69) Alpha; (7.69) Beta; (7.69) Preparing Product	Cellulosic Material (241.61, 1.0E−4); Hydroxy – carboxylic ACID (241.61, 1.0E−4); Alpha (241.61, 1.0E−4);	b04 (Natural Products and Polymers – testing – compounds of Unknownstructure); d16 (Fermentation Industry); s05 (Electrical Medical Equipment); t01 (Digital Computers); w01 (Telephone and Data Transmission Systems); w04 (Audio/Video Recording and Systems)

续表

Cluster ID	Size	Silhouette	Mean (Year)	Label (TFIDF)	Label (LLR)	Label (MI)
4	10	0.495	2013	(7.28) Weft; (7.28) Clothe; (7.28) Warp; (5.48) Density; (5.48) Electric Rice Cooker	Weft (217.75, 1.0E-4); Warp (217.75, 1.0E-4); Density (109.67, 1.0E-4);	t01 (Digital Computers); w01 (Telephone and Data Transmission Systems); w02 (Broadcasting – radio and Line Transmission Systems); w06 (Aviation – marine and Radar Systems); x16 (Electrochemical Storage)

　　分析结果显示，移动新媒体主题聚类活跃程度较高，中间年都在 2011 年之后，说明各个聚类整体发展较晚，而且都处于快速发展之中，形成最大规模的聚类#0 和最强轮廓的聚类#3。

　　聚类规模最大的聚类是（#0），有 19 个聚类成员和 0.617 个轮廓值。聚类选择三种标签方法，LLR 得到的标签词为 Method 属性，TFIDF 的标签词是 Aggregation，以及 MI 得到的标签词是 a85（Electrical Applications）；t01（Digital Computers）；v06（Electromechanical Transducers and Small Machines）。集群的最活跃的引用者是 0.21 Vucurevich, T.（2011）从不同的位置对手机进行协调的聚集，例如图片的方法，包括使用的数据参数进行共享或多媒体数据聚集和分发多媒体数据到移动设备。

　　第二大集群（＃1）有 11 个成员和 0.814 个轮廓值。聚类选择三种标签方法，LLR 得到的标签词为 Luminous Transparent Resin Composition，TFIDF 的标签词 Transparent Resin，MI 的标签词为 a85（Electrical Applications）；t01（Digital Computers）；v06（Electromechanical Transducers and Small Machines），引用最高的是 0.91 Nishibayashi, Y.（2013）用于成型制品树脂聚合物[①]，包括具有预先设定的平均粒径、透明树脂的发光材料。

　　移动新媒体专利主题聚类，按照引用频次将 5 个聚类依次分析，以下表 3 - 3 - 2 至表 3 - 3 - 6 分别列出#0 至#4 聚类中排名靠前的被引文献和施引文献，以

[①] 聚合物作为新材料领域内重要的组成部分，是目前使用范围最广泛的新材料之一，在通信电信、交通运输、服装鞋材、医疗器械等领域均有不俗的表现。

反映每个聚类研究领域以及重要文献。

表 3 - 3 - 2 移动新媒体聚类#0 的被引文献和施引文献

	Cited References	Citing Articles	
Cite	Author（Year）	Coverage	Author（Year）Title
479	t01（Digital Computers）2004	0. 21	Vucurevich, T.（2011）method for performing coordinated aggregation of e. g. picture from different location on mobile phone, involves using data parameters to perform sharing or aggregation of multimedia data, and distributing multimedia data to mobile device.
337	w01（Telephone and Data Transmission Systems）2004	0. 16	Lockwool, M.（2011）method for providing serial communication between e. g. motor vehicle and mobile telephone, involves receiving control signal from universal serial bus device at universal serial bus host, and executing action based on received signal.
179	w04（Audio/ Video Recording and Systems）2004	0. 16	Rodrigues, T. E.（2011）information system for sporting event i. e. football, has cpu that connected by remote communication unit, and set of mobile telephony operators arranged along set of service providers for providing service to client.
62	w02（Broadcasting radio and Line Transmission Systems）2007	0. 11	Hong, J. H.（2013）belt - type phone e. g. mobile phone, for use during sports activity, has operation control plate for controlling operation of electric - electronic circuit installed in left side upper side of front center portion of main body.
42	s05（Electrical Medical Equipment）2013	0. 11	Kuo, J.（2013）method of displaying fitness data and related fitness system, involves transmitting request from portable electronic device to mobile phone for requesting fitness data to be sent from mobile phone to portable electronic device.

聚类#0（如表 3 - 3 - 2 所示），按照阈值 2 的设定，满足条件的被引文献共有 15 篇，文章选取其中排名靠前的五位，其中最高频次达到 479 "t01（Digital Computers）2004"，从时间和内容分析，该文献在整个聚类中具有重要的基础作

用。同时，该聚类中施引文献达到31篇，并列举了该聚类中联系紧密的前五篇施引文献，其中，Vucurevich，T（2011）引用规模最大，达到0.21。

表3-3-3　移动新媒体聚类#1 的被引文献和施引文献

Cited References		Citing Articles	
Cite	Author（Year）	Coverage	Author（Year）Title
9	v04（Printed Circuits and Connectors）2013	0.91	Nishibayash, Y.（2013）luminous transparent resin composition used for forming molded article, comprises specified amount of luminous material having preset average particle diameter, and transparent resin.
7	a85（Electrical Applications）2013	0.27	Jufr, M.（2013）portable electronic object, has electrode connected to micro - controller by conducting track, and tactile control unit comprising support, where substrate is flexible such that substrate is deformed for adapting to shape of object.
7	s04（Clocks and Timers）2013	0.18	Mcrae, M.（2013）portable electronic device e. g. cellular phone, has housing including curved surface and controllable color portion on curved surface, where electronic device controls controllable color portion to display color.
6	a95（Transport - including Vehicle Parts - tyres and Armaments）2013	0.18	Sasaki, H.（2013）integration molded object for use as component in personal computer, has main structure and core layer that are joined in sandwich configuration by impregnating to

聚类#1（如表3-3-3所示），按照阈值2的设定，满足条件的被引文献只有11篇，其中，最高频次达到9 "v04（Printed Circuits and Connectors）2013"，虽然这些文献产生较晚，频次较低，但能形成聚类说明该聚类发展速度较快，这些文献作为该聚类的研究基础，今后应加强在此领域的发展。同时，该聚类的施引文献共4篇，这些施引文献可以作为该聚类的研究前沿，其中，Nishibayashi, Y.（2013）引用规模最高，达到0.91，将是进行该聚类发展的前沿重点。

表 3 - 3 - 4　移动新媒体聚类#2 的被引文献和施引文献

	Cited References	Citing Articles	
Cite	Author（Year）	Coverage	Author（Year）Title
25	w06（Aviation - marine and Radar Systems）2013	0. 36　Hirabayashi, D.（2013）route notification apparatus i. e. route search system, for use in route notification system, has acquisition part acquiring routing information, which shows route of mobile body, and notification part notifying routing information.	
17	x22（Automotive Electrics）2011	0. 27　Buergl, L.（2013）integrated resistive - type chemical metal oxide gas sensor arrangement for use in e. g. mobile phone for e. g. driving fitness purposes, has sensors including different length between electrodes and processing unit to derive gas concentrations.	
11	s02（Engineering Instrumentation - recording Equipment - general Testing Methods）	0. 18　Mcrae, M.（2013）portable electronic device e. g. cellular phone, has housing including curved surface and controllable color portion on curved surface, where electronic device controls controllable color portion to display color.	
10	p85（Education - cryptography - Adverts）2013	0. 18　Workman, M. G.（2013）method for detecting hidden materials or contraband materials in automobile using android mobile telephone, involves providing display to enter key id unique identifier number, and providing memory to store key id unique identifier number.	
6	s03（Scientific Instrumentation - photometry - calorimetry）2013	0. 09　Ameyugo, G.（2013）system for deployment of communicating objects in e. g. ad hoc network, for in vehicle e. g. terrestrial vehicle, has energy source and communication unit arranged together, where position of objects is determined according to parameters.	

聚类#2（如表 3 - 3 - 4 所示），按照阈值 2 的设定，满足条件的被引文献只有 11 篇，其中最高频次达到 25 "w06（Aviation - marine and Radar Systems）2013"，虽然文献产生较晚，频次较低，但能形成聚类说明该聚类发展速度较

快，这些文献作为该聚类的研究基础，今后，应加强在此领域的发展。同时，该聚类的施引文献共 11 篇，作为该聚类的研究前沿。Hirabayashi, D. （2013） 引用规模最高，达到 0.36，将是进行该聚类发展的前沿重点。

表 3 - 3 - 5　移动新媒体聚类#3 的被引文献和施引文献

	Cited References	Citing Articles	
Cite	Author （Year）	Coverage	Author （Year） Title
13	b04 （Natural Products and Polymers – testing – compounds of Unknown Structure） 2013	0.64	Medoff, M （2014） preparing product by treating reduced recalcitrance lignocellulosic or cellulosic material with one or more enzymes and/or organisms to produce alpha, beta, gamma and/or delta hydroxy – carboxylic acid, and converting to product.
3	p34 （Sterilising – Syringes – electrotherapy）	0.18	Despa, Ms （2014） injection device for mating with mobile device e. g. smartphone, has connection module that electrically connects to injection driving element and receives electrical power and data from mobile device and mount mates with mobile device.
3	d16 （Fermen Tation Industry） 2013	0.18	Granqvist, N （2013） portable apparatus e. g. motion sensor, for performing measurement of exercise – related data to monitor workout of user during exercise by e. g. professional athletes, has processing circuitry for controlling computer process.
3	a32 （Polymer Fabrication （Moulding – extrusion – forming – laminating – spinning） 2013	0.18	Johnston, Ci （2013） method for accessing e. g. media at tablet, involves sending request from device to access data, determining whether access to data is allowed or denied based on identification code, and allowing or denying access to data by device.
2	b07 （General – tablets – dispensers – catheters） 2014	0.09	Bosser, Vidalm （2014） portable electronic device i. e. mobile phone, for e. g. hospitals, has software module established based on shock conditions, and interaction body provided with cathode and anode that are fixed at rear side of mobile phone.

聚类#3（如表 3 - 3 - 5 所示），按照阈值 2 的设定，满足条件的被引文献 11 篇，是该聚类的研究基础。其中，最高频次达到 13 "b04（Natural Products and Polymers – testing – compounds of Unknown Structure）2013"。同时，该聚类的施引文献共 8 篇，是该聚类的研究前沿，其中，施引文献规模最大的是 Medoff，M.（2014），达到 0.64。

表 3 - 3 - 6　移动新媒体聚类#4 的被引文献和施引文献

	Cited References	Citing Articles	
Cite	Author（Year）	Coverage	Author（Year）Title
13	x27（Domestic Electric Appliances）2013	0.3	Ito, M.（2013）household appliance e. g. electric rice cooker has control apparatus to transmit information which shows abnormality – monitoring data of driving condition of power consumption source to information communication terminal apparatus.
12	x16（Electrochemical Storage）2013	0.3	Qin, J.（2013）electronic product self – charging function featured composite silk material sports clothes, have plastic gear mounted on clothes main body, which is formed with warp and weft, where density of warp and weft are in specific values.
11	p21（Wearing Apparel）2012	0.2	Sasaki, H.（2013）integration molded object for use as component in personal computer, has main structure and core layer that are joined in sandwich configuration by impregnating to portion of space formed in core layer.
6	a84（Household and Office Fittings – carpets – carbon Paper）2013	0.1	Boccongibod, G.（2013）method for managing e. g. activity data associated with user in e. g. smartphone for social networking application, involves generating response to application request based on personal data, and transmitting response from interface to user.

	Cited References	Citing Articles
4	u24（Amplifiers and Low Power Supplies）2013	0.1　De，Oliveiraes（2012）safety helmet for use by e. g. motorcyclists，has wireless fidelity antenna for transmitting and receiving communication data such as audio，video and images，where wireless fidelity antenna is connected with mobile device.

聚类#4（如表3-3-6所示），按照阈值2的设定，满足条件的被引文献只有10篇，该聚类形成较晚，但发展速度较快，作为该聚类的研究基础。其中，最高频次达到13是"x27（Domestic Electric Appliances）2013"。同时，该聚类的施引文献共10篇，是该聚类的研究前沿，其中，施引文献规模最大的是Ito，M.（2013），达到0.3。从引用频次和施引规模来看，该聚类规模较小。

（三）移动新媒体专利技术生命周期及主题历史演进

移动新媒体专利技术主题的演进采用时区视图和时间线视图两种聚类方法来展现专利知识的历史发展和延承，并通过可视化图谱来展现专利知识演进和专利间的延承关系。

1. 时区视图

时区视图是通过时间维度来展示专利知识的演进图谱，选择横轴作为时间，以引用时间作为节点设置的选择标准，设置位置随着引用时间而依次向上，形成从左向右不断上升的知识图谱。

图谱显示，移动新媒体首次被引用时间为2004年，被引用文献"t01（Digital Computers）2004"，共被引频次为479次，同时，这一时区的文献数量较多，基本都处于被引用文献的前列，而2006—2007年、2008—2009年、2010—2011年这三个时区则逐步减少，说明这段时区专利申请较少，市场对这部分领域关注度不高，处于低谷期。但同时，2012—2013年和2014—2015年这两个时区则出现较多的专利成果，说明该领域关注程度提升，进入该领域的繁荣期。另外，从图谱连线可以看出，2004—2005年与2012—2013年、2014—2015年这两个时区联系非常紧密，例如，2011年w03（TV and Broadcast Radio Receivers）、2012年的t04（Computer Peripheral Equipment）以及2013年的t05（Counting - checking - vending - atm and Pos Systems）都与2004—2005时区具有密切的联系。

2. 时间线视图

时间线视图是通过可视化图谱来展示主题聚类之间的相互关系，以及各聚类内部知识文献的历史延承。该图谱将聚类作为图谱纵轴，将申请时间作为图谱横轴，整个时间线视图将同一个聚类形成的节点放在同一水平线上，并通过相应节点将文献串接形成时间线视图。

通过移动新媒体主题时间线视图的分析，图谱结果显示：

（1）2004年，聚类"#0 Aggregation"形成，产生了该聚类首篇专利参考文献，t01（Digital Computers）；2011年，聚类"#1 Route"形成，该聚类首篇专利参考文献"x22（Automotive Electrics）"；2013年，聚类"#2 Cellulosic Material"形成，该聚类首篇专利参考文献"b04（Natural Products and Polymers – testing – compounds of Unknown Structure）"；2013年聚类"#3 Transparent Resin"形成，该聚类首篇参考文献"a23（Polyamides – polyesters – polycarbonates – alkyds）"；2012年，聚类"#4 Weft"形成，该聚类首篇专利参考文献"p21（Wearing Apparel）"。

（2）聚类#0是成果最多的，影响也是最大的，从节点连线可以看出，其他聚类都与该聚类具有密切的联系。

（3）从2004年开始，经过最初几年的繁荣后，2006—2011年，整个移动新媒体领域趋冷，关注度逐步降低。

（4）移动新媒体图谱中，圆圈大小代表节点文献的影响程度，尤其是圆圈外围具有玫红色说明该节点具有标志性文献，按照时间分布，整个聚类中高被引文献是2004年t01（Digital Computers），2007年w02（Broadcasting – radio and Line Transmission Systems），2010年w03（TV and Broadcast Radio Receivers），2013年s05（Electrical Medical Equipment）；而高中介性文献，排在前两位的是2004年w04（Audio/Video Recording and Systems）和2013年d16（Fermentation Industry）。

三、移动新媒体专利技术主题发明人和机构知识图谱

（一）移动新媒体专利技术主题发明人知识图谱

移动新媒体专利发明人网络图谱，共含有124个节点，130条连线，图谱网络密度 Density = 0.017，网络结构较为松散，其中，模块值 Q = 0.8931，符合 [0，1] 区间要求，平均轮廓值 S = 0.3385，Q > 0.3 认为图谱勾画的网络结构是显著的。

图谱结果显示，移动新媒体专利技术发明人四个聚类图谱：聚类#0（Running Machine）、聚类#1（Exercise Discipline）、聚类#2（Method）、聚类#3（Play）（如表3–3–7所示）。其中，聚类#0是最大规模聚类，拥有11名成员，

中间年为 2014 年，说明该聚类活跃程度较高，是当前专利技术研发的重要团队，主要是研究移动电话，属于移动新媒体基础技术领域。另外，由于各聚类轮廓值相同，不具有可比价值。

表 3 - 3 - 7 移动新媒体专利技术发明人图谱聚类信息

Cluster ID	Size	Mean (Year)	Label (TFIDF)	Label (LLR)	Label (MI)
0	11	2014	(14.94) w01 (Telephone and Data Transmission Systems)；(13.55) t01 (Digital Computers)；(13.46) p36 (Sports - games - toys)；(13.3) w04 (Audio/Video Recording and Systems)；(12.31) s02 (Engineering Instrumentation - recording Equipment - general Testing Methods)	Running Machine (72.1, 1.0E - 4)；Code Label (72.1, 1.0E - 4)；Indoor Body - building Apparatus Monitoring (72.1, 1.0E - 4)；	Mobile Phone
1	8	2004	(12.41) w04 (Audio/Video Recording and Systems)；(12.41) w01 (Telephone and Data Transmission Systems)；(10.97) t01 (Digital Computers)；	Exercise Discipline (224.28, 1.0E - 4)；User Interface (224.28, 1.0E - 4)；Personal Exercise Program (123.43, 1.0E - 4)；	Mobile Phone
2	6	2013	(12.31) w02 (Broadcasting - radio and Line Transmission Systems)；(12.31) v07 (Fibre - optics and Light Control)；(11.91) t01 (Digital Computers)；(9.61) w01 (Telephone and Data Transmission Systems)；	Method (107.68, 1.0E - 4)；Media File (92.08, 1.0E - 4)；Presenting Emotional Response (92.08, 1.0E - 4)；	Method

续表

Cluster ID	Size	Mean (Year)	Label (TFIDF)	Label (LLR)	Label (MI)
3	5	2013	（13.46）t04（Computer Peripheral Equipment）；（10.51）w04（Audio/video Recording and Systems）；（8.89）t01（Digital Computers）；	Play（86.38，1.0E-4）；Personal Computingdevice（86.38，1.0E-4）；Indicating Amount（86.38，1.0E-4）；	Method

移动新媒体专利技术发明人各聚类，按照被引频次将四个聚类依次进行分析，表3-3-8至表3-3-11分别列出#0至#3聚类中排名靠前的被引文献和施引文献，以反映每个聚类研究前沿和研究基础。

表3-3-8 移动新媒体专利发明人聚类#0 被引作者和施引作者

	Cited References	Citing Articles		
Cite	Author（Year）	Coverage	Author（Year）	Title
3	S. Wang（2014）	0.45	Li, X.（2015）object internet based indoor body-building apparatus monitoring and mobile phone app showing method, involves providing body-building object fitness box with wi-fi status led indicator lamp and led power source indicator light.	
3	X. Li（2013）	0.45	Zhang, M.（2013）internet-of-things technology-based intelligent treadmill, has code label adhered on running machine main body that is connected with mobile terminal application running machine data management system by utilizing network.	
3	Y. Liu（2014）	0.36	Chen, X.（2013）internet-of-things technology based intelligent weight steelyard, has wireless transmission module connected with weight steelyard main connecting plate, and mobile phone connected with weight data management system through network.	

	Cited References	Citing Articles	
Cite	Author（Year）	Coverage	Author（Year）Title
2	C. Wei（2013）	0.09　Shivakumar S. K.（2013）system for providing e. g. repository of ticketed – event information for e. g. concertgoers, has processor adapted to automatically generate and maintain user scrapbook webpage by providing event – related data on user scrapbook webpage.	

该聚类满足阈值2的施引作者共计四人（如表3-3-8所示），其中，覆盖规模最高是0.45的Li, X.（2015）和Zhang, M.（2013），可作为该聚类研究前沿的发明人。而被引最高的发明人是S. Wang、X. Li、Y. Liu三位发明人。该聚类主要是研究移动终端数据生成与传输，以及管理系统。

表3-3-9　移动新媒体专利发明人聚类#1被引作者和施引作者

	Cited References	Citing Articles	
Cite	Author（Year）	Coverage	Author（Year）Title
1	H Duer（2004） J. C. Olrik（2004） T. Herbst（2004） M. G. Hermansen（2004） A Dickerson（2004）	1　Olrik, J. C.（2004）apparatus, such as mobile phone for providing user with personal exercise program, comprises processing unit to control user interface to display list of exercise disciplines, where user interface selects listed exercise disciplines.	

该聚类满足阈值条件的共计一人（Olrik, J. C.）（如表3-3-9所示），覆盖规模为1，其施引作者主要是研究通过手机为用户提供个人运动项目，而主要的被引作者都处于2004年，说明该领域的研发作者之后没有进一步推进相关领域研发。

表3-3-10 移动新媒体专利发明人聚类#2 被引作者和施引作者

	Cited References	Citing Articles	
Cite	Author（Year）	Coverage	Author（Year）Title
2	J. Arrasvuori（2013） A. Eronen（2013） A. Lehtiniemi（2013） J. Holm（2013）	1 Lehtiniemi, A. J.（2013）method for gathering and presenting emotional response to event e. g. heart rate, involves generating edited media file based on portion of timeline of emotional response that meets one predetermined criterion.	
1	A. J. Eronen（2013） A. J. Lehtiniemi（2013）	0.67 Eronen, A.（2013）method for providing crowdsourced video of e. g. parade on mobile computing device, involves causing generation of video content comprising video data captured by mobile terminal such that data is captured during particular time frame.	

该聚类满足阈值条件的共计两人（如表3-3-10所示），Lehtiniemi, A. J. 规模为1值，Eronen, A. 规模为0.67，主要研究媒体文件的生成以及视频内容的数据捕捉等方法研究。该领域形成时间较晚，但研究领域较新，属于研究前沿，而 J. Arrasvuori、A Eronen、A Lehtiniemi 等发明人则具有较强的影响力。

表3-3-11 移动新媒体专利发明人聚类#3 被引作者和施引作者

	Cited References	Citing Articles	
Cite	Author（Year）	Coverage	Author（Year）Title
2	K. Malik（2013）	1 Dubin, J.（2013）method for providing information related to live e. g. football game to personal computing device, involves indicating amount of football field covered by play corresponding to play tile user interface element and by consecutive plays.	

该聚类符合条件的只有一人 Dubin, J.（2013）（如表3-3-11所示），主要研究新媒体播放界面的相关操作方法，主要引用 K. Malik（2013）发明人，该聚类形成时间也较晚，属于研究前沿。

（二）移动新媒体专利技术主题机构知识图谱

移动新媒体专利发明人网络图谱，共含有 129 个节点，146 条连线，图谱网络密度 Density = 0.0177，网络结构较为松散。其中，模块值 Q = 0.9311，符合 [0，1] 区间要求，平均轮廓值 S = 0.5455，Q > 0.5 认为网络结构是合理的。

为了更好地了解移动新媒体专利技术机构的影响力，结合软件时区视图，通过时间维度来展示专利机构在产业演进中的重要位置，选择横轴作为时间，以引用时间作为节点设置的选择标准，设置位置随着引用时间而依次向上，形成从左向右不断上升的知识图谱。

图谱显示，移动新媒体专利技术机构首次出现时间为 2004 年，机构名称为"NOKIA CORP（OYNO－C）"和"NUANCE COMMUNICATIONS INC（NUAN－Non－standard）"。之后 2007 年是"SPRINT COMMUNICATIONS CO LP（SRIN－C）"，2011 年是"GOOGLE INC（GOOG－C）"，2012 年是"AMAZON TECHNOLOGIES INC（AMAZ－C）"，2013 年是"SONY CORP（SONY－C）"，2014 年"WOWZA MEDIA SYSTEMS LLC（WOWZ－Non－standard）"，2015 年是"APPLE INC（APPY－C）"。在这中间缺少 2006 年、2008 年、2009 年、2010 年，而且，在 2012 年之前机构数量较少，2013 年之后机构明显增多，2013 年达到 45 家，2014 年达到 29 家，2015 年达到 19 家。说明机构对该领域的关注度明显提升，进入该领域的繁荣期。同时，从图谱连线显示，这些机构之间的联系较少，关系不够密切。

本节通过三方面对移动新媒体专利技术生态系统进行分析，从中了解专利技术在生态系统的不同领域的发展状态。首先，通过传统计量分析，了解到移动新媒体专利技术尚处于成长后期和成熟前期，整体技术尚未形成技术体系和技术范式，说明移动新媒体属于新兴产业领域。其次，运用 CiteSpace 软件进行移动新媒体专利技术知识图谱分析，通过图谱结构显示专利密集区域和稀疏区域，有效地确定移动新媒体专利基础领域、专利发展领域以及未来发展领域。并通过可视化软件分析移动新媒体专利主题，检索显示，移动新媒体专利主题通过五个聚类主题来反映，分别为聚类#0 Aggregation、聚类#1 Route、聚类#2 Cellulosic Material、聚类#3 Transparent Resin、聚类#4 Weft。通过对每个聚类内部的分析，了解专利被引文献和施引文献，从中获取移动新媒体的研究前沿和研究基础，为后续分析专利核心技术和关键领域提供战略支持。最后，分析移动新媒体专利技术发明人和机构网络图谱，从中获取较为活跃的发明人和具有影响力的研发机构。

第四章

移动新媒体专利战略选择

彼得·德鲁克认为："企业只有创新和营销两大功能，即创造价值和告知价值。"[①] 只有不断创新，才能保持持续的市场竞争力。"创新"也经历了一系列演变，从 20 世纪早期 60—70 年代提出线性技术推动，到 70—80 年代技术与市场的交互作用，再到 90 年代的技术一体化创新过程，以及当前技术集成网络创新，无不都是通过技术与其他因素结合进行的。专利战略更是基于技术创新而进行的战略构建。为此，移动新媒体的专利战略选择应以专利技术创新为切入点。

第一节　专利战略技术创新理论分析

一、技术创新生态

技术创新生态的重要性早已是理论界和实务界公认的，是当下创新管理、网络研究的重要课题。[②] 很多学者运用生态学、管理学等理论交叉分析技术创新生态系统，为技术创新构建共生共赢、协同进化的创新体系。[③] 技术创新生态作为一种耗散结构，是通过时间、空间、功能等因素与外界相互作用来维持系统秩序的结构，不仅重视技术自身创新，而且重视技术创新成果的应用。技术创新生态将第一世界和第二世界作为生存环境，以此获取相关资源，从而形

---

① 王茂祥，卢锐. 企业创新过程管理及其与战略管理相结合的要素分析 [J]. 2014 (3)：106 – 108.

② Marco Ceccagnoli, Chris Forman, Peng Huang, D. J. Wu. Cocreation of Value in a Platform E-cosystem：The Case of Enterprise Software [J]. MIS Quarterly, 2012, 36 (1)：263 – 290.

③ 冯芷艳，郭迅华，曾大军，陈煜波，陈国青. 大数据背景下商务管理研究若干前沿课题 [J]. 管理科学学报, 2013, 16 (1)：1 – 9

成第三世界的知识，再通过知识与第一、第二世界的相互交换来维持技术创新生态系统的有序状态。由于技术创新系统与生态因子之间存在复杂的制约关系，具有自然生态相似的协同共生特点，因此被称为技术创新生态。

（一）技术创新生态内在机理

学者通过不同立场深入探讨了技术创新生态内在机理。Besen[1] 认为技术创新应该建立开放式虚拟网络来引导企业集聚形成合力。Persaud 等学者[2]主张进行技术创新时应注重内外资源相互联系，通过科技资源的质量和互动频率来增强技术创新能力。学者 Ander[3] 认为成功创新企业主要取决于其他创新者，单个企业已无力承担自身需求，需要互补伙伴协同来完成创新。所以技术创新生态对技术具有重要作用，可协助企业通过上下游链条来降低成本、增加价值，提升企业的竞争优势。[4] 我国贺团涛等学者研究发现，技术创新生态系统成员间的界限是相对动态和模糊的，企业通过变革内在结构和边界来调整创新资源，系统成员之间相互信任、合作共赢，以诚信为纽带，以协作为手段，促进技术创新生态的建立，实现竞争优势。另外，技术创新并非只发生在产业群落之中，也是一种社会生态，应从生态系统的不同角度来构建生态网络。

（二）技术创新生态演化研究

技术创新生态通过帮助企业解决技术创新的不确定性和资源有限性问题而形成基于共同目标的多层次、多主体的生态网络。由于整个技术创新生态受到系统结构的影响，系统结构的演化则成为学者研究的重点。[5] 技术创新生态系统的结构，规定了各成员间的位置以及系统资源的分配原则。所以，成员间的协同非常重要，而信息交流是实现协同的关键。网络内部通过信息交流使得技

① S. M. Besen, J. Farrell. Choosing How to Compete：Strategies and Tactics in Standardization［J］. Journal of Economic Perspectives, 1994, 8（2）：117 – 131.

② Vinod Kumar, Uma Kumar, Aditha Persaud. Building Technological Capability Through Importing Technology：The Case of Indonesian Manufacturing Industry［J］. Journal of Technology Transfer, 1999, 24（1）：81 – 96.

③ R. Adner, R. Kapoor. Value Creation in Innovation Ecosystems：How the Structure of Technological Interdependence Affects Firm Performance in New Technology Generations［J］. Strategic Management Journal, 2010, 31（3）：306 – 333.

④ G. Adomavicius, A. Tuzhilin. Using Data Mining Methods to Build Customer Profiles［J］. Computer, 2001, 34（2）：74 – 82.

⑤ 蒋军锋等. 技术创新网络结构演变模型：基于网络嵌入性视角的分析［J］. 系统工程, 2007, 25（2）：11 – 17.

术创新更加便利，进而维护了生态系统结构。① 在整个生态系统结构中，共同目标可以通过系统子任务的分解形成不同技术主题，在技术主题间形成网络结构洞和网络小世界，通过对两者的分析推进技术的创新。

（三）技术创新生态拓扑结构

技术创新生态作为社会网络系统，无论是系统结构还是运行机理都有其鲜明特点。复杂的网络设计记录了整个系统的演变过程、演变特点以及演变趋势。整个网络系统就是清晰的战略详情，不仅完整展现系统成员特质，更是清晰展现内部主体间相互协同的运行机理。通过网络核心突出生态特质和组织体系，运用生态系统社群矩阵来描述网络构造特性。

技术创新生态 G = {V，E}，V 表示技术创新生态成员集合，V = (v₁, v₂ …vₙ)，由 N 成员组成 V 集合；E 表示技术创新生态成员之间的合作关系，Eᵢⱼ表示技术创新生态成员 I 和成员 J 间的合作关系大小。运用网络图谱展示技术创新生态，而技术创新生态可以通过网络核心，划分为网络核心和分散核心，并通过相应指标来表示生态网络的结构及特质。网络核心可以根据核心数量分为单核心和多核心，通过核心型、关键型、缝隙型组成，而分散核心则不存在相应分类。分散核心也可以成为无核心，网络结构中没有核心，更多呈现的是竞争或者共生状态，一般由中小企业构成（如图 4 - 1 - 1 所示）。

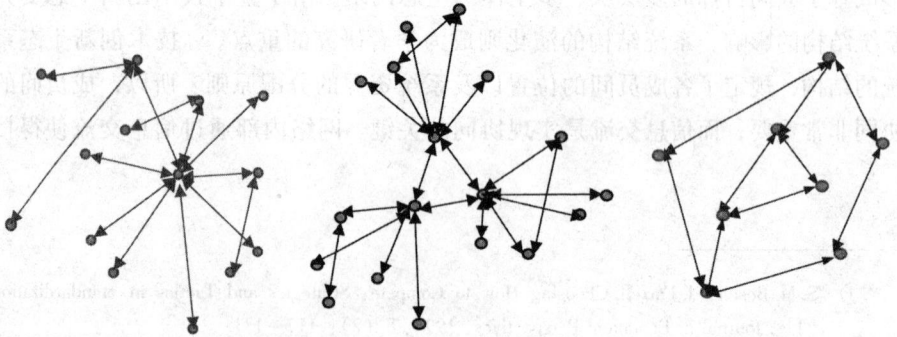

图 4 - 1 - 1　网络"单核心、多核心、分散核心"技术创新生态图谱

度（Degree）表示特定时期成员数量，通过点与点的连接来表示：$d_i = \sum_{j=1}^{N} a_{ij}$。

① Bajardi P., Poletto C., Ramssco J. J., et al.. Human Mobility Networks, Travel Restrictions and the Global of 2009 H1N1 Pandemic [J]. PLOS ONE, 2011, 6 (1): 576 - 591.

密度（Density）表示某点连接数量和最大数量比。可用公式

$$D = \frac{2l}{N(N-1)}。$$

度中心性（Degree Centrality）表示某点与所有点的连接数量，指标越高代表系统地位越高，位置越核心，其权限和作用越大。可用公式 $C_D(n_i) = \frac{d_i}{N-1}$。

中介中心性（Between mess Centrality）表示连接点与点之间的节点，扮演中间桥梁。可用公式 $C_C(i) = \sum_{s<t} \frac{n_{rt}^i}{g_{st}}$。

二、技术创新范式

创新是基于原有知识的变革和再生，而科学知识创新存在简单的三种情况。一是在原有基础上的累积增长，呈现线性创新；二是新的知识假设被接受，呈现非线性创新；三是源于某一阶段的理论再生，呈现线性和非线性创新。除了第一种之外，后两种都是对原有范式的挑战和变革。为此，以范式为基础进行分析则更有利于专利技术创新模式的战略选择。

范式作为一门理论，是维持学科理论存在及其共同体成员凝聚的核心，是学科理论内在的规定性。"范式"（Paradigm）一词起源于希腊语"Paradigma"，从"共同显示"引申为"公认的模型、模式、规范"等意思。① 1942 年，技术范式首次被默顿在著作中系统论述，明确阐释了科学社会以及共同体成员如何在规范框架下展开并从事研究。1962 年，美国科学哲学家托马斯·库恩将范式引入科学研究领域，强调科学研究过程中有非理性和不确定性因素的存在。范式代表学科共同体成员共同拥有的理念、价值以及技术等整体因素，将范式作为范例或者规范，对其分析可以解答学科研究中的谜题。而专利战略的技术演化则是在范式内和范式间的线性和非线性交替演化中推进的。

（一）库恩科学范式

托马斯·库恩②认为范式是以学科为基础，共同体共同拥有的规范综合体，而共同拥有的规范综合体包括符合、价值、模型以及范例等因素，突破了原有

---

① 郭斌，蔡宁. 从"科学范式"到"创新范式"：对范式范畴演进的评述 [J]. 自然辩证法研究，1998，14（3）：8–12.

② 刘则渊. 知识图谱的科学学源流 [R]. 大连理工大学，科学学与科技管理研究所，2013：42.

理论的狭窄范围，形成科学范式。历史主义模式认为科学发展就是科学革命的发展。将范式尚未形成之前的阶段称为前科学阶段，学科成熟后，范式逐步形成被称为科学范式，以科学范式为基础形成的科学实践，库恩称其为常规科学，为研究确定了基本问题及分析模式，使得研究者可集中精力投入具体技术性问题而无须浪费时间考虑问题外围的事情，解决事情变得简单化和程序化，直接依据范式就可以获取问题答案。按照库恩的观点，常规科学累积的过程就是范式积累的过程，当累积到一定阶段，范式可能出现无法解决的科学实践问题，原有范式将出现危机，引发范式变革，由此诞生新的范式，为新常规科学实践提供基础。整个科学发展就是从常规科学形成到革命为新常规科学的过程，从中经历范式形成、积累、变革的交替演进，从中来解释科学发展规律（如图4-1-2所示）。库恩科学革命理论对科学发展具有重要指导意义。

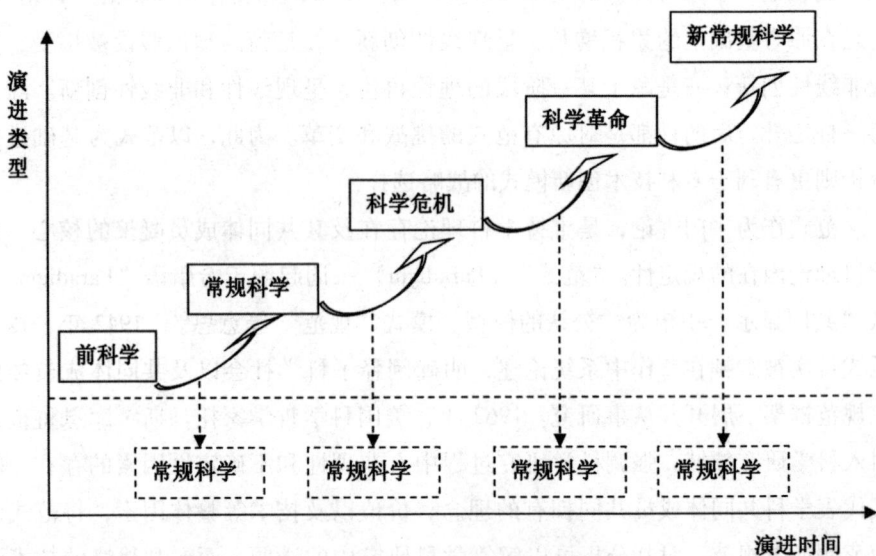

图4-1-2　科学范式演进过程

（二）多西技术范式

1982年，多西（Dosi）发表了《技术范式与技术轨道》，将技术范式引入技术创新研究之中，认为技术演进规律与科学发展具有相似情况，与科学范式决定科学问题的领域、过程以及任务一样，多西认为技术范式提供了技术变革的方向和技术演进的轨道。多西认为技术范式就是解决技术问题的模式，认为技术范式是准备开发的技术样品，也是技术方向的试探，其实质就是解决技术问题过程中的一系列试探行为的经验总结。我国学者郑雨等将技术范式分为广义和狭义。狭义着重技术内在的客观运行规律，而广义则进一步将技术规律扩展到技术关联主体，不仅涉及技术本身，还涉及与技术相关的人、制度等因素，形成以技术为核心，以共同体为保护的分层结构。

在技术演进运动中存在技术渐进和技术飞跃两种基本形式。① 可以通过范式来说明技术演进过程的渐进性与突破性问题。渐进性变化通常是沿着技术范式确定的技术轨迹实现技术创新，通过技术改进、转移等变化来反映技术演进过程中的延承性。而突破性变化则是新旧范式引起的范式变革，通过技术全新的原理性发明来反映技术演进过程中的突破性和创造性。为此，多西等学者将渐进性创新认为是在技术既有轨道上的技术改进，而突破性创新则是改变技术原有轨道的技术创新。②

技术范式决定了技术演进方向，具有强烈的排他性，所以，技术范式具有明确的认知功能、纲领功能、凝聚功能。认知功能为技术研发人员提供智力活动所需的思维框架，影响研发人员选择和分析问题的方式，指导研发人员做什么和怎么做；纲领功能对科研人员个体以及科研共同体都有定向作用，通过技术范式限定工作范围，使得科研人员更好地集中精力解决问题及深入探析；凝聚功能可以促使系统成员形成利益共同体，通过范式为共同体成员提供共有的信念和方法，为研发成员开启了认识世界的可能。

（三）产业专利技术范式

产业专利技术范式是基于技术范式作用下的专利技术应用活动的演进过程。从产业专利技术孕育到专利标准形成是范式形成的整个过程。产业技术与技术范式之间存在密切联系，通过范式分析可以了解产业技术轨道③、技术手段④以及技术应用⑤等内容。库恩认为，重大科学发现形成的相关原理是范式的形成，而技术范式也是通过典型技术成功示范作用后形成的，并在技术成果的基础上形成范式体系，通过这个体系来解决技术的其他具体问题，带领技术发展进入

① 刘则渊，陈悦. 现代科学技术与发展导论 ［M］. 大连：大连理工大学出版社，2011.
② Dosi G.. Opportunities, Incentives and the Collective Patterns of Technological Change ［J］. The Economic Journal, 1997, 107 (44)：1530 – 1547.
③ Dosi G. Technological Paradigms and Technological Trajectories：A Suggested Interperpretation of the Determinants and Directions of Technical Change ［J］. Research Policy, 1982, 11 (3)：147 – 162.
④ 关士续. 技术革命和产业革命 ［J］. 哈尔滨工业大学学报, 1985 (5)：48 – 56.
⑤ 刘则渊，王海山. 论技术发展模式 ［J］. 科学学研究, 1985, 3 (4)：10 – 23.

常规范式。运用技术范式蕴含的科学性、社会性、技术性等知识和经验，不仅可以了解技术原理、工艺、流程及其他操作经验，还可以了解影响技术自然规律的科学知识和影响技术发展的社会因素。

产业专利技术通过技术内容产生专利技术，通过技术应用推动专利技术发展，通过专利技术持续发展并建立专利标准，实现技术路径的规范。整个过程将专利研发成果不断融入标准中，不断累积的标准逐步法定化，则为新的技术变革培养基础。① 产业专利技术范式下的技术应用涉及整个技术领域各环节的实践过程和相互转移的应用过程，体现技术应用领域的技术研发、创新、转移、轨道及其方向等内容，远超过多西提出的"技术轨道"范围，不再是简单的技术轨道。产业技术发展遵循"S"形曲线规律②，说明产业专利技术范式下的技术应用有多个轨道以及涵盖众多关联因素，不仅涉及成功技术成果典型作用的产业共识，还涉及产业技术在应用实践中线性和非线性、渐进和突破发展的内在机理。虽然在实践应用中面临各种挑战，但产业专利技术范式会在问题解决中得以完善。产业专利技术通过技术应用指导和规约产业技术应用方向、进程及其方式，同时，也进一步促进检验和实现技术范式。

产业专利技术的范式是由关键技术的产生而萌生，并随着产业主导技术的诞生而形成，整个产业技术活动在遵循范式指导下，进行技术研发、创新以及转移等技术应用实践，整个过程也是范式累积过程（如图4－1－3所示）。当产业技术范式不能满足技术乃至社会需求，正如生产关系不能满足生产力的发展时，新一轮技术革命将被引发，通过技术创新，新的产业技术和范式将随着旧范式的衰落而孕育发展，并逐步进入常规阶段，通过"S"型曲线规律进行范式演变。

---

① Bonino M. J. , Spring M. B. . Standards as Change Agents in the Information Technology Market [J] . Computer Standards & Interfaces, 1991, 12（2）: 97 – 107.

② 刘则渊，陈悦. 现代科学技术与发展导论［M］. 大连: 大连理工大学出版社, 2011.

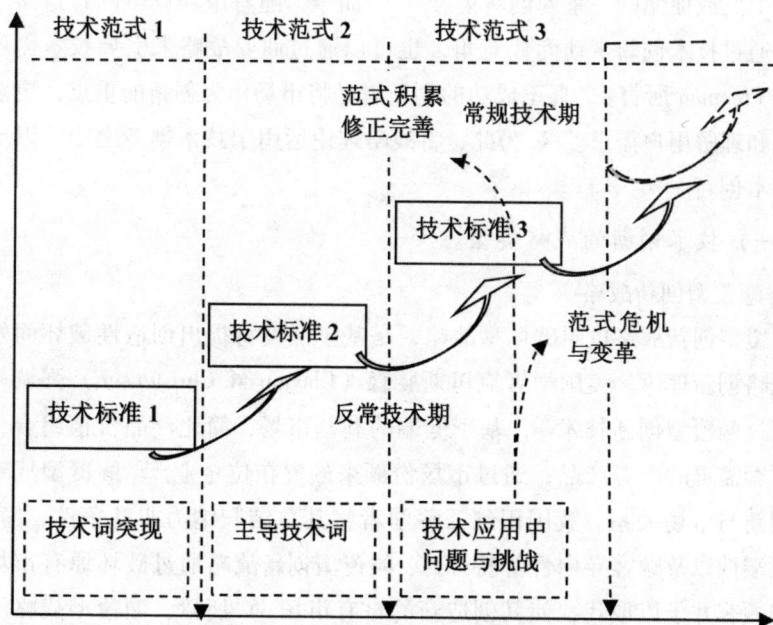

图 4-1-3　产业专利技术范式演变过程

　　范式既能引导专利发展，也阻碍专利发展。范式反常必然挑战现有核心技术及体系①，范式为了维护范式规范必然具有排他性，体现一定的保守性，以至于很多新范式中都会残留旧范式的痕迹，为此，较高层面的技术创新更倾向于整体技术体系的变革。② 也可以通过专利技术关键节点对整个系统进行颠覆性创新，例如，通信领域的 2G、3G、4G 都是通过关键节点进行。为此，通过对产业专利技术中高频次技术主题、突现关键词以及新形成的技术关键词进行分析可以更好地了解专利产业技术范式发展，以及专利技术实践情况。

三、技术创新理论

　　创新学家熊彼特指出："创新不是孤立事件，而是群体事件，是通过某项技

————————————

① 托马斯·库恩著. 科学革命的结构［M］. 金吾伦，胡新和译，北京：北京大学出版社，2003.

② Murmann J. P., Frenken K.. Toward a Systematic Framework for Research on Dominant Designs, Technological Innovations, and Industrial Change［J］. Research Policy, 2006, 35（7）：925-952.

术创新引发或促使的一系列创新集合。"① 而今，随着市场竞争的日益激烈，创新不仅通过技术创新带动商业竞争，也可以通过商业战略来引导技术创新。正如学者 Freeman 所言："真正成功的创新者是将市场作为创新的重点，更多更好地关注和理解用户需求。"② 为此，将战略理论运用于技术创新之中，以更好地引导技术创新。

（一）技术创新的战略类型

1. 颠覆型创新战略

颠覆型创新战略也叫破坏型战略，是基于熊彼特提出创造性破坏而发展起来的战略创新理论。美国学者克里斯滕森（Clayton M. Christensen）强调颠覆型战略通过颠覆型创新技术③，基于低端的利基市场，简化产品价值组合，提供目标顾客需求的次等产品，通过市场份额来颠覆在位企业。④ 颠覆型战略始终紧扣创新与市场关系。我国田红云等学者将其总结归纳为非竞争性、简便性、初始低端性以及顾客导向性等特征。⑤ 颠覆型创新战略通过破坏原有市场主流产品或顾客并予以取代，使其创造新的自有市场。⑥ 所以，颠覆型战略不仅颠覆了主流技术，更是颠覆了原有在位企业，使其失去下轮竞争机会。为此，学者 Cumming 认为颠覆型战略通过显著的新技术创新，一定程度地改变顾客消费意识，使其顾客强烈感受到创新所带来的真实利益的增加。⑦

颠覆型创新战略是通过改变竞争性能的衡量标准，引起竞争基础的技术发生改变，并由此引入与现有商业模式相冲突的创新方式。⑧ 这种创新模式主要是以如何扩大市场范畴或以如何建立新的市场为战略重点。战略模式是先进入

---

① Debresson C.. Breeding Innovation Clusters a Source of Dymamic Development ［J］. World Development, 1989 (17): 1-16.

② 程源等. 技术创新：战略与管理 ［M］. 北京：高等教育出版社, 2005.

③ Christensen C. M.. The Innovator's Dilemma: When New Technologies Cause Grest Firms to Fail ［M］. Boston: Harvardr Business Press, 1997.

④ Christensen C. M.. The on going Process of Building a Theory of Disruption ［J］. Journal of Product Innovation Management, 2002, 23 (1): 39-55.

⑤ 田红云，陈继祥，田伟. 破坏性创新理论研究综述 ［J］. 经济学动态, 2006 (12): 95-100.

⑥ Fermandez F. L.. DARPA's Role in Radical Innovation ［J］. Johns Hopkins APL Technical Digest, 1999, 20 (3): 250-251.

⑦ Cumming B. S.. Innovation Overview and Future Challenges ［J］. European Journal of Innovation Management, 1998, 1 (1): 21-29.

⑧ Charitou C. D., Markides C. Responses to Disruptive Strategic Innovation ［J］. MIT Sloan Management Review, 2003, 44 (2): 55-63.

次要市场，选择主流市场外不太挑剔的或潜在的顾客，为其提供价廉、性能新颖、简单易用的产品以迎合顾客对技术性能的需求，虽然提供的产品性能远差于既有产品，但通过不断扩张的市场份额侵蚀现有主流市场份额，实现从低端市场逐步进入主流高端市场，以此来改变市场竞争格局。因此，颠覆型创新战略是通过技术变革改变原有技术发展路径，使其提高技术性能或创造新的产品或服务，从而改变现有产业市场或创造新的产业市场。①

与颠覆型创新战略相伴随的是持续型创新战略。由于颠覆型战略更多强调市场竞争，并非都是基于技术突破进行颠覆，属于不连续战略创新，所以在位企业和新进企业都可以进行市场颠覆创新，而创新之后则进入市场完善的持续型战略创新。通过对次等产品的不断完善，使其满足更多顾客需求，从而实现从低端市场进入高端市场、从次要市场进入主流市场。持续型战略创新在原有竞争基础上不但实现技术改进和产品完善，更好地满足顾客需求，帮助企业获取市场竞争优势（如图4-1-4所示）。

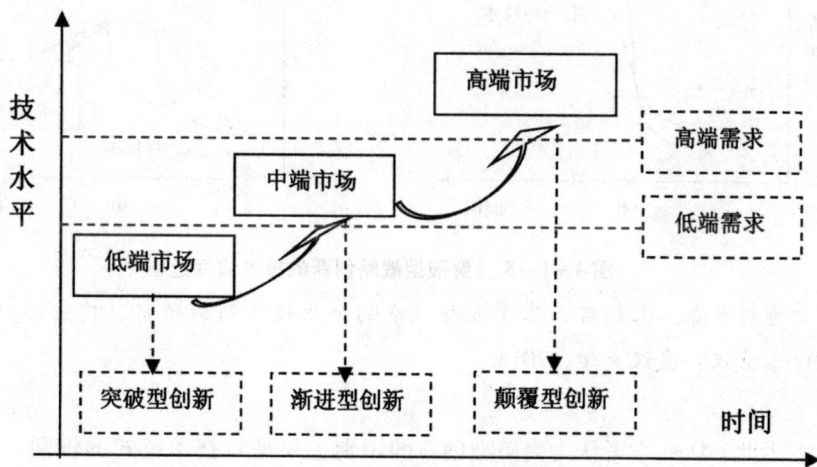

图4-1-4　颠覆型战略的创新演变过程

2. 突破型创新战略

突破型创新战略是基于技术发展的创新，是建立在与现有技术知识完全不同的系列新科学原理上的技术创新，以重大技术突破为特性，通过全新技术逐

---

① Kotelnikow V.. Radical Innovation Versus Incremental Innovation ［M］. Boston：Harvard Business School Press，2000.

步替代现有技术。① 突破型创新强调从核心理念进行技术设计，其研发成果使整个生产工艺及其产品特性都将发生质变，具有引发产业结构变迁的潜质，对经济影响较大。但由于现实中存在各种约束因素，突破型创新的发生具有随机性。②

突破型战略是最前沿技术的代表，为市场提供更高价值内涵的技术创新。倾向于选择替代现有技术及其范式，通过突破性技术创造新的市场竞争格局。为此，突破型创新与重大的科学发明常常联系在一起，能产生巨大的经济价值溢出效应。③ 但突破型创新在最初阶段往往不能满足主流市场的客户需求④，需要后期的技术完善才会不断激发技术潜能，使其逐步替代既有技术。（如图4-1-5所示）

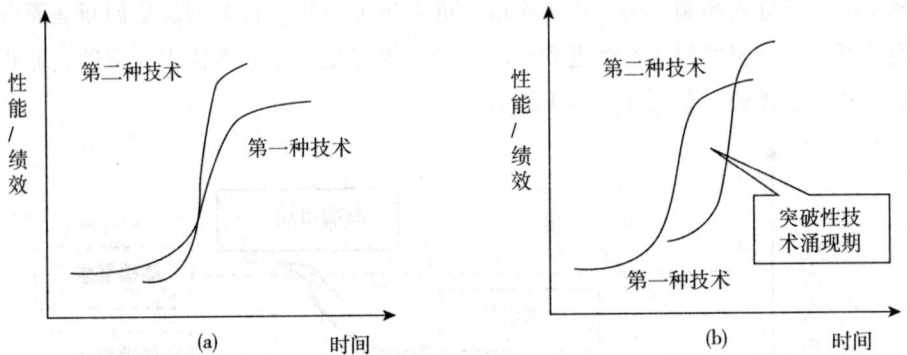

图4-1-5 突破型战略创新的技术演变过程

资料来源：张韵君. 基于专利战略的企业技术创新研究（博士学位论文）[D]. 武汉：武汉大学，2014.

为此，Dosi学者认为突破型创新的识别主要是对技术范式的识别，当技术范式进入生命末期时，突破型技术往往处于"S"型曲线生命周期的前端，并以

① Tushman M. L.. Anderson P.. Technological Discontinuities and Organizational Environments [J]. Administrative Science Quarterly, 1986 (31)：439-465.

② Sahal D.. Technological Guideposts and Innovation Avenues [J]. Research Policy, 1985, 14 (2)：61-82.

③ Greg A. S., James B.. Piloting the Rocket of Radical Innovation [J]. Research Technology Management, 2003, 38 (2)：16-25.

④ 陈劲. 突破性创新及其识别 [J]. 科技管理研究，2002 (5)：22-28.

此来识别未来的主导范式和新技术的发展方向。① 所以无论是在位企业还是新进企业都必须充分辨析并把握技术轨迹中的拐点，抓住技术窗口的变革机会以实现突破。

3. 渐进型创新战略

渐进型创新战略是技术演化创新，也可以成为可持续创新战略，是建立在现有技术知识基础和轨道上的改进②，是技术渐进性和连续性的创新。由于突破型创新具有不确定性，许多学者将技术变革划分为"渐进型创新"和"突变型创新"，渐进型创新的确定性和突破型创新的不确定性实现技术创新的稳定性。渐进型创新强调对现有技术工艺、产品或服务的局部改进，不会引起技术质变，但对技术性能的完善和效率的提高帮助很大，充分激发了技术潜能，对市场竞争优势影响较大。通过渐进型创新使得技术知识不断累积，既提升学习能力，又增强价值网络，还可以产生经济效果。③ 而这种累积是基于突破型技术处于较低层次的创新，是对现有技术的改进和对现有产品性能的提升。④ 当这种累积性达到一定节点时就会产生累积性效果，引发技术质变。现实市场中，很多基于主流技术上的创新都属于渐进性战略。

（二）技术创新理论的关系

1. 突破型和渐进型的关系

突破型和渐进型之间存在明显差异，突破型是对新技术的创新，而渐进型则是既有技术的创新。⑤ 我国张洪石等学者将突破型和渐进型按照不同要求进行如下区别（如表 4 - 1 - 1 所示）。

---

① Dosi G. . Technological Paradigms and Technological Trajectories ［J］. Research Policy, 1982 （11）: 147 - 162.

② 柳卸林. 不连续创新的第四代研究开发 ［J］. 中国工业经济, 2000（9）: 53 - 57.

③ P. Aderson, M. Tushman. Technological Discontinutis and Domiant Designs: A Cyclical Model of Technological Change ［J］. Administrative Seienee Quarterly, 1990（35）: 60 - 63.

④ Song X. M. , Montoya - Weiss M. M. . Critical Development Activities for Really New versus Incremental Products ［J］. Journal of Product Innovation Management, 1998, 15（2）: 124 - 135.

⑤ James G. . March. Exploration and Exploitation in Organizational Learning ［J］. Organizational Science, 1991（2）: 71 - 87.

表4-1-1 突破型和渐进型之间的区别

特点	企业层次		产业层次	
	突破型	渐进型	突破型	渐进型
性能改进	并不在以往的性能改进轨道上	在现有用户需求的性能改进轨道上	并不在主流用户要求的性能改进轨道上	在现有用户要求的性能改进轨道上
用户的需要	不能满足公司现有用户的需要,目标是新市场和新用户	进一步(更好地)满足企业现有用户的需求	不能满足行业主流用户的需要,但深得少量新用户的喜爱	进一步(更好地)满足现有主流用户服务的需要
竞争基础	适应另一价值体系的竞争基础	适应公司现在价值体系的竞争基础	适应另一价值体系的竞争基础	适应公司现在价值体系的竞争基础
作用	为公司长远发展提供平台	使公司在现有的产品平台上保持竞争力	行业即将发生重大变迁	行业竞争格局一般不会发生变化

资料来源:张洪石,卢显文. 突破型创新与渐进型创新辨析 [J] . 科技进步与对策,2005,2(28):166.

虽然突破型和渐进型在创新程度上存在质的差异,对技术特性及产品等影响不同,在市场竞争中却相辅相成。突破型可以为产品、工艺等创造新的性能或新产品①,而渐进型则通过对技术不断改进使其完善性能,由此改变技术的市场地位。由于突破型创新的最初技术是粗糙和低效的,被称为"充满希望的怪兽",需要后续的技术改进和技术组合才能改进技术性能和市场地位,而为此制定的各种后续创新制度都是为了保障突破的技术能走出"死亡之谷",更多服务于渐进型技术创新(如图4-1-6所示)。

---

① 秦辉,傅梅烂. 渐进型创新与突破型创新:科技型中小企业的选择策略 [J]. 软科学,2005,19(1):78.

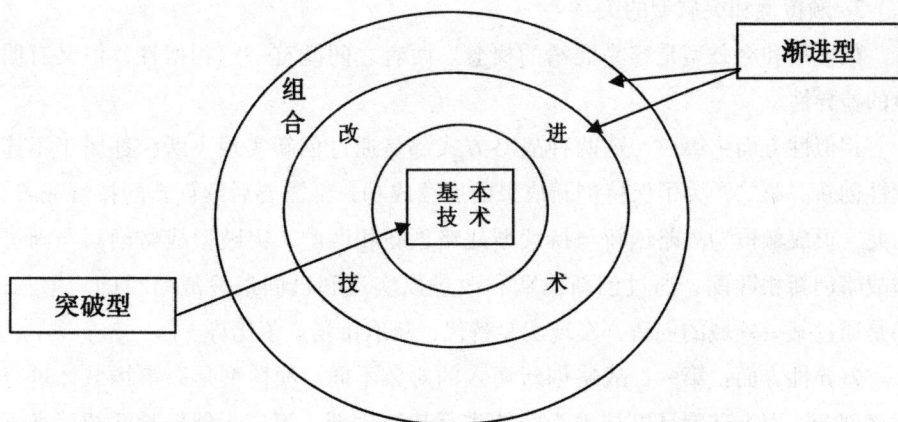

图 4 - 1 - 6 突破型和渐进型的专利技术创新关系

同时，从不同时间节点来分析技术创新结果也不尽相同。突破型创新技术，随着时间推移和技术知识改变，技术知识基础将更加公开化，有可能会成为新技术基础而被认定为渐进型创新，而非最初的突破型创新①（如图 4 - 1 - 7 所示）。

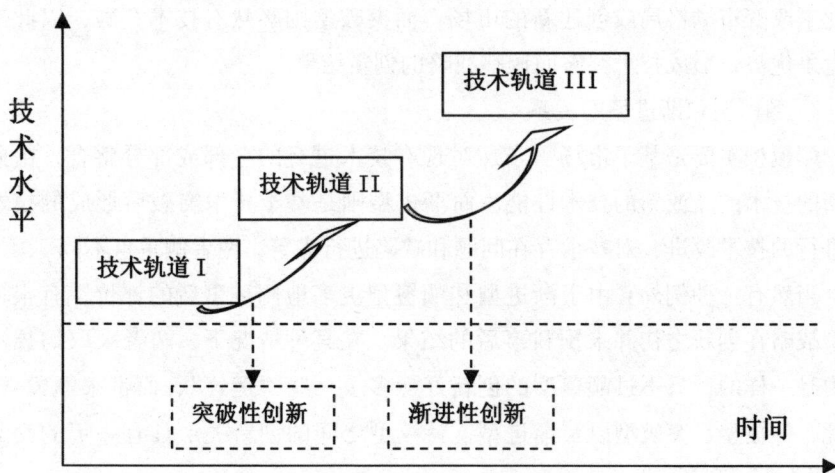

图 4 - 1 - 7 突破型与渐进型的技术创新轨道

---

① ［美］Melissa A. Schilling. 技术创新的战略管理 ［M］. 谢伟，王毅译. 北京：清华大学出版社，2005：33.

2. 颠覆型和突破型的关系

颠覆型和突破型是容易混淆的概念。两者之间既有一定相似性，但又有明显的差异性。

相似性方面：第一，这两种战略方式都是通过创新实现飞跃，都属于不连续性创新。第二，为了保持创新成果的后续成功，都需要后续创新的持续完善。为此，形成颠覆型战略创新与持续型战略创新相匹配、突破型战略创新与渐进型战略创新相匹配，通过创新飞跃和改进以实现和巩固最终战略目的。第三，都是通过某一领域的创新，实现实验替代，获取市场竞争优势。

差异性方面：第一，战略创新切入的对象不同。颠覆型是以市场载体进行战略创新，而突破型是以技术为载体进行战略创新。第二，创新验证的标准不同。颠覆型是以最终的市场效益为验证标准，而突破型是以新技术的突破为验证标准。第三，创新的侧重角度不同。颠覆型是先分析市场环境并从中找出市场机会，然后重构价值体系和技术轨迹，最后通过商业战略与技术的重新组合实现创新，而突破型是先基于技术自身性能和基础，结合外部环境分析，预测未来技术发展方向，然后进行技术试验以实现技术突破。第四，创新的结果不同。颠覆型并非都伴随技术突破，更多是按照商业战略需求来提升技术性能，以此来改变市场格局或创建新的市场，而突破型则必然有技术突破，以此来获取竞争优势，形成技术突破而调整战略的创新结果。

3. 颠覆型和渐进型的关系

颠覆型主要是基于市场需求，对现有技术进行的全部或部分整合，由此产生新的技术产品或新的技术性能。而渐进型则是基于技术突破后形成的技术基础进行的技术改进，对技术存在问题和缺陷进行完善，两者侧重点不同。

当然有一种例外：由于渐进型和颠覆型更多地侧重事后的评价，有很多颠覆型战略在创新之初并未预料事后的结果。在某种情况下，两者采取的想法和努力是一样的，只不过颠覆型的创新好像多了一些"运气"，而带来颠覆效果。为此，颠覆型、突破型以及渐进型、持续型之间的创新关系具有一定的交叉性（如图 4 -1 -8 所示）。

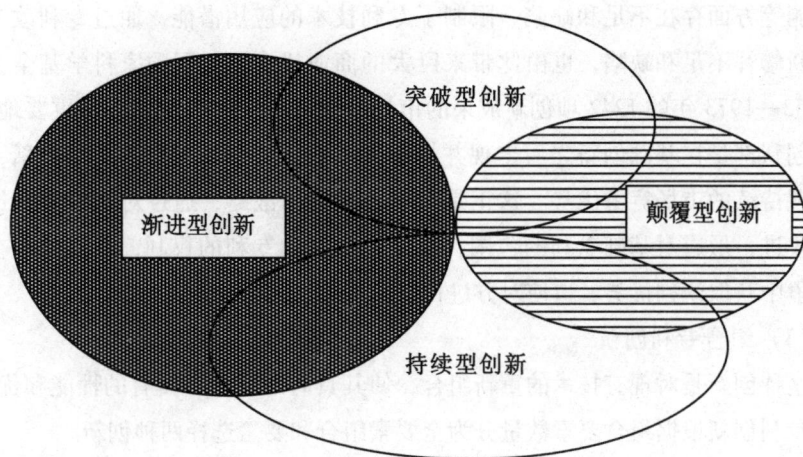

图 4 - 1 - 8　　不同战略创新模式之间的关系

（三）技术创新理论的专利

专利是技术发明的产物，但发明不等于创新，而学者施莫克乐（Schmook-ler）认为，虽然发明并非都能完成创新，但大多技术创新的前身则是发明创新。① 当前，在世界各国的市场经济中采用法律手段来调节技术创新已成常态。② 而专利已成为影响技术创新中最为普遍的制度，通过专利、技术以及商业的结合，形成有效互补，激励创新。

1. 技术创新的专利模式分析

（1）基础专利创新

这种创新是全新的、基础性的技术创新，通过全新的专利技术思想，开辟全新的专利技术领域，按照专利三性，区别并优于原有技术的用途、性能、属性等。例如，德州仪器的微处理器、Gould 的激光、Yamazaki 的半导体等专利，都是通过专利创新开辟了新的潜在市场，为相关技术提供了广泛的潜在应用领域。

（2）改进专利创新

这种创新是对既有发明的实质性创新，其性能优于原有专利。由于原有专

---

① Schmookler J.. Invention and Economic Growth ［M］. Cambridge：Harvard University Press，1966.

② Saint G.. Intellectual Property Right Nnfair?　［J］. Labor Economics，2004（11）：129 - 144.

利性能等方面存在不足和缺陷，限制了专利技术的应用潜能，通过专利改进使其不断修补不足和缺陷，也由此带来巨大的商业机会。美国国家科学基金会针对 1953—1973 年的 1242 项创新成果的市场分析发现，改进专利占据重要地位。大量创新都是在基础创新之后出现并持续，以此保持创新内容的持续更新，从而实现持续的市场竞争优势。这正是日本技术创新战略，通过对基础专利进行微小改进，形成对基础专利的包围，以此削弱基础专利的权利，使得日本在市场竞争中获取谈判优势，迫使对方进行交叉许可。

（3）组合专利创新

这种创新是对现有技术的重新组合，使其具有原技术不具有的性能和优点。组合专利创新根据组合要素数量分为全要素组合和要素选择两种创新。

全要素组合创新是将现有已知的全部技术要素重新组合形成新的性能。按照专利三性，技术上并没有突破原技术，但技术组合后产生原有技术没有的性能，这种性能是由于不同技术的相互协同产生的"化学效应"。全要素组合并非全要素拼凑，而是从整体角度具有创造性，可以获得专利权利。例如，汽车的发明就是基于马车车体、离合、发动机以及传动等技术组合而成，形成更先进的交通工具。

要素选择创新是选择既有技术中部分技术要素，通过与其他技术重新组合产生新的技术方案，使得技术通过创新获得新的性能，具有技术优势和专利创造性，可以获得专利权。当然，如果选择的技术具有专利权，创新过程中需要征得权利人许可，如果权利失效或没有，则创新合法。

2. 专利层次与创新理论关系

不同层面的专利创新模式与创新理论模式具有密切的联系（如表 4 - 1 - 2 所示）。基础专利基于技术突破，属于技术飞跃，与突破型创新相吻合；改进专利基于技术改进，通过持续的技术完善来提升技术优势，符合渐进型创新；组合专利是基于市场需求，重新组合技术使其满足市场需求，符合颠覆型创新相关原理。

表 4 - 1 - 2　创新理论的专利模式

特征类型	突破型创新	渐进型创新	颠覆型创新
专利类型	基础专利	改进专利	组合专利
知识来源	基础研究	定向的应用研究	基础和应用的积累和再创

特征类型	突破型创新	渐进型创新	颠覆型创新
技术变化	新技术领域的技术飞跃	新技术改进、要素关系改变	新技术领域产生，并催生大量技术组合和技术要素变革
创新性能变化	全新产品	性能改变及由此产生的产品	新技术、新功能、新要素
创新时间	短期	长期	长短不定
创新案例	激光	电视的改进	手机操作系统

3. 专利层次和创新理论联动

创新是基于技术创新带动制度创新形成的系统创新链，而技术创新的研究成果通过专利转化，获取相应权利。由此形成创新决定专利，专利反哺创新，相互作用、互为影响的联动状态。

专利层次是根据专利技术的演进产生的，因为任何技术发展都有自身局限和极限，当达到一定限度时就会促使进入下一轮创新。为此，专利模式与创新理论之间的联系也是随着专利层次演进而引入的，不同的专利层次采用不同的创新理论，形成有效的支撑协同效应（如图 4-1-9 所示）。而在这其中，颠覆型创新是基于市场需求，为了满足市场可以通过创新重新组合专利，当组合的专利无法满足市场需求时，创新就会进一步通过技术突破或者技术改进来达到组合专利无法达到的效果。所以，颠覆型创新是从整体系统角度，系统分析市场和技术网络，从中寻找"市场商机"和"技术窗口"，因而会根据需要协调突破型和渐进型创新，将技术突破、技术改进和技术组合形成协同，再次催生新的技术创新。

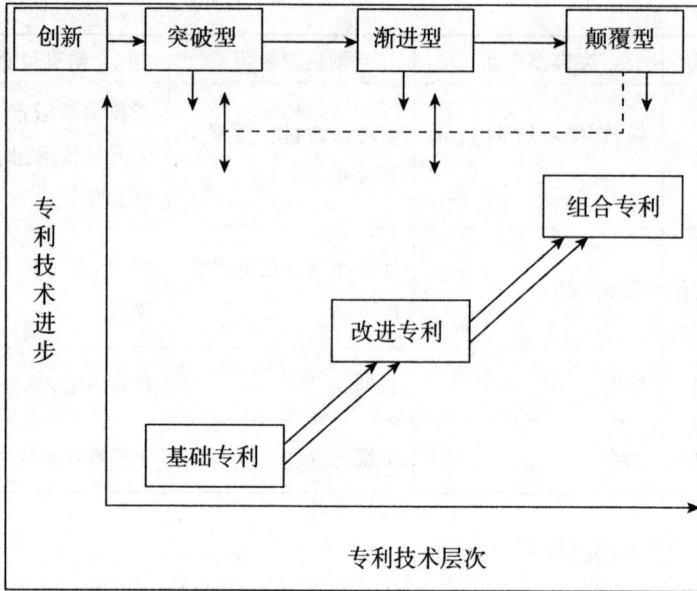

图 4 - 1 - 9　专利演进层次和专利创新结构关系图

（用虚线表示对前两种创新的催生）

第二节　专利战略技术创新的战略选择

一、专利战略技术创新的战略选择思路

（一）专利创新的形成机理

专利创新与其他商业活动相似，都是通过创新获取经济竞争优势，因而也受到市场环境各因素的影响和引导。专利作为发明成果，是为了改造世界而进行的技术设计、产品生产、工艺流程等知识而提出的想法、方案或模型。但这些成果虽然申请了专利，但并非能直接成为技术创新，带来创新效应。从经济的角度来说，只有首次进入商业活动的新产品、新工艺、新制度才算是创新。根据专利三性，专利的获取代表成果的"首次"，而创新则可实现专利商业化，而技术创新的绝大多数都是发明创造的①，而曼斯菲尔德研究发现，发明创造

---

① Mansfield E. . Social and Private Rates of Return from Industrial Innovations ［J］. Quarterly Journal of Economics, 1977 （77）: 221 - 240.

的成果 66%～87%申请了专利。西瑞利研究表明，在申请专利的发明中有 40%
～60%属于创新。① 创新学家熊彼特将技术创新分为发明、创新、扩散三个阶
段。可针对技术创新的不同阶段识别专利创新模式。结合常用的技术创新阶段
划分方法，通过基础研究、应用研究、试验开发、市场推广四个阶段来了解专
利形成，从中识别创新模式（如表 4－2－1 所示）。

表 4－2－1　技术创新中的专利形成过程

技术创新过程	基础研究	应用研究	试验开发	市场推广
	构思	解释现象	生产新材料	市场渠道构建
	理论假设	构思系统化产品、装置	建立新工艺	销售模式构建
技术创新				
过程内容	偶然发现	有目标的研究		促销方式构建
	新的认识	新知识产生		
		开辟新用途		
专利形成				
· 发明专利	有	有		
· 实用新型		有	有	
· 外观设计		有	有	
创新特征				
· 产品/企业特性	无	小	较大	大
· 时滞	大	中	较小	小
· 不确定性	大	中	较小	小
· 费用	小	中	较大	大

　　创新过程中专利形成的特点显示，由于早期基础研究对企业的不确定性较
大，产生的专利也较少，更多的是集中于应用研究之后的。而后期研究显示，
创新产品对企业越重要，企业越注重专利保护；创新时滞越小，越接近市场，

---

① Sirilli G. . The Patent System and the Exploration of Investments：Results of a Statistical Survey
Conducted in Italy ［J］. Technovation，1990（10）：5－16.

产权保护得越好；创新不确定性越小，投入越大，企业也注重专利保护。企业之所以进行技术创新获取专利，其目的就是最大化地获取创新后的经济价值。而如果要获取更多的经济价值，需要更多的技术创新形成专利集群，通过不同性质和领域的专利集群获取利益最大化。

（二）专利创新的生命周期

随着技术创新的深入发展，专利在技术创新阶段中的生命周期会发生不同的变化，主要体现在专利的数量和质量方面（如图4-2-1所示）。

第一，孕育和进入阶段。由于不确定性很大，技术研发的难度较大，大多专利都是基于基础原理的基础专利。同时，由于技术面对的市场情况尚不明确，相关的研发工作更多集中在少数企业当中，虽然这个阶段的专利数量很少，但是专利质量则较高，很多基础专利和核心专利都产生于这个阶段。

第二，成长期阶段。随着技术的不断发展，市场情况逐步明确，涉足的企业也逐步增多，技术涉及的领域也逐步扩大，专利数量也随之快速增长并达到顶峰，针对早期的基础专利进行完善和改进，很多改进专利往往产生这一阶段。

第三，成熟期阶段。随着技术研发的持续投入，创新效应逐步凸显，这个阶段的专利技术将趋向成熟，技术对应的市场则日趋饱和。随着进入的企业越来越多，将超过市场承受的范围，竞争使得专利研发集中在少数寡头企业，专利组合明显增多。

第四，衰退期阶段。随着技术日趋成熟并达到极限后，市场竞争程度更加激烈，由于收益的日渐减少，部分企业将不可避免地退出市场，而此阶段的创新上升的空间有限，使得专利数量明显下降，专利数量则呈现负增长，质量随之下降。

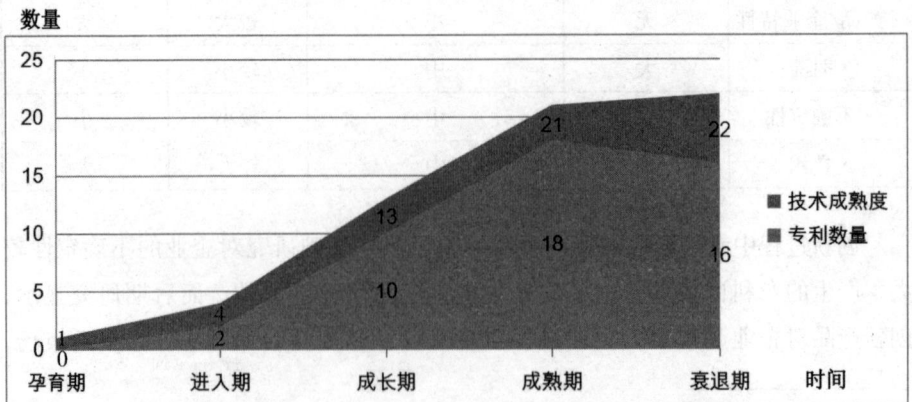

图4-2-1　专利形成与创新技术生命周期变化关系

（三）专利创新的理论架构

在整个创新活动中，不同的创新阶段必然产生不同类型的专利技术，而这些专利也为创新带来不同的技术优势。结合创新理论和流程，建立对应的专利不同层次（如图 4 - 2 - 2 所示）。

首先，突破型创新与基础专利。在虚线 1 之前是按照突破型创新理论，针对某一技术思想进行技术突破，形成基础专利。

其次，渐进型创新与改进专利。在虚线 1 和虚线 2 之间是按照渐进型创新理论，针对基础专利进行的技术改进和完善，由此形成大量的改进专利，围绕核心专利进行专利布局。

最后，颠覆型创新与组合专利。在虚线 2 和虚线 3 之间是按照颠覆型创新理论，针对市场和竞争需求，将现有专利重新组合形成新的创新，从而产生新的专利产品或专利市场。而虚线 3 之后，创新将更加复杂，通过成熟的创新产品形成更加复杂的专利网络，创新进入专利生态系统，激发更高层面的技术创新。

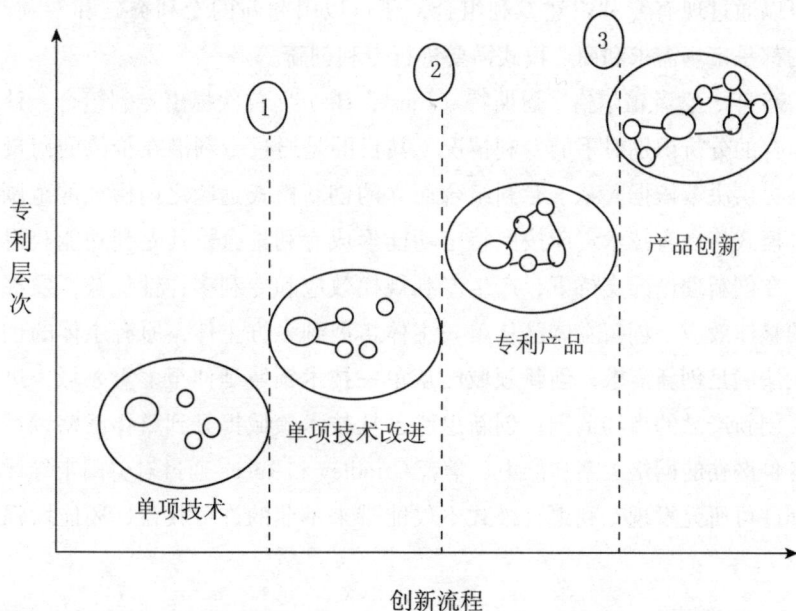

图 4 - 2 - 2　创新流程与不同层次专利的形成

二、专利战略技术创新的战略选择内容

专利战略与技术创新密切相连，充分把握技术变革的机会窗口，运用"技术领先"和"市场领先"战略思想，通过战略愿景，建立以颠覆型战略创新为主体，突破型创新和渐进型创新为支撑，形成专利战略指导颠覆型创新，颠覆型创新再指导技术突破和技术渐进的战略流程。以此来研发具有领先性质的基础专利、核心专利、关键专利等专利，从中获取市场竞争优势，实现企业利益最大化。

（一）颠覆型专利组合创新

颠覆型专利创新是基于市场需求和技术资源，通过重新组合技术要素创造新的性能使其满足市场需求的创新过程。既有对现有某一领域的全部技术重新组合，也有对某些技术进行重新组合，从中挖掘或开发技术潜能，以此来获取市场竞争优势或开辟新的市场领域。[1] 颠覆型创新理论不仅可以基于市场需求对现有技术重新组合形成合力，还可以基于市场预测组合相关技术力量，重点实施技术突破和技术改进以满足未来需求，而基于该创新理论建立的专利模式，不仅可以通过现有专利组建专利组合，还可以引起新的专利突破和专利改进，其目的都是市场需求和商业模式需要进行专利创新。

1998 年，学者霍尔格·恩斯特（Emst, H. ）[2] 首次提出专利组合，针对技术及组合的分析识别对手的专利情况，其目的是通过专利潜在价值的衡量为企业战略提供决策依据。基于专利组合而立的创新模式远超之前模式的范围，专利组合模式将现有技术资源按照特定功能形成专利集合，其专利功能获得极大扩展，在创新理论的支持下，产生专利规模效应和专利多样性优势，发挥专利集成的整体效应。创新主体已从单一主体扩展到多方主体，原有主体的创新能力已无法满足创新需求；创新领域已从单一技术领域延伸至多重领域，进一步扩展了创新产品的市场范围；创新思路已从技术领域提升到整体战略领域，激发了各种潜在的网络关系和能力。学者 Grindley 和 Teece 通过对美国半导体产业的专利许可研究发现专利组合模式不仅能带来不菲的许可收益，还能增强谈判

---

① 刘林青等. 国外专利悖论研究综述——从专利竞赛到专利组合竞赛 [J]. 外国经济与管理，2005，27（4）：10 - 14.
② Ernst, H. . Patent Information for Strategic Technology Management [J] . World Patent Information，2003（25）：233 - 242.

筹码以降低对方收费，以及获取对方技术。①

1. 企业层面的专利组合

该层面根据专利组合主体的竞争状态，将其分为潜在竞争者、技术落后者、技术活跃者和技术领导者四种类型。通过企业层面的专利组合分析，可以辨识竞争者的专利位势，以帮助战略决策者制定相应战略。

潜在竞争者是由于专利数量较少，尚未进入市场，但由于专利高质量，一旦进入市场将会成为有力竞争者，需要对其进行技术监测，可采取有效的防御型竞争战略；技术领导者处于行业领导地位，具有较强专利研发能力和较高专利质量，应采取自主创新模式，不断突破自身；技术活跃者处于行业从属地位，其研发能力和专利质量不高，需要通过频繁的专利活动以了解市场动向，并随时调整自身技术方向，以保持企业活力；技术落后者是由于专利研发能力和专利质量都处于行业较低水平，专利研发活动较少，容易被其他竞争对手忽略。

2. 技术层面的专利组合

该层面主要是针对技术领域进行有效评估，使其从中识别有价值的技术提供可视化分析。技术层面的专利组合通过专利增长率、相对专利位置和专利研发重点三维度进行分析。纵坐标为专利增长率，通过技术领域的专利申请增长率来反映；横坐标为相对专利位置，主要评估企业专利技术在该领域所处地位，通过自身专利效能与该领域最高专利效能对比之差来确定。对于技术层面的专利组合，专利战略创新时应加大对中高技术吸引力的关注，增加对专利位置较高区域的投入，相应减少对其他区域的投入。对于吸引力较高，但专利位置较低区域应通过自主创新（研发或收购等）提升技术实力；专利位置高但吸引力低区域，则可以结合市场预测来选择技术储备或出售，以维持企业竞争力或阻止竞争对手。

3. 专利发明人的组合层面

对于专利发明人而言，发明人是真正决定专利质量和能量的关键因素。对于企业而言，不论选择哪种专利创新最终都需要发明人研发专利来实现，属于战略理论建构后的实践。对于技术而言，都需要发明人的技术选择和技术组合才能实现新的技术性能以及产品性能，发明人决定技术构思、选取、组合、试验等一系列技术创造过程，直接决定技术方向和性能。所以，与其说专利技术重要，不如说发明专利技术的人更重要。专利发明人是企业无形资源的价值生

---

① Grindley P. C. , Teece, D. J. . Managing Intellectual Capital：Licensing and Cross‐licensing Semiconductors and Electronics [J]. California Management Review, 1997, 39 (2)：8‐41.

产和体现，通过专利发明人的组合分析，可了解发明人的竞争能力和行业地位，为企业人力资源管理和专利战略制定提供重要决策依据。

专利发明人组合层面是针对所研究技术领域的全部发明人，不同发明人发明的专利质量自然不同，通过分析，不仅说明发明人现有能力和地位，还清晰展现未来潜能和影响。为此，按照专利质量和专利活动两维度，将发明人分为潜力型、关键型、低水平、勤奋型四种类型。对于专利质量高低和专利活动多少，关键发明人无疑是最为重要的，他们的专利贡献率最高，是关键技术的发明人。这些发明人不仅拥有显性专利知识的能力，同时还具有隐性知识的能力，他们的流失就意味着企业隐性知识的流失。由于发明人各自拥有不同的知识能力，通过对关键发明人组合的分析可判断专利技术涉及领域。学者 Linden 和 Somaya 研究发现专利组合改变了半导体芯片产业，并引发了相关战略和产业格局重新调整。① 另外，潜在发明人虽然专利活动较少，但是专利质量较高，对于企业发展也非常重要，尤其是对产业影响重大的专利技术，都是"必然中的偶然"，在机缘巧合的背景下发生，所以质量高的专利是具备这种潜能的。俗话说"留着青山在，不怕没柴烧"，关键发明人和潜在发明人无疑都是"青山"。

（二）突破型专利基础创新

利用现有的科技知识资源，通过相关技术分析，确定研发项目，破解技术难题，获得重大发现和技术发明，完成专利成果并拥有基础专利（核心专利），从而形成专利壁垒。为此，瑞典学者 Granstran 针对专利提出相应的战略技术创新，包括专利布局、专利丛林、专利栅栏等专利创新。②

1. 专利战略布局

专利战略布局是企业为了获取市场竞争优势，在技术预测的基础上进行技术研发，通过核心技术获取核心专利（基础专利），以此来保护新技术或新产品的市场地位。专利布局是基于战略高度进行的战略布局，通过绝对控制该技术领域的基础专利，占据该领域的技术制高点，起到了有效阻碍作用，使得竞争对手难以逾越，对该技术领域具有奠基性和原创性贡献。专利权人通过申请基础专利获取有利的专利权益，占据技术领域的优先地位，就此可通过基础专利

① Linden G. , Somaya, D. . System – on – a – chip Integration in the Semiconductor Industry： Industry Structure and Firm Strategies ［J］. Industry Corporation Change，2003，12（3）：545－576.

② Granstran, Ove. The Economics and Management of Intellectual Property ［M］. Cheltenham：Edward Elgar, 1999.

带动产业变革，并通过基础专利的商业化应用来带动相关渐进专利的跟进，掌握市场领域和技术领域的主动权。

2. 专利技术丛林

专利丛林类似于专利地毯式的布雷，主要是针对前景不明朗、不确定因素较多的新兴高科技领域，通过多条研发路径都能实现技术研发成果，或者在专利重要性还未引起研发者重点关注等情况下而采取的重点专利战略。通过专利丛林可以对相关专利技术涉猎的领域进行系统布局，将重点领域通过关键核心专利形成雷区，实现对该领域的有效管控，避免竞争对手在此领域申请专利，使其成为潜在麻烦或垃圾专利，也有效地阻碍竞争者在该领域获取核心专利的机会。另外，也可以通过专利诉讼策略驱逐侵入的竞争对手，使其达到对该技术领域进行垄断的目的。

3. 专利技术栅栏

所谓栅栏就是防止侵入而设置的障碍，而专利技术栅栏就是通过专利对竞争对手形成有效拦截，使其保护自身领域免受侵害，避免专利技术扩散。有效实施专利栅栏需要一系列专利构建，单一或少量专利很难形成有效栅栏。同时，专利栅栏的主要目的就是通过技术管控获取一定时期的技术独占权利，以保护专利权利免受侵害。所以在使用专利栅栏模式时需要其他模式相配合，以更好地扩大栅栏范围，延长独占权利时间，避免防范空隙的出现，影响战略创新效果。

（三）渐进型专利改进创新

渐进型专利创新就是基于现有专利技术的再创新或者改进、转移。按照创新理论，是通过创新理论对已有知识的再生过程，说明专利模式创新具有一定的确定性，风险性较低，创新者可以通过较少的付出获得稳定的竞争优势。在此创新理论下形成专利空隙、专利外围、专利模仿等专利技术创新。

1. 专利技术空隙

专利空隙模式主要是寻找竞争对手存在的"空隙"。对于专利技术市场，存在许多基础核心专利和关键专利的存在，如果想从中获取生存机会，就必须巧妙绕过这些重要专利，从中发现空隙技术，并通过专利获取来赢得一定市场话语权和生存权。

在现有格局中，为准确辨识存在的空隙，竞争者需要通过对现有技术格局进行准确分析，以便发现尚未发现的技术空隙，以提高未来技术带来的前景概率。

2. 专利技术外围

所谓专利技术外围，顾名思义就是围绕基础专利设置的外部专利网。主要是基于基础专利而产生的衍生专利，形成以基础专利为中心的专利网络。而专利外围存在两种类型，一种是围绕自身基础专利的专利外围模式，另一种是围绕他人基础专利的专利外围模式。

围绕自身基础专利的专利外围模式，就是针对自身拥有的基础专利进行后续研究和开发而形成的配套外围技术。通过相关专利申请形成以基础专利为中心，以配套专利为外围的专利网络，以更好地保护和封锁创新成果扩散，保持自身技术的发展空间，防范竞争对手的专利侵入，使其竞争优势免受影响，并以此扩大自身专利带来的市场占有率。

围绕他人基础专利的专利外围模式，就是针对他人拥有的基础专利进行针对性的开发，使其对竞争对手形成保护圈，影响和限定竞争对手专利效应的发挥，从而削弱或消除竞争对手的专利竞争优势，或成为谈判筹码，逼迫对方降低或允许交叉许可。

3. 专利技术模仿

专利技术模仿是在已有专利技术基础上进行创新。与自主创新相反，通过模仿他人已有专利技术并予以改进，既减少了资源投入、降低了创新风险，又选择了捷径、缩小了技术差距，提升技术能力，也是一种学习型创新。[①]

一般选择专利模仿进行创新，往往说明专利技术能力不足，缺乏基础专利和关键专利优势，通过模仿获取专利技术核心，也因此影响了原有创新企业的优势。为此，专利制度对模仿创新具有一定的限制，防止知识随意外溢。在此背景下，模仿创新往往不是单纯仿造，而是在模式的基础上发现尚未发现的技术潜能，通过增加技术性能而再次创新，属于渐进型创新，而就此产生的创新成果还可以获得专利保护，变被动于主动。像美国、日本、韩国等国家在早期发展时都是在模仿创新中发展起来的。[②]

三、专利战略技术创新的战略选择模式

专利战略生态位是在生态体系下，按照战略需求，建立战略生态位以保障专利技术在不同阶段的创新需要，由此形成战略协同体系。专利战略生态位模式构建，将专利战略技术创新经历的技术研发、技术应用、技术范式构建成对应的技术生态位、市场生态位、范式生态位，按照专利演进过程形成系统的专

---

①　Mazzoleni, Robert, Nelson, Richard R. . The Benefits and Costs of Strong Patent Protection: A Contribution to the Current Debate [J] . Research Policy, 1998（27）: 273 – 284.

②　赵晶媛. 技术创新管理［M］. 北京: 机械工业出版社, 2010: 173.

利技术创新网络，并建立相应的创新制度以保障生态网络的有效运行。同时，在生态位演进的过程中，将相关创新内容融入其中，以实现或完善专利技术的颠覆、突破、渐进等创新，以确保战略愿景的实现。

（一）战略生态位理论依据

技术创新作为移动新媒体发展的重要驱动力，极大地推动了创新实践和产业发展。移动新媒体技术和产业的持续发展，不仅需要技术的发展，还需要制度的跟进，战略生态位理论作为技术创新的思想和工具，为移动新媒体技术创新和实践提供新的指引，使其成功跨越不同阶段的"死亡之谷"。

1. 实现了知识产权全过程管理

传统的技术创新大多针对的是技术成熟后的专利问题，包括专利申请、授权和保护等，但是对于企业并非获取专利，而是获取专利的经济价值，知识产权目的不是保护，而是创造利润，应将专利技术孕育作为知识产权起点，而非成熟后的制度保护，通过知识产权来确立企业竞争优势，形成持续竞争力。战略生态位创新理论更加注重技术的全过程的知识产权管理，包括技术研发最初选择立项阶段，通过专利信息检索、专利申请状况、专利战略布局等内容与科研项目各环节相融合，有效地将知识产权管理融入技术创新的全过程，避免传统企业只注重成熟技术的知识产权，有效侧重知识产权创造和应用，充分发挥知识产权的经济价值。并利用专利相关信息的分析，了解整体专利技术的战略布局，从中有效预测技术发展趋势，以便更好地寻求专利利润点。通过知识产权全过程的管理，既避免了重复建设，节约资源，又从中了解竞争格局，发现商机机会，提供研发成果的成功概率。

2. 打破了传统技术创新的范围局限

包括移动新媒体在内的产业，早期技术创新主要集中在微观层面，强调企业主体对技术创新的管理作用。传统技术创新主要基于战略、能力、资源从微观层面出发分析企业技术创新，强调企业为主体的创新管理体系，虽然获得了极大的发展，但是忽视了中观产业层面和宏观制度层面的技术创新管理问题。技术创新经历单个、组合创新阶段后，创新理论的重点不仅包含技术要素，还包含创新系统中子系统和要素间的互动关系。但由于创新理论是基于微观层面建立，无法解释外围大环境对创新带来的相关问题，影响创新管理行为。随着生态理论和动态理论的引入，发现技术在创新过程中会受到不同层面的技术范式的影响，每个层面都是决定技术创新能否成功的关键。为此，需要拓宽原有创新理论视角，技术创新应提升研究层面，从微观技术、中观产业、宏观制度三个层面来拓展和丰富技术创新理论。将技术、产业和制度的协同发展进行技术创新。战略生态位理论将微观技术、中观产业、宏观制度三个层面有效结合，围绕新技术的创新、实践建立系统的内生机制，有效地弥补传统理论的不足。

3. 拓宽技术创新的研究维度

移动新媒体作为跨产业、跨技术、跨领域的新兴产业，表明技术创新活动不仅依赖于企业内部，还依赖于企业外部，有效地解释了社会网络带来的创新问题。传统技术创新更侧重于企业内部，以纵向一体化为主体进行研究，注重决策高层的信息传达和执行，忽视外部环境各元素的作用，但技术创新不仅取决于技术先进程度，更取决于用户的喜好、销售者的意愿、投资者的收益、替代者的成本等因素。这就要求新的技术创新必须更为柔性地对各种外部资源进行有效协同①，而这恰恰是战略生态位理论研究的重点，打破了传统创新理论来源于企业内部的观点，使得技术创新必须立足社会网络视角以解决创新资源的整合问题。

4. 颠覆型创新满足新兴产业战略需要

移动新媒体作为新兴产业对社会发展具有较强的引导作用，培育自主创新是产业发展的战略需要，而颠覆型创新带有强烈的自主性、突破性，通过对原有技术的颠覆来增强企业的自主创新能力。虽然颠覆型创新是对原有技术的替代，但不同于原有技术的价值组合②，是一项成功的商业模式或服务，改变了原有主流市场，破坏了原有的竞争者，具有非竞争性，以及初级阶段的顾客价值导向性③，受新市场、组织结构、新技术轨道和外部环境等因素的影响④。而突破型创新和渐进型创新更多是基于技术创新而言，缺少商业模式和整体战略管理的有效分析，而颠覆型创新更好地关注了市场与技术之间的互动，正好可以弥补之前创新理论的不足，并有效地结合传统技术创新理论有关技术成长过程以及如何选择、培育、市场化等内容。在此基础上，战略生态位理论形成融技术研发、培育、市场化、产业化为一体的动态管理理论和分析工具。

---

① 孙圣兰，夏恩君. 突破性技术创新对传统创新管理的挑战 [J]. 科学学与科学技术管理，2005，26 (6)：72－76.

② Christensen C. M. , Raynor M. E. . The Innovators Solution：Creating and Sustaining Successful Growth [M]. Boston：Harvard Business School Press，2003.

③ 田红云，陈继祥，田伟. 破坏性创新理论研究综述 [J]. 经济学动态，2006 (12)：95－100.

④ 孙启贵，汪滢. 破坏性创新的影响因素与演化机理 [J]. 科技进步与对策，2009，26 (11)：4－7.

（二）战略生态位理论源起

战略生态位（ Strategic Niche Management，SNM） 是 20 世纪国外兴起的针对新技术开发应用的战略管理理论，是荷兰学者在生态位、技术变革等理论基础上提出战略生态位的思想，并在生态位的基础上提出技术生态位和市场生态位，从战略系统的角度针对新技术从项目试错到成熟的每个阶段建立有效的生态位，并结合生态位提供有效的系统管理方式，形成新技术从成长到成熟的生态空间。Nelsom 等学者将生态位引入技术范式，从生态位的角度对技术进化进行全新诠释。①

学者 Rosenberg 认为大多数新发明在最初用途上都表现得不尽如人意，被认为技术粗糙和低效，是需要不断地扶持和完善才能与传统技术相抗衡甚至超过。② 学者 Mokyr 为此把新发明的技术比作 "充满希望的怪兽"③，认为新发明的技术与传统技术相比是带有希望前景，但由于粗糙和低效无法立即获取竞争优势，容易陷入技术研发和市场应用过程中的 "死亡之谷"。④ 为了避免 "死亡之谷"，Kemp 等学者将其存在的问题进行归类，认为缺少和难以获取相关辅助技术的支持，缺少技术性能可以服务的潜在客户认知和需求意愿，缺少技术相关的政策制度支持，缺少技术维护的基础设施和技术发展的社会环境。⑤ 为了较好地解决新技术在发展过程中的研发和市场应用问题，建立系统效能最大化的战略管理方式，实现有效的技术创新⑥，由此诞生了战略生态位理论。

① Johan Schot, Frank W. Geels. Niches in Evolutionary Theories of Technical Change a Critical Survey of the literature［J］. Evol Econ, 2007（17）：605 – 622.
② Schot J., Geels F. W.. Strategic Niche Management and Sustainable Innovation Journeys：Theory, Findings, Research Agenda and Policy［J］. Technology Analysis and Strategic Management, 2008, 20（5）：537 – 554.
③ Mokyr J.. The Lever of Riches：Technological Creativity and Economic Progress［M］. New York：Oxford University Press, 1990.
④ Ehlers V. Unlocking our Future：Toward a new National Science Policy［EB/OL］. https：// catalog. hathitrust. org /Record/004034609. 1998 – 09 – 20/2015 – 03 – 02.
⑤ Schot J., Geels F. W.. Strategic Niche Management and Sustainable Innovation Journeys：Theory, Findings, Research Agenda and Policy［J］. Technology Analysis and Strategic Management, 2008, 20（5）：537 – 554
⑥ Rene Kemp, Arie Rip, Johan Schot. Constructing Transition Paths Through the Management of Niches［M］. New Jersey：Lawrence Erlbaum Associates, 1999.

（三）战略生态位理论架构

学者 Mokyr 将新技术称为"充满希望的怪兽"①，不一定能够成功跨越技术研发与市场应用之间的"死亡之谷"②，与现有技术相比往往难以占得上风③，难以被市场轻易接受。为此，应先为新技术提供一个保护空间，推进生态位从技术到市场过渡，使新技术能够成功跨越研发与市场之间的"死亡之谷"，实现"成长—成熟"的"第一次跃迁"，将新技术从希望演变为市场可接受的成熟技术。能被接受并非能成为主流，还需成熟技术的不断完善和累积，使其成为技术选择的首选，通过不断取得的成绩推动社会发展，避免"昙花一现"，使其成为推动社会发展的重大技术成就。为此，要实现新技术的成就，就必须推进制度创新，形成技术范式，从而在社会环境中形成有利于新技术应用的制度环境，实现"成熟—成就"的"第二次跃迁"，最后演变为技术、产业、社会影响的颠覆型创新专利技术。通过战略生态位理论，构建新技术"技术生态位—市场生态位—范式生态位"，使其新技术实现"成长—成熟—成就"的发展过程（如图 4-2-3 所示）。

处在第一层的技术生态位，通过未来技术愿景用虚线将技术生态位、市场生态位、范式生态位联系在一起，形成生态位发展过程。技术生态位作为生态位发展的起点和基础，是在大圆圈的旧体制、旧框架中孕育开发的，而处在其中的小圆圈表示单体生态位，用虚线表示未来可能形成的领域和政体范式。每个小圆圈的生态位由于身处旧体制中，随时都有可能面临死亡之谷，被现有体制扼杀于技术生态位，难以突破跃入下一层。处于第二层的市场生态位作为技术范式形成阶段，当新技术通过技术生态位进入下一层时，必然在现有体制框架下形成自身技术体系和技术范式雏形，此时，市场生态位不仅受到技术内部影响，而且受到外部环境异质因素的影响。处于第三层的范式生态位将是生态位通过技术愿景、社会网络以及通过学习使其跃升前两层生态位，逐步取代旧范式，形成自身新范式。

① Mokyr J. . The Lever of Riches: Technological Creativity and Economic Progress [M] . Oxford: Oxford University Press, 1990.

② Schot J. , Greels F. W. . Strategic Niche Management and Sustainable Innovation Journeys: Theory, Findings, Research Agenda, and Policy [J] . Technology Analysis & Strategic Management, 2008, 20 (5): 537-554.

③ Kemp R. , Schot J. , Hoogma R. . Regime Shifts to Sustainability through Processes of Niche Formation: The Approach of Strategic Niche Management [J] . Technology Analysis & Strategic Management, 1998, 10 (2): 175-198.

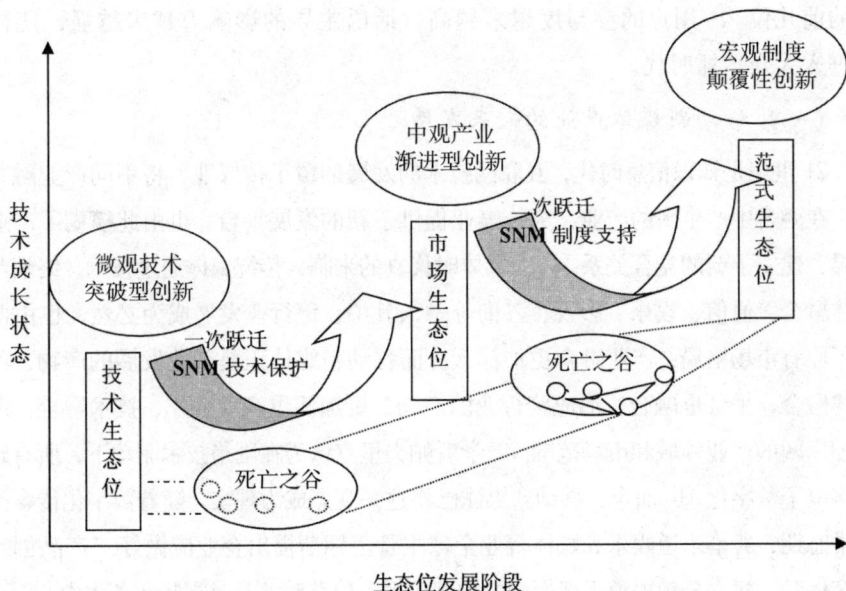

图 4 - 2 - 3 专利战略生态位理论架构

第三节 移动新媒体专利战略创新路径实证分析

一、移动新媒体专利技术战略市场选择

随着互联网的深入发展，移动新媒体产业得到快速发展。据国家网信办统计，截至 2020 年 3 月，我国网民规模达 9.04 亿，其中手机网民规模达 8.97 亿，占总网民的 99.3%。① 移动新媒体已对大众生活、工作以及学习都产生了较大影响和改变，大众不再是网络信息的被动接受者，更加主动追求网络信息的创造。从移动通话、即时聊天（QQ、飞信）到今天的微信以及各类社交媒体的网络平台，用户通过上传图片、视频等行为主动发布信息，也可以通过移动新媒体网络平台定制个性化服务，从最初的娱乐消费延伸拓展至口碑评论以及商业推广。根据移动互联网白皮书报道，移动文学、移动音乐、移动游戏是移动市

---

① 第 45 次《中国互联网络发展状况统计报告》（全文）[EB/OL] 中共中央网络安全和信息化委员会办公室，http：//www. cac. gov. cn/2020 - 04/27/c_ 1589535470378587. htm.

场的前几位。① 用户的参与度越来越高，话语主导的影响力越来越强，使得全民进入大众传播时代。

（一）移动新媒体产业的未来发展

21 世纪是知识信息时代，互联网技术的发展颠覆了传媒业，将不同产业融合其中，在融合中产生新的产业，为传媒业提供了新的发展平台。也由此模糊了产业的边界，建立了新的竞合关系。② 大媒体时代真的来临，传统媒体通过技术、终端与新媒体融合，通信、娱乐、影视、咨询等融入其中，跨行业发展成为必然，也由此瓦解了原有市场格局，产业融合更加深入。而移动新媒体正是产业发展的产物，不仅媒体融合，平台也融合，形成跨行业的产物，更加侧重产业合作、技术融合，形成更加广阔的产业领域和市场范围。③ 学者帕夫里克认为在网络技术驱动下，所有媒介都将电子数字化。④ 而今，移动新媒体已将这一观点成为现实。随着数字化传媒已进入常态期，普华永道娱乐和媒体行业全球主管范翎斯提出企业应做好"产品创新与顾客体验，建立分销渠道无缝衔接的顾客关系，以移动尤其是视频业务为中心"⑤。

1. 移动新媒体产业发展一体化

产业融合成为减少经济周期，加快产品周期的重要策略，未来移动新媒体将实现 IT 与 CT 技术的融合，实现硬件与软件一体化，从而建立三个层面的产业一体化。一是建立终端与顾客之间的体验层，获取顾客需求信息，实现用户价值主张；二是建立网络信息层，通过各个网络服务，建立媒体接收、传输服务网络；三是建立应用技术服务层，未来移动新媒体更加注重解决顾客问题，通过技术创新实现人机交互，突破现有语音到自然的前期阶段，进入人机交互的情感阶段。未来技术需要从语音语义识别、大数据分析、智能学习等前沿领域突破，推动移动新媒体产业进入解决顾客方案的应用领域。

2. 移动新媒体产业发展生态化

传统产业价值体系都是基于纵向设计，而移动新媒体未来发展将注重横向

① 工业和信息化部电信研究院. 移动互联网白皮书（2011 年）[EB/OL]. http://www. miit. gov. cn/n11293472/ n11293832/n15214847/n15218338/15224984. html, 2013 - 02 - 28/2016 - 03 - 05.

② 周振华. 信息化与产业融合 [M]. 上海：三联书店，2003：207 - 212.

③ 傅玉辉. 大媒体产业 [M]. 北京：中国广播电视出版社，2008：40.

④ 帕夫里克. 新媒体技术——文化和商业前景 [M]. 周勇等译，北京：清华大学出版社，2005：126.

⑤ 邵卉. 2015—2019 年全球娱乐及媒体行业展望 [EB/OL]. http://www. jiemian. com/article/296264. html, 2015 - 06 - 03/2016 - 03 - 26.

设计，原有的价值链将进一步拓宽和延伸。传统媒体上下渠道是固定的，报纸对应纸质，视频对应电视，不同内容无法传递到不同终端，而移动新媒体在技术推动下，实现了内容之间的无缝衔接，打破了原有纵向设计，也拓宽了横向宽度。移动新媒体不仅将传统媒体融入其中，形成文字、图形、视频、娱乐等内容市场，而且通过软件硬件的访问和传输程序将原有不相关的产业融入其中，形成内容市场与各种终端建立横向一体化。这些成员之间将从竞争转为竞合，以确保每个环节都密切配合，避免出现信息传递阻碍，呈现"牵一发而动全身"的局面，共生共赢的生态格局更加明显。未来，随着大数据、云计算的处理能力提升，移动新媒体横向市场涉及的领域将进一步扩大。

（二）移动新媒体专利的未来发展

移动新媒体将会随着移动互联网技术的不断创新得到进一步的提升，移动新媒体将逐步增强与其他产业的交叉与融合，将信息、媒体、娱乐、广告等内容融合形成综合平台，使得融合成为必然，而由此也带来移动新媒体专利技术的多样化，而这将会成为未来的发展趋势。

1. 移动技术的多元化

移动新媒体将传统媒体的写作、图片、声音、视频等功能融入其中，必然需要技术的无缝衔接，使得大众有效地传播不同内容。同时，移动新媒体将逐步从传统娱乐进入商业、教育等领域，例如谷歌、苹果等公司，成为广告推广和知识应用的重要渠道，必然需要相关技术与这些产业有效连接，使得用户在不同场合或环境下都能方便应用。

2. 移动终端的多元化

移动新媒体需要移动终端的物化才能有效展现传播内容，目前，移动终端更多是智能手机和移动平板，但互联网技术的发展，使得用户可以随时随地方便上网，围绕终端服务的技术将逐步增多，多屏之间的融合将成为必然。同时，移动终端不仅局限在现有屏幕，而且随着智能型制造业的发展，移动新媒体将会进入不同行业，通过不同行业的产品来实现移动多媒体，例如，谷歌 VR 眼镜、苹果手表等已展现出未来的雏形。

3. 移动制作的多元化

采用网关技术可以使得移动新媒体更好地提升用户的服务，使其更好地配置媒体资源。未来移动新媒体网关技术将通过网络自动检测来转换与移动终端 Web 网页匹配的文本，以及自动调整相关视频内容到相关终端，使得传输管道成为智能管道，有效地提升了制作渠道，并进一步丰富了内容来源。例如，

2013年微软对诺基亚的收购，实现微软软硬一体化解决方案。

4. 移动内容的多元化

移动新媒体未来不再仅局限于娱乐内容，而会逐步向应用发展，从现有的内容传播逐步发展为知识学习，甚至智慧服务，使得用户可以通过移动新媒体获取更多知识，解决用户在工作、学习、生活等方面存在的不同问题，成为智慧型媒体。例如，苹果公司的增值服务、谷歌的电商合作等。

二、移动新媒体专利发明人和机构选择

根据颠覆型专利战略理论构建的发明人组合、企业（机构）组合，结合移动新媒体产业的战略需要，从中选择符合产业发展的相关组合。

（一）移动新媒体专利发明人选择

通过 CiteSpace 可视化软件分析，移动新媒体专利发明人较少，尚处于较为分散的状态，而由此形成的聚类规模也较小，说明研究内容也较为分散，整体移动新媒体专利发明还处于新兴领域，许多专利发明以及发明人更多属于移动新媒体技术基础领域，更多基于原有技术领域的延伸，需要从战略高度进行发明引导，以更利于该产业的技术发展（如图4-3-1所示）。

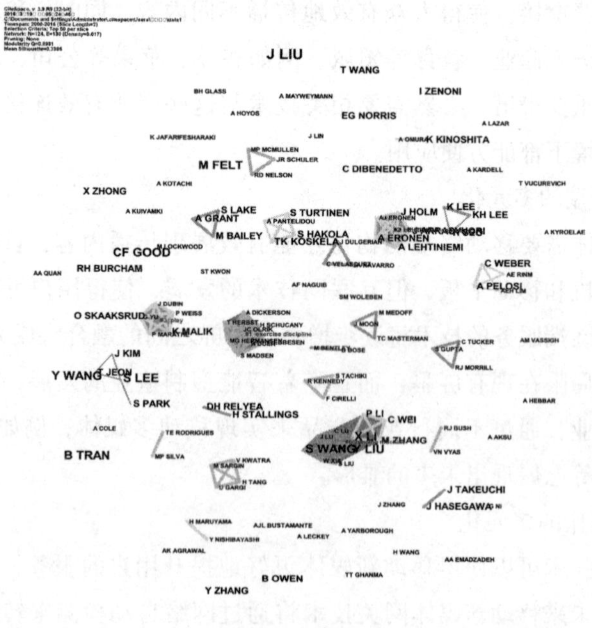

图 4 - 3 - 1 移动新媒体专利发明人可视化网络图谱

表 4 − 3 − 1 移动新媒体专利发明人网络图谱最大聚类

Cluster ID	Size	Mean (Year)	Label (TFIDF)	Label (LLR)	Label (MI)
0	11	2014	(14.94) w01 (Telephone and Data Transmission Systems); (13.55) t01 (Digital Computers); (13.46) p36 (Sports − games − toys); (13.3) w04 (Audio/video Recording and Systems); (12.31) s02 (Engineering Instrumentation − recording Equipment − general Testing Methods)	Running Machine (72.1, 1.0E − 4); Code Label (72.1, 1.0E − 4); Indoor Body-building Apparatus Monitoring (72.1, 1.0E − 4);	Mobile Phone

移动新媒体专利主题发明人图谱中，最大集群（#0）有11个成员，轮廓值为1（如表4−3−1所示）。该聚类最活跃的 X. Li（0.45），主要研究对象是基于互联网室内健身设备监控和手机应用程序显示方法，包括为健身对象提供无线网络状态指示灯和 LED 电源指示灯。

图谱通过频次和中介中心性检索出排名前十的发明人，这些发明人对移动新媒体专利技术产业具有较强的影响力（如表4−3−2所示）。结果显示，目前，移动新媒体专利发明人较少。其中，被引频次最高的仅为4次，排名前十的频次绝大多数只有3次，说明移动新媒体专利技术知识流动性不强，缺乏较高关注度的发明人，聚类规模较小，整个网络成员相互之间缺乏一定的联系。一方面是由于产业兴起较晚，另一方面是技术研发人员对技术知识选择范围有限，应强化技术人员的知识交流，培养研发团队。另外，通过专利发明人中介中心性分析，目前，发明人网络结构中具有较强影响力的发明人较少，最高的 X. Li 也仅为0.01，这样的情况进一步印证了该产业专业研究人员的缺乏，该产业还需要进一步成熟，才能吸引相关专利人员的进入。

表 4 - 3 - 2　移动新媒体专利发明人分析

Centrality	Citation Counts	References
0.01	3	X. Li, 2013, SO, V, P
0.00	4	J. Liu, 2014, SO, V, P
0.00	3	M. Felt, 2013, SO, V, P
0.00	3	S. Wang, 2014, SO, V, P
0.00	3	S. Lee, 2014, SO, V, P
0.00	3	Y. Wang, 2014, SO, V, P
0.00	3	CF. Good, 2013, SO, V, P
0.00	3	B. Tran, 2014, SO, V, P
0.00	3	Y. Liu, 2014, SO, V, P
0.00	2	C. Weber, 2013, SO, V, P

（二）移动新媒体专利机构选择

结合引用频次和中介中心性等指标对移动新媒体专利机构进行分析，软件结果显示（如表 4 - 3 - 3 所示），排名最高是谷歌（GOOGLE），属于集群#16，引用频次为 7 次。排名第二是索尼公司（SONY），引用频次也仅为 5 次，说明整个移动新媒体专利机构联系不够紧密，相互合作性较低。另外，机构在整个产业中的影响力都不高，中介中心性为 0。结合之前的专利技术主题图谱中的聚类特征，目前该领域尚处于成长后期，产业空白领域较多，市场竞争较低，企业更多关注自身的发展，尚未达到技术的饱和程度。随着，市场逐步进入成熟阶段，市场竞争将逐步加大，企业之间的资源争夺将变得激烈，需要企业提高技术研发来提升市场占有率，所以，这些企业无疑将是未来发展的重要合作伙伴或战略竞争对手。

表 4 - 3 - 3　移动新媒体专利机构分析

Citation counts	Centrality	References	Cluster #
7	0.00	GOOGLE INC (GOOG – C), 2011, SO, V, P	16
5	0.00	SONY CORP (SONY – C); SONY CORP (SONY – C), 2013, SO, V, P	73
4	0.00	CELLCO PARTNERSHIP DBA VERIZON WIRE-LESS (CELL – Non – standard), 2013, SO, V.	39
4	0.00	SPRINT COMMUNICATIONS CO LP (SRIN – C), 2007, SO, V, P	68
4	0.00	WOWZA MEDIA SYSTEMS LLC (WOWZ – Non – standard), 2014, SO, V, P	0
3	0.00	SEIKO EPSON CORP (SHIH – C); SEIKO EPSON CORP (SHIH – C), 2015, SO, V, P	64
2	0.00	NOKIA TECHNOLOGIES OY (OYNO – C), 2014, SO, V, P	17
2	0.00	QUALCOMM INC (QCOM – C); QUALCOMM INC (QCOM – C), 2013, SO, V, P	18
2	0.00	WUHU YANGYU MECHANICAL & ELECTRICAL TECH (WUHU – Non – standard), 2015, SO, V, P	23
2	0.00	MASTERCARD INT INC (MSTC – C) 2013, SO, V, P	30

三、移动新媒体专利技术战略选择

根据理论构建的颠覆型专利战略，不仅需要分析发明人组合和企业组合，还需要分析专利技术组合，以更好地满足移动新媒体产业的战略需要，并根据实际情况，再考虑选择突破型还是渐进型战略创新。

（一）移动新媒体专利技术热点分析

通过主题词共现图谱分析，可以了解移动新媒体专利领域的研究热点，帮助企业或研发人员对整个产业研发的把握，使企业或研发人员明确技术发展状况，以进行有效的专利战略布局。主题词是通过主题分析，从施引文献中获取的高频词语，这些高频词语可以反映该领域的研究热点。

移动新媒体专利主题词图谱，共含有 63 个主题词，190 条连线，图谱网络密度 Density = 0.0973，网络结构和聚类清晰度满足聚类需要，其中，模块值 Q = 0.5469，符合［0，1］区间要求，平均轮廓值 S = 0.5954，Q > 0.5 认为聚类选择合理。

主题词，也就是文献中的关键词，是对共现文献中热点词汇的汇总和反映，虽然在文章中篇幅不多，但是能体现文献核心，是专利内容的高度总结和集中反映，通过主题词的分析，尤其是频次较高的主题词分析，可以确定某一领域的研发热点。① 主题词热点程度可以通过出现频次来确定，频次多少可以通过网络节点来反映，节点越大说明频次越多，频次多的主题词可以代表移动新媒体技术研究热点和领域，为了更好地说明移动新媒体专利技术的热点词汇，将频次较多的热点进行汇总（如表 4 - 3 - 4 所示）。

表 4 - 3 - 4　移动新媒体专利技术热点领域

Citation counts	References	Cluster#
479	t01（Digital Computers），2004，SO，V，P	0
337	w01（Telephone and Data Transmission Systems），2004，SO，V，P	0
179	w04（Audio/Video Recording and Systems），2004，SO，V，P	0
62	w02（Broadcasting - radio and Line Transmission Systems），2007，SO，V，P	0
42	s05（Electrical Medical Equipment），2013，SO，V，P	0
40	w03（TV and Broadcast Radio Receivers），2011，SO，V，P	0
39	t04（Computer Peripheral Equipment），2012，SO，V，P	0
30	p31（Diagnosis - surgery），2013，SO，V，P	0

---

① Bailon Morenor, et al. . Analysis of the Field of Physical Chem - istry of Surfactants With the U-nified Scientometric Mode. Fit of Relational and Activity Indicators ［J］. Scientometrics, 2005, 63（2）: 259 - 276.

Citation counts	References	Cluster#
25	t05（Counting – checking – vending – atm and POS Systems），2013，SO，V，P	0
25	w06（Aviation – marine and Radar Systems），2013，SO，V，P	1

作频次最高的技术热点，大多集中在聚类#0 中，说明该聚类汇集的专利技术更多是早期技术的成熟发展，例如 t01（Digital Computers）数字计算机，移动新媒体内容就是数字内容，并通过相应计算机应用程序发展起来；w01（Telephone and Data Transmission Systems）电话数据传输系统，该技术是移动新媒体基础技术，而且移动新媒体更多的都是通过手机终端进行数据的传输，而在此基础上，后续技术进一步延伸至医疗领域 s05（Electrical Medical Equipment）、电视领域 w03（TV and Broadcast Radio Receivers）、电脑外围 t04（Computer Peripheral Equipment）、体育领域 p31（Diagnosissurgery）、检查支付系统 t05（Counting，Checking，Vending，Atm and POS systems），更多专利技术集中在生理感知和生化感测①，该领域更加关注个体通过移动新媒体获取的应用服务，以用户为中心，将娱乐、健康、生活等领域相融合，未来还需要进一步延伸该领域的关键技术，使其产品更加便携化、智能化。

（二）移动新媒体专利技术关键领域分析

移动新媒体专利技术不仅需要确定技术热点领域，还需要确定技术关键领域。通过 CiteSpace 可视化软件，不仅提供词频多少的探测技术，还可以通过词频中介中心性、Sigma 等因素来探测移动新媒体专利技术热点中的关键领域。中介中心性是节点反映在整个网络图谱中的关键位置，是整个网络中通过该点的最短路径比例，属于整个网络中路径连接的中介，具有关键作用。Sigma 是通过中介中心性和研究前沿的突现性计算而来，反映专利技术的研究前沿，代表专利技术的创新性（如表 4 – 3 – 5 所示）。

---

① Patel S. ，Park H. ，Bonato P. ，et al. . A Review of Wearablesensors and Systems with Application in Rehabilitation［J］. Journal of Neuroengineering and Rehabilitation，2012，9（12）：1 – 17.

表4－3－5　移动新媒体专利技术中介中心性

Centrality	References	Cluster #
0.21	w04（Audio/video Recording and Systems），2004，SO，V，P	0
0.20	d16（Fermentation Industry），2013，SO，V，P	3
0.19	t04（Computer Peripheral Equipment），2012，SO，V，P	0
0.18	s02（Engineering Instrumentation－recording Equipment－general Testing Methods），2013，SO，V，P	2
0.16	a83（Clothing－footwear），2013，SO，V，P	4
0.14	v04（Printed Circuits and Connectors），2013，SO，V，P	1
0.13	w02（Broadcasting－radio and Line Transmission Systems），2007，SO，V，P	0
0.13	a23（Polyamides－polyesters－polycarbonates－alkyds），2013，SO，V，P	1
0.12	p21（Wearing Apparel），2012，SO，V，P	4
0.10	b04（Natural Products and Polymers－testing－compounds of Unknown Structure），2013，SO，V，P	3

　　移动新媒体专利技术中介中心性较高的是 w04（Audio/video Recording and Systems），而且该专利出现频次达到 179 次，位居第三，但音频和视频的记录系统作为移动新媒体技术基础，无疑具有较高的影响力和关键性。而处于热点技术的 t04（Computer Peripheral Equipment）作为电脑周边设备，无疑是连接终端之间的传感技术，聚类#0 的相关技术还是延续基础技术的范畴。而聚类#2 形成的 s02（Engineering Instrumentation－recording Equipment－ general testing methods）已将关注点更多地从移动新媒体领域自身领域范畴进行技术研发，而聚类 #4 形成的 p21（Wearing Apparel）和 a83（Clothing－footwear），更多关注可穿戴专利技术，强调技术移动过程中的数据应用，为用户提供新的价值，是移动新媒体未来发展的重要趋势。

　　为了更好地获取移动新媒体专利的关键技术领域，选择 Sigma 值来更好地体现专利技术的创新性和前沿性。目前，通过图谱分析，Sigma 选择了前十位专利技术，但整体分值都是1，说明目前移动新媒体专利技术的创新价值不高（如表4－3－6所示）。前六个专利都与中介中心性相同。其中，w04 技术依然是 Sigma 中价值最高的，说明该技术是该领域中的关键技术，也由此说明移动新媒体作为新兴产业，许多技术尚处于发展阶段，技术的创新价值还有待进一步提升。

表4－3－6　移动新媒体专利技术 Sigma 值

Centrality	References	Cluster #
1.00	w04（Audio/video Recording and Systems），2004	0
1.00	d16（Fermentation Industry），2013	3
1.00	a83（Clothing－footwear），2013	4
1.00	s02（Engineering Instrumentation－recording Equipment－general Testing Methods），2013	2
1.00	a23（Polyamides－polyesters－polycarbonates－alkyds），2013	1
1.00	w02（Broadcasting－radio and Line Transmission systems），2007	0
1.00	a85（Electrical Applications），2013	1
1.00	x27（Domestic Electric Appliances），2013	4
1.00	w03（TV and Broadcast Radio Receivers），2011	0
1.00	x22（Automotive Electrics），2011	2

（三）移动新媒体专利战略技术选择

根据移动新媒体专利战略需求，在颠覆型专利战略指导下，选择相应的突破型战略创新和渐进型战略创新，以更好地满足产业发展的战略需求。移动新媒体产业通过移动新媒体专利技术聚类主题以及专利热点、中介中心性、Sigam 值三个不同因素的分析，了解到移动新媒体专利技术发展还未成熟，许多技术都是技术领域的拓展，尚未形成移动新媒体成熟完善的专利技术体系，为了更好地分析移动新媒体专利技术的未来发展，从产业链的角度将三者中涉及的各种专利进行整合。结合市场发展需要，移动新媒体未来发展将涉及移动信息传感、移动操作系统、移动应用程序、移动新材料等核心技术，按照所涉领域进行针对性的战略技术选择（如表4－3－7所示）。

第一，基础领域的战略选择。选择渐进型战略创新，侧重技术升级改进，更好地迎合当前及未来市场发展，尤其是大数据时代的技术需要。选择热点、中介中心性、Sigma 值都高的专利技术，重点分布在聚类#0，例如 w01（Telephone and Data Transmission Systems），w04（Audio/video Recording and Systems），w02（Broadcasting－radio and Line Transmission Systems），w03（TV and Broadcast

Radio Receivers）、t04（Computer Peripheral Equipment），这些技术主要是移动新媒体基础技术，从移动新媒体产生之初就着重研发的技术。从热点分析，这些技术都是当前热点，而且属于热点排名前五的专利技术，说明这些技术对当前研究重要热点；从中介中心性分析，分别达到 w04（0.21）、t04（0.19）、w02（0.13），而且，从中介中心性的排名显示，w04（0.21）排名第一，t04（0.19）排名第三，w02（0.13）排名第七，都处于整个移动新媒体网络图谱的关键节点，说明这些专利属于移动新媒体的关键技术；从 Sigma 值分析，w04（1）排名第一，w02（1）排名第6，w03（1）排名第九，尤其是 w04 和 w02 应重点关注，这些技术属于移动新媒体专利技术的研究前沿。

第二，突破领域的战略选择。选择突破型战略创新，侧重技术突破和重组，针对整个聚类技术选择关键节点，整合专利选择技术突破，建立该领域的核心技术。该领域重点是聚类#2 和聚类#3，虽然这两个领域专利技术非常密集，但缺乏有影响力的专利技术，尤其是最近几年的技术价值不高，更多是基于自身企业原有技术性能的需要而进行的技术研发，说明前期专利投入缺乏战略意识，没有从移动新媒体产业角度进行专利研发，需要从战略角度进行专利组合形成较高价值和影响力的专利技术和体系。例如，聚类#2 中 s02（Engineering Instrumentation – recording – equipment – general Testing Methods）和 x22（Automotive Electrics），聚类#3 中的 d16（Fermentation Industry）和 b04（Natural Products and Polymers – testing – compounds of Unknown Structure），重点开发移动设备之间的信号传输和数据访问等领域，注重与其他产业之间的交融，将移动终端、定位技术、传感技术融为一体，通过无线设备实时传送到各类终端，符合智能型制造产业发展的需要。

第三，新兴领域的战略选择。该领域根据颠覆型专利战略，即选择突破型，又选择渐进型。侧重技术战略布局，主要是针对聚类#1 和聚类#4，该领域正处于早期发展阶段，初步形成基于基础专利技术突破交叉专利，存在较多结构洞，一方面可选择针对现有技术进行改进，或者外围布局，另一方面可以选择技术空白区域进行技术突破，实现专利战略布局。目前，聚类#4 更多侧重数据软件管理活动，尤其是新兴可穿戴技术，通过用户接受相关数据，例如，智能手机对于社交网络的应用程序，包括基于个人数据生成响应程序请求、从用户传输和接收通信数据，如音频、视频和图片，无线天线与移动设备。聚类中 a83（Clothing – footwear）、x27（Domestic Electric Appliances）、p21（Wearing Apparel），选择与服饰、家电等终端对接，尤其是可穿戴技术，通过智能眼睛、腕带、服饰等扩大社交网络的范围，属于市场的新兴领域和技术。聚类#1更多侧重终端设备和连接程序设计，例如屏幕设计、触摸技术、终端连接等领域，例如v04（Printed Circuits and Connectors）和a85（Electrical Applications）。该领域应更多发展云技术、影像实时采集、传感、定位、语音操作、物联网等技术，更符合未来发展需要，属于科技前沿技术。

表4-3-7　移动新媒体专利技术战略选择

战略选择	References	Sigma	Centrality	Citation Counts	Cluster #
基础领域	w04（Audio/video Recording and Systems）	1.00	0.21	179	0
	t04（Computer Peripheral Equipment）	1.00	0.19	39	0
	w02（Broadcasting Radio and Line Transmission Systems）	1.00	0.13	62	0
	w03（TV and Broadcast Radio Receivers）	1.00	0.05	40	0
	w01（Telephone and Data Transmission Systems）	1.00	0.04	337	0
突破领域	d16（Fermentation Industry）	1.00	0.20	3	3
	s02（Engineering Instrumentation - recording Equipment - general Testing Methods）	1.00	0.18	11	2
	b04（Natural Products Andpolymers - testing - compounds of Unknown Structure）	1.00	0.10	13	3
	x22（Automotive Electrics）	1.00	0.09	17	2
新兴领域	a83（Clothing - footwear）	1.00	0.16	4	4
	v04（Printed Circuits and Connectors）	1.00	0.14	9	1
	p21（Wearing Apparel）	1.00	0.12	21	4
	x27（Domestic Electric Appliances）	1.00	0.07	13	4
	a85（Electrical Applications）	1.00	0.05	7	1

第五章

移动新媒体专利战略生态位实施

战略实施是针对战略分析和选择后的具体执行，将理论的战略规划转化为具体实践，科学的战略规划是战略成功的一半，而战略实施是另一半成功的保障，与战略制定具有一样的重要性。为此，在选择移动新媒体专利战略之后，就是重点关注后期的战略实施的实践转化。生态系统中的战略生态位，是移动新媒体专利战略实施的核心，专利战略实施就是专利战略生态位实施。为了更好地获取生态位资源，实现战略定位，使得战略实施始终处于动态管理之中，不断地需要"分析—决策—实施—反馈"的循环，尤其是专利研发还需要不断地传递信息知识，通过学习和纠错来提升研发能力。为了更好地保障战略目标的实现，战略实施需要构建相应的实施体系、实施网络、实施措施，以便于更好地满足战略生态位的协同和调整。

第一节　移动新媒体专利战略生态位实施体系

一、专利战略生态位体系演进

（一）战略生态位早期

战略生态位早期阶段主要集中在 20 世纪末至 21 世纪初。早期战略生态位主要是针对新技术孕育、孵化、推广以及商业应用等从研发到市场全过程的生态位管理。① 早期阶段的研究侧重于研究战略生态位的内生机理。这一阶段研究的思路是如何让新技术从研发走向市场并最终替代原有技术，形成范式。学

---

① Weber M. , Hoogma R. , Lane B. , et al . Experimenting with Sustainable Transport Innovation: A Workbook for Strategic Niche Management ［M］. Enschede: University of Twente press, 1999.

者 Paolo Agnolucci 和 William Mcdowall 将技术生态位比作技术体系种子的"孵化器"，而非单个技术，是关系未来的核心技术，甚至引发市场和社会巨变的技术变革，认为技术生态位是定位"将来"，而市场生态位是定位"现在"。① 学者 Weber 和 Hoogma 从技术范式的视角认为"为新技术应用提供试验平台，被暂时保护的特定领域，免于市场与相关主体压力，通过研发者、生产者、使用者以及其他主体为其提供的帮助，直至保障新技术的成功成熟"。② F. W. Geels 和 Johan Schot 认为战略生态位是解决新技术从技术生态位发展到市场生态位的最佳途径，有效解决了技术研发市场化的问题。③

战略生态位早期理论是基于微观分析而构建的模型，由于旧的生产关系"旧政体"不能满足社会生产力的需求，针对社会需求的新技术将孕育而生，成为"充满希望的怪兽"。为了有效保护新技术避免"死亡之谷"，从而建立战略生态位。首先通过政体保护使得技术创新从孕育到研发成功并形成技术生态位，随着保护的持续成熟，新技术将进入市场逐步商业化，并在市场中获取一定的市场生态位，通过新技术替代旧技术，建立技术在市场中的技术政体，并最终形成范式生态位。

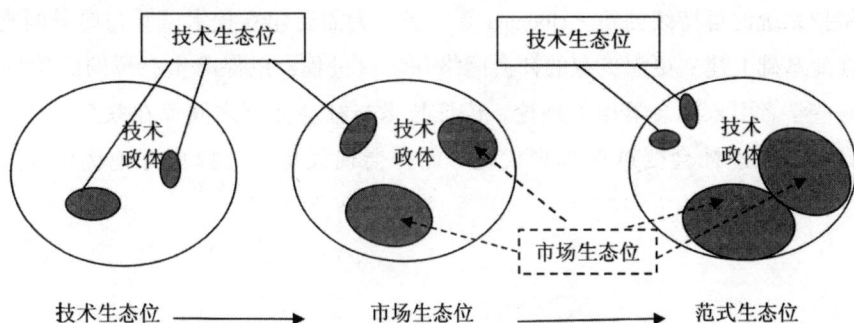

图 5 – 1 – 1　战略生态位早期阶段

资料来源：叶芬斌. 基于生态位思想的技术进化研究（博士学位论文）[D]. 浙江：浙江大学，2012.

① Agnolucci P. , Mcdowall W. . Technological Change in Niches: Auxiliary Power Nnits and the Hydrogen Economy [J] . Technological Forecasting & Social Change, 2007 (74): 1394 – 1410.

② Weber M. , Hoogma R. . Beyond National and Technological Styles of Innovation Diffusion: A Dynamic Perspective on Cases from the Energy and Transport Sectors [J] . Technological Analysis & Strategic Management, 1998 (4): 545 – 566.

③ Schot J. , Geels F. W. . Strategic Niche Management and Sustainable Innovation Journeys: Theory, Findings, Research Agenda and Policy [J] . Technology Analysis and Strategic Management, 2008, 20 (5): 537 – 554.

早期的研究将原来只关注技术本身的创新过程拓展到与技术相关的利益关联主体、社会环境以及之间的相互作用等发展过程，拓展了技术创新的研究重点。在此基础上形成技术社会性构建①、社会—技术体制②等相关理论。但早期研究主要是以技术孵化为主线展开，针对新技术何时进入，以及如何进入才能保证技术生态位成功并未详细涉及，也缺乏技术—社会以及技术—体制之间对生态位的影响与作用。③

（二）战略生态位后期

由于早期研究存在的不足，后期研究将更多管理理论引入，以弥补早期存在的不足，通过构建技术创新、体制变革和社会愿景三者间的内在机制，将进一步深化与发展战略生态位理论。Rotmans 等学者将变革管理引入战略生态位理论之中，作为新的管理理论，注重政府、企业、科研、中介等多元化、多层次的组织参与，具有多角度、交互式的网络聚焦和社会学习的特点，强调社会性实验创建之初加强愿景构建的重要性，拓展了参与主体及其相关配套体制，促进了生态位创新变革的愿景实践。④ 变革理论和战略生态位理论都是聚焦创新，通过多层次的方法来维护可持续发展，使得两者之间可以相互借鉴和吸收，有利于维护系统的可持续创新。Hoogma 等学者认为需要建立技术试验与愿景的吻合，在此基础上建立更深更宽的社会网络和学习过程，以保障生态位的成功。⑤还有一些学者引入社会学相关理论，佐证技术与社会变革之间存在联系，技术的提升可以促进社会变革更加现代化，而社会现代化又可以更好地优化技术研发。

---

① Bijker W. E.. Social Consruction of Technology ［M］. Oxford：Wiley – Blackwell，1987.

② Kemp R.，Schot J.，Hoogma R.. Regime Shifts to Sustainability Through Processes of Niche Formation：The Approach of Strategic Niche Management ［J］. Technology Analysis&Strategic Management，10（2）：175 – 198.

③ 张光宇等. 战略生态位管理（SNM）理论研究现状述评及展望 ［J］. 科技管理研究，2012（4）：167 – 170，184.

④ Rotmans J.，Kemp R.，Van Asselt M.. Transition Management：A Promising Policy Perspective ［A］. Decker M.，Wutscher F. Interdisciplinarity in Technology Assessment ［C］. Berlin：Springer – Verlag Berlin and Heidelberg GmbH & Co. K，2001：165 – 197.

⑤ Hoogma R.，R. Kemp，J. Schot，B. Truffer. Experimenting for Sustainable Transport：The Approach of Strategic Niche Management ［M］. London：Spon Press，2002.

战略生态位后期研究更多关注生态位体制变革，注重内生驱动。通过实验设计，一是如何构建技术生态位，二是技术生态位如何成功转向市场生态位，强调技术试验与愿景的匹配、社会网络的构建以及网络间的学习互动，更加清晰地展现了外部因素的巨大作用，而不仅仅是内部因素，从而形成内生驱动和外部刺激的循环机理。

二、专利战略生态位体系构建

战略生态位是基于理论实验而实现生态位的管理，其核心是通过实验来协调新技术与社会因素之间的协同演化。① 许多学者通过不断的实验来验证②，F. W. Geels 通过建立 MLP 模型，从微观的生态位、中观的社会体制、宏观的社会愿景等不同层面、不同角度分析之间的作用机理，从而促进战略生态位相关理论的深化。学者实验后认为不仅仅关注技术本身，还应更多关注愿景、制度等概念因素。③ Canie. L. S. M. 认为许多生态位之所以失败就是由于微观、中观和宏观之间的间隙，而外界的较少参与和学习互动的匮乏导致中观与宏观资源嵌入乏力。④ 为此，应将微观技术、中观市场、宏观范式等生态位系统融合来构建专利战略生态位体系，如图 5-1-2 所示。

① Van Mierlo B. C.. Kiem van Maatschappelijke Verandering: Verspreiding van Zonecelsystemen in Dewoning Bouw met Behulp van Pilot Projecten (PhD thesis) [D]. Amsterdam: University of Amsterdam, 2002.
② R. P. J. M. Raven. Strategic Niche Management for Biomass: A Comparative Study on the Experimental Introduction of Bioenergy Technologies in the Netherlands and Denmark (PhD thesis) [D]. Eindhoven: Eindhoven University of Technology, 2005.
③ Johan Schot, Frank W. Geels. Niches in Evolutionary Theories of Technical Change a Critical Survey of the literature [J]. Evol Econ, 2007 (17): 605-622.
④ CANIE L. S. M.. Actor Networks in Strategic Niche Management: Insights from Social Network Theory [J]. Futures, 2008, 40 (7): 613-627.

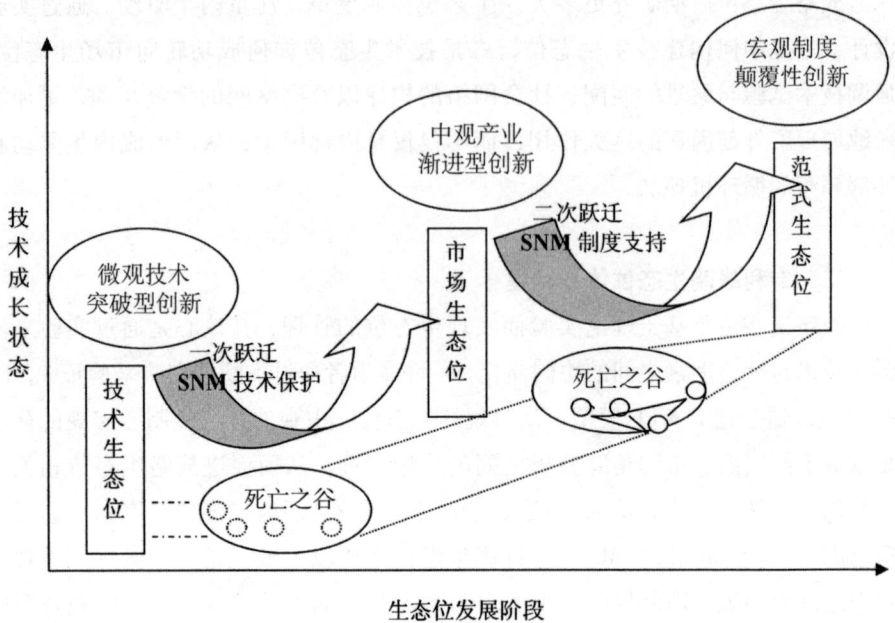

图 5 - 1 - 2　专利战略生态位理论架构

（一）微观—技术生态位

作为新技术发展的起点，其核心是新技术突破的过程。1987 年，学者 Van den Belt 和 Rip 首次提出技术生态位概念①，认为是新技术"最原始市场"的保护空间，是新技术的"孵化器"②。Geels 认为颠覆传统产业或引起市场巨变的重大发明或技术创新都是孕育于技术生态位中的。③ 借鉴学者 Hoogma 的技术生态位概念，技术生态位是通过宏观经济框架为其提供生存保护空间，在其框架内新技术通过一系列试错检验，并逐步成为主流技术范式下的替代选择。④ 而

①　Van den Belt H. , Rip A. . The Nelson – winter – dosi Model and Synthetic Dye Chemisty ［M］. Cambridge：MIT Press, 1987：129 – 155.

②　Agnolucci P. , Mcdowall W. . Technological Change in Niches：Auxiliary Power Units and the Hydrogen Economy ［J］. Technological Forecasting and Social Change, 2007, 74（8）：1394 – 1410.

③　Geels F. W. . Technological Transitions as Evolutionary Reconfiguration Processes：A Multilevel Perspective and a Case – study ［J］. Research Policy, 2002, 31（8）：1257 – 1274.

④　Hoogma R. , Kemp R. , Shot J. , et al. . Experimenting for Sustainable Transport：The Approach of Strategic Niche Management ［M］. New York：Spon Press, 2002.

战略生态位不仅分析机会和引入技术生态位，还对应设计和实施相关政策。学者 Van den Belt 和 Rip 认为专利法对技术的开始有着非常重要的关键作用。通过相关技术发明获取的专利数量来确定技术生态位。[1] Kemp 等进一步将其引入技术创新之中，认为动态制度是生态位可持续发展的保障，为了新技术的发展而创新和变革相关制度来保护。为此，学者 Weber 等在此基础上，从技术范式分析技术生态位，建立新技术从研发到应用并走向成熟的技术范式变迁，并将研发者、使用者以及政府等相关主体融入技术网络，通过生态位的不断创新实现技术范式变迁。[2]

（二）中观—市场生态位

作为新技术应用起点，其核心是新技术满足市场需求的过程。市场生态位是新技术所处的市场地位和获取的市场资源。其研究重点是产业领域。[3] 学者 Agnolucci 和 Mcdowall 认为市场生态位侧重"现在"，而技术生态位侧重"将来"，是基于未来而孕育的新技术如何占领市场成为主流核心技术，如何帮助新技术推动技术变革以颠覆传统产业。[4] 虽然新技术具有市场发展的潜力，但能否市场化主要取决于市场影响。技术生态位的新技术进入市场后，需要通过技术未来优势和现有产品功能来激励用户需求，促使用户体验新技术的产品，以此来实现新技术的市场化以及后期预想。

（三）宏观—范式生态位

作为新技术范式形成的起点，其核心是新技术如何替代旧技术，并确立新范式。新技术是遵循技术生态位—市场生态位—范式生态位的演变过程。而此处的范式生态位不同于技术范式，不仅强调技术演进轨迹和路线，还强调技术演进过程中面临的制度环境。范式生态位强调新技术从技术生态位发展到市场生态位后，通过市场化应用逐步成熟，在社会环境中找到适宜自身发展的生态

① Stuart T. E., Podolny J. M.. Local Search and the Evolution of Technological Capabilities [J]. Strategic Management Journal, 1996, 17 (S1): 21 – 38.

② Weber M., Hoogma R., Lane B., et al.. Experimenting with Sustainable Transport Innovation: A Workbook for Strategic Niche Management [M]. Enschede: University of Twente Press, 1999.

③ Stuart T. E., Podolny J. M.. Local Search and the Evolution of Technological Capabilities [J]. Strategic Management Journal, 1996, 17 (S1): 21 – 38.

④ Agnolucci P., Mcdowall W.. Technological Change in Niches: Auxiliary Power Units and the Hydrogen Economy [J]. Technological Forecasting and Social Change, 2007, 74 (8): 1394 – 1410.

位，并形成自身独有的运行机制，通过社会和市场的整体认可，而取代旧范式建立新范式。

复杂生态系统的发展过程充满非线性和不确定特点，整个系统管理应将旧范式和新范式所处的环境综合考虑，不能无视技术生态位和市场生态位所处的范式环境和机制。许多新技术在演进过程中会因为各种危机而停滞在技术生态位，或者被夭折、淘汰等难以为继的情况，如果旧范式对新技术有较强限制，新范式是无法产生的，因此，新技术在技术生态位时更多是对既有范式的适应，强调新技术对既有技术和社会环境的契合度。范式生态位能否成功更多取决于具有前景的新技术在技术生态位的保护和培育、市场生态位的扶持和完善。新技术只有冲破旧范式，融入社会技术环境，才是促进生态位向范式转变。

三、专利战略生态位体系关键

专利战略生态位的构建目的就是保障技术创新的最终成功，而整个过程发明人具有决定性的关键作用，直接影响该发明能否成功和成功走向，所以，一切的战略工作最终都需要通过发明人来进行转化，为此，与发明人的战略沟通，以及发明人的战略领悟将非常关键，同时，应尽可能为发明人提供研发便利。

（一）发明人的影响作用

发明人在整个专利研发过程中会影响技术的可能性和可行性。新的科学技术原理仅显示技术端倪，并非直接产生技术发明，而发明人的创造性在于把握和选择理论中的技术发明条件，并转化为技术原理，形成技术可能性，同时，遵循技术发展规律，构成技术发明的可行性。发明人的灵感、顿悟、思维则无疑影响技术的可能性和可行性。发明人通过自身主观的设想开启了技术创造的价值构想，并通过自身选择开拓了实现价值的实践之路。发明人基于自身价值判断，从现实客观世界中，通过发现问题、分析问题、解决问题的路径，使自身价值始终贯穿于客观世界到主观世界再到客观世界的循环之中。专利知识的搜索、重组、方案选择无不体现到发明人的价值因素，并将这一价值因素连同知识方案一起形成技术研发的价值 DNA。如果是科学研究，走到此时就已完成，例如，电磁波的放大就是基于受激辐射理论提出的。[①] 但对于技术发明，还必须使此理论提出的方案得以实现，这就要求发明人必须找到相关匹配的技术条件来真正实现，从众多可选技术中选择出满足条件的相关技术来实现技术方案，

---

① 汤斯. 激光如何偶然发现 [M]. 上海：上海科技教育出版社，2002：1-10.

才是技术研发前的完整准备，实现技术价值 DNA 物化。而对于实现专利技术而言，还需要满足实用性要求，专利技术必须达到实现积极效应的结果。所以，正是由于发明人持续不断的选择才诞生了新技术，通过几代发明人持续选择的技术积累，影响了该领域技术进化的演进，每个阶段的累积选择都通过技术主题充分体现出发明人的价值。

同时，发明人还影响技术的类别属性和质量高低。很多学者将客观世界分为科学知识和技术知识，如果发明人在早期知识选择环节中选择科学知识，则研发成果更多属于基础发明①，如果发明人从技术知识中选择，则研发成果更多属于改进发明。基础发明不仅创新性更强，而且对产业的影响更加深远。为此，迈克尔·哈特认为马可尼的专利比爱迪生的专利影响更深远。② 另外，发明人在组合知识时，跨度较大的学科组合远高于单一学科组合。发明人对技术的熟悉程度越高，研发成果实现的性能将越高。发明人对企业战略熟悉程度越高，研发成果对企业竞争力的帮助则越大；发明人对市场状况了解越多，研发成果市场竞争力则越强。

（二）发明人的价值取向

即便具有相同的能力，以及拥有相似的环境和条件，但是为什么专利技术进化情况依然存在千差万别的情况，这主要取决于发明人对知识的选择。不同的发明人有不同的选择，只有被发明人选择的知识才能实现进化，具有较强的自主性。而发明人进行选择并非盲目，而是有意识的行为，是发明人对知识的价值判断行为。发明人自身的知识能力和判断水平将是选择的关键。而外部环境和内部环境相互交织的矛盾带来的问题促使发明人进行行为选择，发明人在问题意识下，结合自身判断选择相关知识进行重新组合，使其解决存在的问题。如何进行组合？原有知识为解决问题提供了强有力的知识基础，发明人通过自身知识储备和知识能力进行相关知识的组合，形成新的知识单元来解决存在的问题。整个过程中，发明人的价值判断是驱动核心，内外环境是发明人价值判断的影响因素，相辅相成。

（三）发明人的自身条件

发明人首先应具备基本的知识能力、心智能力、求知能力。知识能力是发

---

① 杨中楷，刘则渊，梁永霞. 试论基础专利——以汤斯和肖洛的激光专利为例［J］. 科学学研究，2009（5）：672－677.

② Hast M. H.. The 100：A Ranking of the Most InfluentialPersons in History［M］. New York：Citadel Press，1978.

明人从事相关领域的基本条件，包括科学知识和技术知识，发明人需要通过运用各种知识进行组合，并通过技术操作实践形成研发成果，而发明人知识能力的高低和广博也都是在学习和实践中不断积累和提升的，能力越强研发效果越高。而今，随着现代发明要求越来越高，越优秀的发明越需要发明人渊博的知识能力，需要同时掌握不同学科的知识，以及熟练操作技能非常困难，仅凭一人去完成出色的发明已变得越来越不可能完成了。① 移动新媒体的操作系统就是不同学科相互融合，以及不同技术操作相互支撑完成的。在这样的背景下，研发团队将变得越来越重要，可以弥补个人无法较好掌握多学科多技能的困境，但团队之间的协同配合将变得更加重要，尤其是团队价值认同；心智能力是人们通过感知现实需要而激发自身已知的知识的生物反应，表现出一种智能力和潜能力。发明人通过现实需要结合自身知识进行技术研发方案的构想，体现发明人的创意思维，这也是发明人灵感来源和实践结合的展现。激光的发明就是汤斯在公园长椅上休息时获取的灵感，而穆利斯则是在驾驶途中获得 DNA 复制的创造灵感；求知能力体现发明人对知识的渴求和对科研的追求，应具有"求知若饥，虚心若愚"② 的心态，才能激励发明人不断尝试和挑战。除了这些条件外，稳定的心理素质、良好的团体配合能力都是影响发明能否顺利和成功的重要因素。

（四）发明人的外部条件

一项成功的发明，需要天时地利人和，缺一不可。对于天时是可遇不可求，但是地利和人和则必须具备，不仅需要发明人拥有出色的综合能力，而且需要良好的外部条件以供发明人选择。首先，知识累积情况不同影响发明人发明。尤其是发明人选择的知识资源都是建立在一定的研究基础上，没有足够的知识累积，无疑增加发明人发明的困难。如果没有诺基亚、黑莓等之前在操作系统方面的知识积累，也许苹果的研发将不会这么顺利。其次，发明实验能够选择的条件影响发明人发明。虽然发明人在知识搜索和知识组合方面获取了有用的资源，但是在实施方案选择时，缺少匹配的实验条件和技术条件，无疑将影响技术方案能否实现以及实现后的先进性。如果缺少 3G 宽度网络技术的实施，苹果的操作系统以及 O2O 也许就会像之前的诺基亚一样无法生存。最后，发明人

---

① 王海山. 技术发明的动力学机制［J］. 科学技术与辩证法，1987（3）：26 – 33.

② 孙永磊，宋晶，谢永平. 企业战略导向对创新活动的影响——来自苹果公司的案例分析［J］. 科学学和科学技术管理，2015（2）：101 – 110.

发明不仅需要知识累积、技术便利，还需要考虑市场的选择、社会的需求以及相关利益主体的索求等因素，缺一不可。

第二节 移动新媒体专利战略生态位实施网络

一、专利战略生态位网络构建

专利战略生态位是基于战略高度，系统筹划新技术在技术—市场—范式不同阶段实现生态位成长—成熟—成就，在整个发展过程中，战略价值通过新技术的实现而体现，所以，如何选择有未来前景的新技术具有至关重要的决定作用。结合社会网络理论，新技术最终的成功不仅需要价值创意，还需要多方力量的共同努力才能实现创意的物化。

正如"蜂巢式意识"①，相互学习，求同存异，满足生态系统的多样性和异质性。利用专利知识可视化分析，从战略和市场的角度选择具有共同价值愿景的团队和网络，通过价值网络整合各方因素构建战略生态位价值网络模式，最终实现战略生态位价值（如图 5 - 2 - 1 所示）。

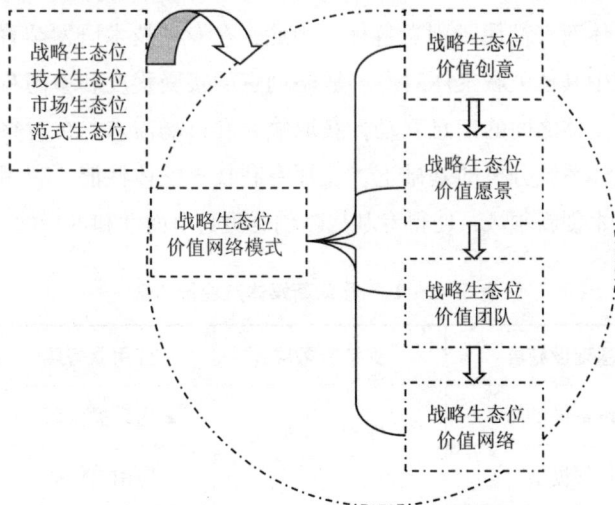

图 5 - 2 - 1 专利战略生态位价值网络模式构建

---

① 蜂巢式意识就是模仿蜜蜂行为，是一个因互联网或者其他在线工具而变为可行的集体思维力量的可视化表现形式。

(一)战略创意

创意就是创新意识的突破,基于现有客观情况,运用主观思维,突破传统模式,综合分析的结果。战略生态位创意则是在现有技术环境和技术变革的压力下的创新意识形成和突破。战略生态位初期,创意是企业主体结合市场和技术,预测未来可能出现的市场需要和技术性能,以此建立战略生态位和一系列创新环节共同推动相关技术探索,通过创新产品商业化并最终实现战略价值。

移动新媒体面对技术融合和产业融合的现状,随着技术的不断突破和改进,未来融合的领域将更为广泛,目前,移动新媒体更多的定位属于"娱乐",属于体验型基础消费范畴,未来将更多地进入"应用"领域,转化成为教育领域、技能提升领域以及方案解决领域,不仅愉悦消费群体精神领域,更是解决消费群体客观领域。未来移动新媒体的专利技术将更加关注虚拟世界与现实世界的融合,通过虚拟世界的数据、信息等知识整合分析来解决消费群体在现实世界无法解决的问题,提升消费群体解决方案的能力和效率。

移动新媒体战略创意更加关注专利技术从研发到应用的一体化设计,考虑产业价值链中的每个关联主体(如表5-2-1所示),避免专利技术的"死亡之谷"。同时,还要更加关注消费群体从设备使用到价值增值的一体化服务,实现和解决消费群体从获取产品到获取增值的全过程。每个价值层面的关联主体对于专利研发主体而言都属于消费群体,为此,在专利技术研发孕育期间,就要考虑生态系统中其他关联主体对专利战略创意的接受程度和参与程度,通过关联主体与研发主体之间的信息互动,获取顾客和市场需求。在对移动新媒体生态系统进行整体系统分析的基础上,发挥专利技术整体性能,利用颠覆型战略模式,确定技术创新领域,使得专利战略创意更具全面性和可行性。

表5-2-1 移动新媒体产业价值链

	基础设施层	支持服务层	应用服务层	终端
移动新媒体	设备提供商	移动通讯商	内容提供商	用户
	软件提供商		应用提供商	
	终端提供商	虚拟运营商	移动用户	
	下游	中游	上游	

（二）战略愿景

愿景作为组织成员的共识，是未来发展的努力方向。战略生态位愿景是在生态位创意的基础上，将组织目的和个体价值观相结合，形成生态位愿景开发、定位、落实，并通过战略生态位愿景组建团队，促使组织利益最大化。战略制定的目的就是引导组织进入优势区域获取自身竞争力，通过战略制定指出产业最具价值的战略方向和实现路径是什么。为了更好地确定战略方向，战略在制定时首先确定战略愿景和使命来引导组织，在战略愿景和使命的引导下，分析当前的发展现状，从中选择适合自身未来发展的战略方向。

愿景是组织希望未来呈现的一种理想状态，具有很强的理想色彩，是对未来发展的一种展望，虽然不一定能够实现，但引导组织为之努力。使命是相对于愿景而言，就是为了实现组织愿景而设定，是组织存在的理由和法则，并通过解释方式将愿景模糊的概念具体化①，以完成愿景为使命。美国学者克林与帕罗斯详细分析了历经岁月考验的成功企业共同之处就是通过建立愿景和使命来预见未来。② 因此，面对日益激烈的竞争格局，设定好的组织愿景和使命尤为重要。③

组织的战略愿景和使命包含组织内外成员的共同理念，是利益相关者共同的追求。战略愿景作为未来发展的导向，是组织发展外在拉动力，而使命作为组织如何实现愿景的具体安排，是组织发展内在驱动力，两者相互作用，来促使战略实现。战略生态位在其发展的过程中不断提升问题解决的强度和力度，促使企业价值活动与自然环境、社会网络形成价值共生。例如，2014 年 6 月，苹果为了更好地系统开发 iOS 各项功能，邀请 Safari 等 1000 多名相关研发团队以及用户，通过苹果展示的战略愿景来构建 iOS 系统开发和应用的战略研发联盟。

（三）战略团队

战略团队就是不再局限于企业个体领域，而是将产业生态系统作为整体，

---

① Bratianu, C. . Management strategic ［M］. Craiova：Editura Universitaria, 2005.

② Collins, J. C. , Porras, J. I. Building your company's vision ［J］. Harvard Business Review, 1996, 9（1）：9 – 10.

③ 詹姆斯·C. 柯林斯，杰里·I. 波拉斯著. 基业常青——企业永续经营的准则 ［M］. 真如，译. 中信出版社，2002.

审视自身所处的位置，按照"新木桶原理"①，充分利用产业资源，扬长避短，重新构筑符合自身利益的战略团队，团队帮助个人及组织能力提升。美国学者本·琼斯将过去50年的210万份专利文献和2000万份同行评审论文进行分析发现，95%领域存在科研合作并持续增加，团队成员数正以每十年20%速度增长。② 战略生态位团队并非一起工作，而是团队成员之间相互帮助、彼此支持、有效互补，为统一目标而奋斗的组织集合。同时，团队还需将共同目标具体量化，形成基于总目标下的子目标，运用模块化管理，形成统一目标分工协作。尤其是基于专利发明的产品，是由若干不同的专利技术组成，需要若干不同的专利发明者、专利生产者、专利推广者等主体组成的团队配合才能实现。为此，在选择战略团队时，应根据战略发展需要，选择合作、共生的"有利"合作伙伴，有效识别中性、偏利和寄生的"中间"成员，规避或转化竞争和偏害的"有害"成员（如表5-2-2所示）。例如，Android系统为了成为完整芯片提供商，2012年三星构建战略团队以满足战略需求，与无线芯片CSR以及300多名研发人员形成战略团体，获取了蓝牙、GPS以及成像技术等领域，通过战略团队的优势互补，获得移动技术提供多种芯片组合，并有效地解决了原有芯片续航问题。三星企业通过芯片战略成员的专利技术合作，形成相关产业共生状态。

表5-2-2　战略团队选择标准

生态关系类型	收益情况		生态关系特点
合作	+	+	双方获益，但分离又能独立生存
竞争	-	-	彼此抑制，需求同一资源
寄生	+	-	一方获益，另一方受损

---

① 新木桶原理是指企业不再仅仅考虑自己的一个"木桶"，不再仅仅着眼于修补自己的矮木板，而是将自己木桶中最长的那一块或几块木板拿去和别人合作，共同去做一个更大的木桶，然后重新的大木桶中分得自己的一部分。这种基于合作构建的新木桶的每一块木板都可能是最长的，从而使木桶的容积得到最大。任何企业都只能在某些价值增值环节上拥有优势，在其他环节上，其他企业可能拥有优势。为达到"双赢"或"多赢"的协同效应，彼此在各自的优势环节上展开合作，可以取得整体收益的最大化。

② Jonah Lehrer. Groupthink：The Brainstorming Myth. ［EB/OL］. http：//www. newyorker. com/reporting/ 2012/01/30/ 120130fa _ fact _ lehrer? currentpage = 1. 2012 - 01 - 30/2016 - 03 - 25.

续表

生态关系类型	收益情况		生态关系特点
共生	+	+	双方获益，彼此分离无法独立生存
偏利	+	0	一方获益，另一方无影响
中性	0	0	双方彼此互不影响
偏害	–	0	一方受害，另一方无影响

（四）战略网络

网络是宏观层面的社会网络体系，从中分析网络中心度和网络结构洞，以了解网络系统中价值关系网络和价值关键节点，为生态位在不同层面发展时提供网络检测和保障。战略生态位网络是运用 SNA 理论，在生态位发展过程中，形成研发者、生产者、消费者以及社会群体等利益关联体，并通过相互学习构成价值网络。在其网络中涉及整体网络的结构要素和网络成员的关系要素。网络结构更多关注网络成员所处的位置、成员间的网络结构以及结构的演变过程和图谱；网络关系更多关注网络成员间的关联程度，强调网络联结的强度、密度、规模等情况。通过战略生态位网络构建，将网络团队、竞争者、用户、科研工作者、社会组织以及政策制定等主体囊括其中，从中分析网络生态格局和创新节点，使得网络建设及时与社会资源相互协同。

整个网络形成过程，首先是基于最初主体的技术创意，在创意基础上，最初主体与其他主体展示愿景，促使其他主体加入其中，通过具体目标的构建形成团队，并在后期相互学习中形成网络。例如，苹果的指纹技术，就是在与消费群体的信息互动中重新创意了 NFC，与 AuthenTec 公司达成技术资源共享，提升该领域的技术性能，并与我国银联建立战略合作，进一步推动了 Apple Pay 支付技术发展，通过技术改变了原有支付模式，并在此基础上，推出硅芯片，解决了半导体传感技术问题，并以此形成了该领域的战略网络。

二、专利战略生态位网络协同

专利战略生态位的协同主要是生态位发展过程中不同因素之间的协同实现。网络协同主要涉及协同结构和协同过程，Veronica Serrano 和 Thomas Fischer 认为协同是各要素之间的"沟通—协调—合作—协同"整合与互动过程。[①] 何郁冰将战略、知识、组织作为协同创新的三个层面。[②] 例如，Symbian 系统，通过战略整合了相关软件开发、顾客、内容、广告等关联主体，利用相关主体的协同共同构建 Ovi Store，并通过该平台不断反馈市场信息和顾客意见，满足技术后续研发的完善，实现各方利益共享共赢局面。为此，战略生态位协同就是将相关要素通过战略协同、知识协同、组织协同实现不同要素之间的互动与整合。

（一）战略协同

战略协同是战略生态位协同基础。在战略协同过程中，生态网络成员基于愿景共识和彼此信任达成战略协同。在创新过程中，战略生态位网络体系并非一蹴而就和一成不变，而是不同主体根据自身经验和价值定位，在线性和非线性过程中交错形成愿景共识，并随着生态位演变进行动态调整。

海尔瑞认为企业发展犹如生物的生命周期，通过资源获取、配置、消化和吸收来维持企业生存和发展。在其成长生命周期中，企业通过竞争和合作方式从生态位中获取生存资源，并通过资源吸收消化来巩固生态位。为了更好地获取资源维持生存和发展，企业通过战略搜索，在生态系统中搜索资源"缝隙市场"，并由此形成自身小生态。早期阶段，生态系统中的缝隙市场属于"蓝海战略"，但随着市场的不断发展，生态位获取资源的压力将逐步增大，竞争将逐步成为主角，原有缝隙市场将逐步成为"红海"，企业必须在竞争和合作中选择平衡，为此，企业需要通过竞合方式建立战略协同，与彼此信任和愿景共识成员建立战略联盟形成"共生"状态以巩固缝隙市场。

（二）知识协同

知识协同作为战略生态位协同的内在核心，体现协同主体之间通过学习进行知识交换和知识转移的协同共享。战略生态位网络系统要求知识协同具有高效、信息以及螺旋上升的态势。

知识协同的实现是在不断地"试错"中"学习"知识"反思"未来。试错是为了解决问题，不断尝试各种方法，从中积累经验并学习知识，通过反思提升自适应。根据进化理论，试错也是一种"优胜劣汰、适者生存"的方法，使其产生优良种群。试错不仅是建立新技术的环境适用性，更重要的是通过试错

---

① Veronica Serrano, Thomas Fischer. Collaborative Innovationin Ubiquitous Systems [J]. International manufacturing, fgd2007, 18 (5): 599 – 615.
② 何郁冰. 产学研协同创新的理论模式 [J]. 科学学研究, 2012 (2): 165 – 174.

从中学习知识。"失败是成功之母"，通过一次次的试错使其生态成员保持学习态度，从中反思以进化自身生存能力。生物的进化就是在"试错""学习""反思"中生存进化。企业作为社会组织，同样具有生物种群的特性，为了技术的自适应，不仅需要从试错技术中学习知识，还需要反思新技术可能涉及的用户需求、社会制度、接受程度、价值信仰等更高层次内容。反思作为更高层次的意识，是决策者将技术方案和社会方案融为一体的综合考虑过程，需要了解每个设计方案以及潜在影响。通过三者间的相互配合使其企业更好地消化吸收整个过程产生的知识，并融入行动以便更好地获取资源。

（三）组织协同

组织协同是战略生态位跨组织形态。战略生态位网络体系已成为组织协同的研究热点。Bonaccorsi A. 和 Piccalugadu A. 从合作资源、合作时间以及合作关系来说明组织协同的结构和过程。① 组织协同就是组织网络的协同，利用网络来实现知识创新。结合社会网络理论，通过网络深度实现资源的有效及时配置，通过网络宽度囊括更多关联群体，拓展成员认知和二阶学习。不论网络是否联系紧密，都存在知识创新，联系紧密的网络中知识创新效率无疑较高，联系松散的网络中多样化资源丰富，内含大量结构洞，无疑适合异质知识融合创新。

组织协同就是网络体系中利益相关者的相互交流和所需资源的配置状况。战略生态位组织协同中成员交流就是在网络体系中实现成员之间的相互交流，通过技术、信息和知识的相互交流与共享构成社会网络。在网络体系中形成"知识点—知识链—知识网"，并通过这些网络节点实现知识获取、交流、传递与创新。

战略生态位组织协同资源配置是为了资源利用最大化和资源浪费最小化，通过网络活动实现各种资源有效分配。组织协同需要考虑如何有效将不同资源按照用途进行合理分配，为生态位创造出最大效益。运用帕累托理论，实现组织协同过程中对某一部门的资源分配不影响其他部门境况，实现帕累托最优。通过组织协同实现战略生态位的最佳，而战略生态位的获取是帮助企业获取更多竞争优势，因此，组织协同必须具备实现资源有效配置能力。

三、专利战略生态位发明创意

发明人作为专利技术研发的关键，在技术研发前应明确战略意图，并将专

---

① Bonaccorsi A. , Piccalugadu A. . A Theoretical Framework for the Evaluation of University – industry Relationships［J］. R&D Management，1994（3）：229 – 247.

利战略转化为具体、明确的研发价值倾向，使其发明人在专利技术研发前，将战略作为研发目标，通过知识选择、知识组合、方案选择三个搜索和架构环节，选择战略所需技术并进行主观构想和技术创意。

（一）知识选择

知识是人类经过实践，对客观世界认识改造后的总结，是总结的信息通过大脑重组后的信息集合，是人类主观世界对客观世界的认知反映。① 波普尔将知识组成的世界称为客观世界，并将客观世界中的知识又分为科学知识和技术知识。② 发明人在进行技术研发前，首先要搜索相关知识。学者庞杰通过知识的科学与技术区分，将科学文献和专利文献作为知识载体，运用网络引文展示知识的流动。③ 专利技术作为知识元素，是在原有知识基础上创造了新领域而形成的新知识，通过专利文献来展示专利技术的发展情况，并利用专利文献索引网络来供大家搜索和学习。发明人从众多纷繁复杂的专利索引中选择有用的专利知识，一方面是了解当前的研究情况，另一方面也是避免重复研究，所以搜索效果直接决定后期发明能否成功。

（二）知识组合

知识组合是"对客观知识中的相关知识单元在结构上进行重新组合，使之有序化后形成知识产品的过程"。④ 在这个环节，发明人的价值主要是通过发明人基于何种创新思想进行知识组合的构思来体现。发明人将搜索到的有用知识进行相关组合，本质是知识元素的重新组合，通过不同的知识元素组合成新的知识单元，推动知识不断进化的过程。而在整个组合过程中，将碎片化、游离化的知识元素通过发明人价值体系重新构建，形成全新的专利技术方案，为专利技术研发提供思想创意来源。而在整个创意过程中，发明人价值通过发明人采用何种组合方式进行全新组合来体现，整个过程直接关系到专利技术研发能否成功，是专利战略需求能否展现的关键核心。

---

① 庞杰. 知识流动理论框架下的科学前沿与技术前沿研究（博士学位论文）［D］. 大连：大连理工大学，2011：10－32.

② 高继平等. 专利—论文混合共被引网络下的知识流动探析［J］. 科学学研究，2011（8）：1184－1189.

③ 庞杰. 知识流动理论框架下的科学前沿与技术前沿研究（博士学位论文）［D］. 大连：大连理工大学，2011：32－64.

④ 丁鸣镝. 知识重组随想（之二）［J］. 图书馆学刊，2004，26（3）：1－2.

（三）方案选择

从客观世界的角度来说，知识选择和组合行为更多是停留在理论层面，属于人类主观世界的"由己性"，是基于未来客观世界，发明人价值的内心组合做出的超前反映。为此，列宁指出"人的意识不仅反映客观世界，并且创造客观世界"，但是主观世界具有如此重要的能力，主要源于实践活动，也是主观世界和客观世界得以统一的基点，通过不断的实践后形成的知识，创造了客观世界，也进一步丰富了人的主观世界。实践有效检验和展现发明人价值观念的深度和广度，从中体现发明人主观世界和客观世界整体格局，以及专利技术价值涉猎范围。所以，通过知识选择和组合后，将重组后的技术思路和技术功能转化为具体的技术路径和关键结构方案进行实践，以实现发明人的价值意图。另外，按照专利特性要求，专利技术必须满足专利实用性的要求，这不仅要求专利技术研发进行创新，还需要研发方案创新后的成果实现实践，以满足实用性要求，通过方案实施使专利技术转化成真正生产力。

以上三个环节的完成，代表专利技术研发的正式开始，未来专利技术成果能否成功，不仅取决于发明创造的成功，还取决于未来能否投入市场，并在市场竞争中形成范式。但是从管理控制角度分析，前馈控制远高于现场控制和反馈控制，是控制的最高境界，避免资源浪费，将风险降到最低，所以，在专利技术研发前，发明人基础工作至关重要，直接影响后期成功概率。

第三节　移动新媒体专利战略生态位实施措施

一、专利战略生态位运行模式

（一）专利战略生态位运行模式分析

战略生态位模式构建后，各因素之间如何运行及运行机理将直接影响生态位的最终成功。目前，针对战略生态位运行机理的研究主要侧重于两方面，一方面是从运行机理的内生逻辑进行分析，另一方面是从运行机理的时间顺序进行分析。内在逻辑观点认为战略生态位的运行模式是内生过程，强调专利社会愿景、专利技术创新以及专利创新制度之间的内在逻辑和影响，是推动专利技术成功跨越"死亡之谷"的关键所在。Schot 等学者提出 SNM 内生过程理论对技术试验和生态位发展具有至关重要的作用，并认为"期望一致性、网络构建、学习过程"是关键内生过程。① 学者 Mierlo 在此基础上,进一步扩大了 Schot 的理论,使其期望更加颠覆、网络更深更宽、学习更深更多。② 时间顺序观点认为战略生态位的运行将经过技术选择、实验选择、实验建立及实施、实验扩大、保护政策撤离等步骤,认为运行将围绕"新技术从产生到孵化再到市场乃至最后成功"作为研究主线。③ Hommels 等学者进一步完善相关步骤,将潜力新技术作为技术选择首选,将非技术人员介入实验阶段扩大参与人员群体,推动技术生态位向市场生态位演变。④ 而基于专利技术建立起来的战略生态位,强调专利技术及生态位演进过程中的逻辑机理,从构建之初就是将技术生态位—市场生态位—范式生态位三个层面按照统一愿景系统构建,这三个不同层面就是内在逻辑的外在体现。同时,专利技术及生态位演进过程也是按照时间顺序演进而来,按照知识协同原理,专利技术及生态位就是在反复的试错中完善和提升,并据此扩大和推广,使其保障最终的成功。基于专利建立的战略生态位,通过运行机理的逻辑维度来体现生态位不同层面的关联性,还通过运行机理的时间维度来体现生态位演进过程的连续性。为此,在战略生态位运行过程中,不同的时间维度贯穿于不同层面的逻辑维度,随着时间维度的实施完成不同层面生态位的逻辑维度。

(二) 专利战略生态位运行模式构建

战略生态位在内生运行过程中,由于时间维度的"技术选择、实验选择、实验建立及实施、实验扩大、保护政策撤离"等步骤和逻辑维度的"期望一致性、网络构建、学习过程"等方面相互扶助,彼此影响,共同作用。为此,将逻辑维度和时间维度融入其中,将逻辑维度三方面贯穿具体时间维度实施步骤中,同时,与空间维度一起共同促进生态位的发展,通过三者的协同,促进战略生态位空间维度的孕育与成长。

---

① Schot J. A., Hoogma R. De Invoering van Duurzame Technologies: Strategisch Niche Manage-ment als Beleidsin Strument [Z]. Programma DTO, Delft University of Technology, Delft, the Netherland, 1996, 26 (10): 1060 – 1076.

② Mierlo B. C.. Kiem van Maatschappelijke Verandering. Verspreiding van Zonnecelsystemen in de Woningbouw Met Behulp van Pilotprojecten [M]. Amsterdam: Het Spinhuis, 2002.

③ Weber M., Hoogma R., Lane B., et al.. Experimenting with Sustainable Transport Innova-tion: A Workbook for Strategic Niche Management [M]. Enschede: University of Twente Press, 1999.

④ Hommels A., Peters P., Bijiker W. E.. Techno Therapy or Nurtured Niches? Technology Studies and the Evaluation of Radical Innovations [J]. Research Policy, 2007, 36 (7): 1088 – 1099.

二、专利战略生态位运行过程

专利技术初步形成时，由于存在许多不成熟领域，是"充满希望的怪兽"，需要找到保护空间为新技术提供成长"温床"，而战略生态位目的就是能够为专利新技术提供保护空间，在其保护空间中进行技术试错和学习，使其完成对专利技术的选择、研发、推广、形成范式，促进专利技术深度开发。整个运行过程直接决定专利技术能否从既有体制中脱颖而出并取代现有技术及范式。

（一）期望一致性

期望一致性是对参与专利技术主体努力方向的规范。对于处于技术生态位选择和试验阶段的专利新技术，更多是基于对未来前景的预测进行技术选择，但由于缺乏市场价值无法准确预判，无法量化投入的研发时间和研发资源，在实验初期，相关主体对专利技术的期望可能并非一致，对专利技术的期望和愿景可能更多基于自身立场，使其技术选择可能出现多元，不同主体选择不同技术或某一技术，影响技术创新的系统性和有效性。为此，期望一致性成为衡量专利的标准。

同时，期望一致性是动态调整的，而非一成不变。在实验初期，对专利新技术的期望和愿景更多是建立在技术构想的基础上。随着技术实验的深入进行，可能会改变最初参与主体的技术期望，实验会影响已有期望的特性。[1] 首先，使期望更加稳固。通过技术实验可以进一步稳固相关主体的期望一致性，之前的未来憧憬随着实验的进程将逐步聚焦，通过一次次实验使其参与主体的期望更加明确，使得期望一致性变得更加稳固。其次，使期望更加可行。随着新技术实验不断的试错，参与的主体也随之增多，技术资源支持使得技术质量逐步提高，对生态位的期望变得更加现实，使得期望更加可行。最后，使期望更加具体。随着技术实验的逐步深入，之前对技术预期的认识会随着技术实验展现的情况进行调整，使得之前过于理想的期望逐步理性，更加注重技术的基础和现状，对技术的期望将逐步从笼统变得具体。另外，期望的改变不只是内部变化引起，外部变化更是期望改变的主因，专利战略生态位是基于市场需求对商业模式调整的结果，不同的市场变化和制度变化都会影响期望涉及的领域和发展的方向。

---

① Hoogma R. . Exploiting Technological Niches: Strategies for Experimental Introduction of Electric Vehicles ［M］. Enschede: Twente University Press, 2000.

（二）网络构建

新的生态位是在社会网络支持下出现的，支撑生态位的开发、承载生态位的期望、梳理生态位的任务。生态位建立初期，也是网络建设初期，只有一个或少数几个企业参与专利新技术的研发，网络用户和网络规模有限。早期获得利益的可能性较低，使得参与主体对生态位建设的承诺性较低，不会因撤退遭受较大损失。整个网络成员没有清晰的角色，成员之间的关系都不稳定，整个网络资源和资金供给缺乏稳定保障。生态位发展时期，网络参与主体的数量逐步增多，网络用户和规模进一步扩大，使得网络获利可能性提升，网络成员更加积极参与项目开发，整个网络获取资源和资金变得更加稳定，成员间的相互关系变得清晰，使得网络协同变得更加明确和重要。

首先，网络构成强调成员对新技术资源持续投入，以维持或扩展战略生态位。在资源投入过程中，一些企业为了获取更多市场竞争优势，为防患于未然会持续不断地对新技术加大研发和资源投入，使其始终占据竞争地位；还有一些企业为了避免错失未来发展机会，也会参与其中，但由于是现有技术的既得利益者，会试图采取延缓手段避免影响现有利益。① 而与现有技术和范式存在较弱联系的企业，则会采取更为激进的措施加快研发速度。同时，网络构成还需要用户的参与，使其提供创新的重要信息，用户通过参与可以调整技术性能和市场定位，非用户虽然不使用相关技术，却会成为技术使用者的影响者或决策者，他们的需求和意愿等信息也是创新的重要来源。

其次，网络定位强调成员在网络活动中的角色定位。战略生态位网络中拥有不同成员，虽然强调期望和愿景的一致性，但由于新技术由一系列技术要素和环节组成，成员在活动中的定位角色自然也不同，而且网络中还存在既有技术企业和新技术企业，新企业和现有企业由于各自不同的现状，想法和定位自然也不尽相同。例如，苹果预见到语音搜索的市场前景，为了提前布局该领域，2010 年将其语音搜索开发商 Siri 连同全部研发团队一并收购，构建该类专利技术生态网络。

---

① Kemp R. , Schot J. , Hoogma R. . Regime Shifts to Sustainability Through Processes of Niche Formation: The Approach of Strategic Niche Management [J] . Technology Analysis & Strategic Management, 1998, 10 (2): 175 – 198.

（三）学习过程

学习过程是网络成员在生态位发展过程中对不同问题的解决和调整，包括技术识别、市场辨别、商业调整、网络运行等内容，涉及技术、管理以及社会等领域的学习。产业演进就是学习互动的过程，成员通过学习使其更好地提升自身能力，使其更好地实现成员间的高效协同配合。因此，学习是演进动力，学习进步就是演进判断标准①，整个学习过程通过学习内容、学习识别、学习阶段三方面完成学习过程。

1. 学习内容

学习是保证专利技术提升和生态位跃升的关键。整个过程涉及不同内容，需要网络成员及时有效地通过学习减少进展过程中存在的障碍和问题。为此，Hoogma 等学者通过研究将学习内容分为如下方面②（如表 5 - 3 - 1 所示）。

表 5 - 3 - 1　网络成员应关注的学习内容

序号	关注内容	具体说明
1	技术方面	技术研发需要的基础设施，以及相关的技术范式要求和互补技术等方面
2	客户方面	技术研发要结合客户的需求来创作，了解用户的使用特点及技术使用障碍
3	社会方面	技术研发的社会安全性，以及对技术运行的相关要求
4	产业方面	技术研发面对的产业环境以及相关竞争状态
5	政府方面	政府针对技术研发及运行的法律法规等制度要求，以及各种相关的激励政策等方面

2. 学习识别

学习识别是强调网络成员能清楚识别应学习的内容，以及识别未来可能遇到的障碍和机会窗口。但是学习内容并非自然出现，而是网络成员有意识的行

---

① 金雪军，何肖秋. 技术扩散与国际产业转移相互关系分析［J］. 生产力研究，2006（3）：172 - 174.

② Hoogma R.，Kemp R.，Shot J.，et al.. Experimenting for Sustainable Transport：The Approach of Strategic Niche Management［M］. New York：Spon Press，2002.

为。学者 Ayas 认为从问题识别到问题解决存在障碍，影响学习周期①，带来学习不当的糟糕结果。有些成员虽然意识到行为改变后的效果，但由于环境制约，影响行为的改变；有些成员虽然意识到，但改错方向；有些成员虽然获得学习内容，但未能改变带入后续实验，未能带来长远影响；有些成员在试错过程中经验并未引起其他成员的重视。学者魏江等②通过研究企业群落学习模式，认为存在四种群落学习模式以及匹配的群落生态，通过学习识别，满足基础积累到互动、互动到基础以及渐进发展来实现群落演进。同时，学习也是自组织的体现，与其他生物一样，产业或企业也会通过自我能动性来调整自我生态位，利用环境分析识别学习内容，通过知识的不断积累来抵御环境的影响，建立或巩固自身生态位。为此，学习识别可以有效避免学习不当带来的问题。

3. 学习阶段

学习阶段分为一阶学习和二阶学习。一阶学习属于传统的技术性学习，可以提升新技术的有效性，完成实验目标③；二阶学习侧重社会性学习，通过社会互动使其改变思维框架和创新理念。二阶学习对技术生态位向市场生态位跃升直至范式生态位具有巨大的帮助。在整个学习过程中要确定相关负责人员，并注意两个不同阶段的学习要求和内容，避免错误的学习形式。

总之，战略生态位的发展离不开运行过程的各个阶段，由于每个阶段的面临的问题存在差异，需要正确识别并有效解决每个阶段存在的问题，才能有效运行内在过程，推动战略生态位的发展。

三、专利战略生态位运行步骤

Weber 等学者提出的"技术选择、实验选择、实验建立及实施、实验扩大、保护政策撤离"等战略生态位运行步骤得到后续学者们的普遍认同，这些运行步骤具有非线性特征，彼此重叠、相互影响。在此基础上，结合移动新媒体专利战略生态位模式，按照生态位的不同阶段选择相应的运行步骤（如图 5 - 3 - 1）。

---

① Ayas K.. Design for Learning and Innovation [J]. Long Range Planning, 1996, 29（6）: 898 - 901.

② 魏江，申军. 产业集群学习模式和演进路径研究 [J]. 研究与发展管理, 2003（15）: 2.

③ Kemp R., Rip A., Schot J.. Constructing Transition Paths through the Management of Niches [J]. Path Dependence and Creation, 2001（8）: 269 - 299.

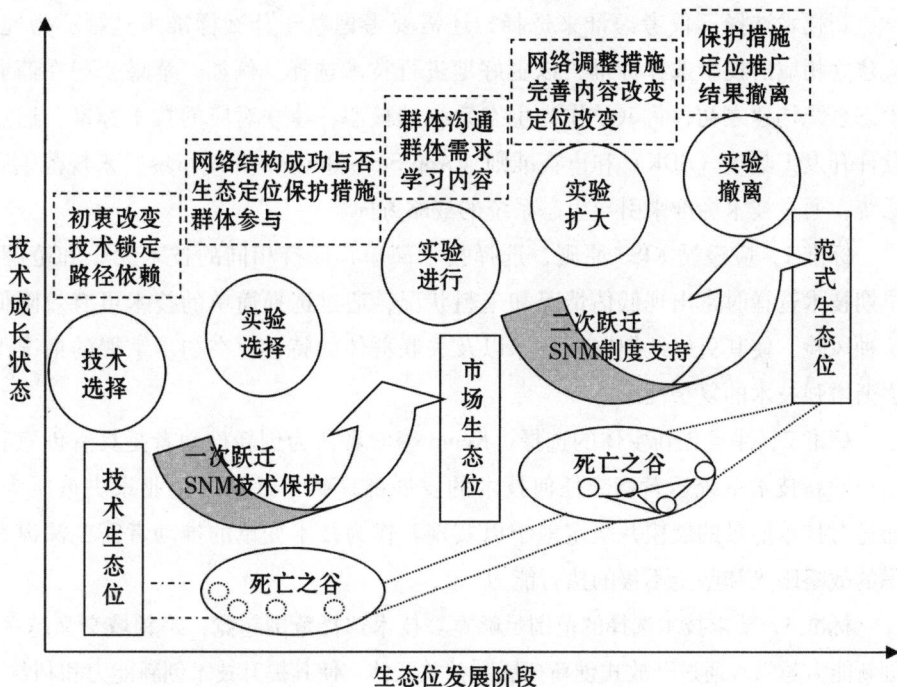

图 5 - 3 - 1 战略生态位实施步骤应注意的问题

(一) 专利技术选择

专利技术选择主要是如何选择符合社会需求, 并具有发展前景的新技术。主要涉及谁来选择、如何选择等问题, 以鉴别哪些新技术未来能获得社会支持。Weber 等认为应选择不同主体参与其中才是明智之举, 可促使新技术在技术选择以及后续实验中更快地出现。① 根据战略生态位的演进过程, 新技术参与主体主要分布于早期技术生态位、中期市场生态位、后期范式生态位三个层面之中, 涉及技术相关主体、市场相关主体、社会相关主体。技术主体可以更好地分析技术前提和前瞻, 使其技术具有不断延伸和拓展的空间; 市场主体可以有效分析技术需求和竞争, 预测技术未来带来的经济回报; 社会主体可以清晰地分析技术政策和格局, 制定符合实际的组织形式和运行模式。由这些主体参与其中进行技术选择可以更好地将技术与市场、技术与社会相结合, 更好地识别适合未来发展的新技术, 以此有效地调整新技术的技术性能和发展方向, 统一战略愿景和期望以满足新技术发展需要。

---

① Weber M., Hoogma R., Lane B., et al.. Experimenting with Sustainable Transport Innovation: A Workbook for Strategic Niche Management [M]. Enschede: University of Twente Press, 1999.

新技术选择不仅考虑谁来选择，还需要考虑基于什么标准来选择。为此，应建立相应的技术选择标准，以更好地进行技术选择。例如，苹果公司在商业生态系统构建之初，将 iOS 作为生态系统的核心，建立对应的技术标准，通过软件开发工具包（SDK）和审查准则（App Store Review Guidelines）来规范生态系统，通过技术标准来引导生态系统的战略方向。

标准 1，应遵循 KISS 原则，选择技术简单，保持相同的技术大小和范围。早期技术选择时常出现低估情况和未料状况，通过选择简单的技术可有效降低这种风险，使其更好地把握新技术以及关联群体的特性，在初步掌握的情况下逐渐增强技术的复杂性。

标准 2，注重创新主体的选择。Kemp 等学者认为创新推动者是具有创意和耐力的新技术系统运营商。任何技术的发展都是赋予远见的企业家决策所为，通过对技术愿景的展望并坚定地予以实现。作为技术变革的推动者需要深谋远虑的战略眼光和坚定不移的执行能力。

标准 3，要求技术选择的范围足够宽。技术选择范围越宽，跨领域交叉越多，创新能力越强。通过开放式创新拓展利益关联体，使其提升技术创新能力和利益。

标准 4，满足用户需求和价值取向。技术选择目的是满足市场需求，能够融于现有社会制度，通过获取市场占有率以挑战并取代现有范式。所以技术选择应与用户需求建立匹配性，并逐步从技术推向市场及其体制层面。

移动新媒体专利技术选择，应根据战略需求，在专利生态格局分析的基础上，结合自身特点，进行专利技术选择。而选择范围包括操作系统、中间件、应用程序和接口等、应用程序、终端设备五方面。操作系统和中间件作为基础技术领域来满足移动新媒体的基本服务，涉及软硬件支持、媒体技术、数据库等技术；应用程序和接口等作为应用技术领域来体现移动新媒体的性能，涉及用户界面、引擎等接口，以及门户、商店、社交网络、商务等服务技术；而终端设备，作为移动新媒体的展示平台和媒介，其技术发展直接影响媒体业务的质量和影响，同时，前四方面的内容也完全体现在智能手机的操作平台中，体现在整个软件系统中。在技术选择中，根据自身能力，结合 KISS 标准，选择较为简单的领域，同时，分析该技术未来应用经历的各个环节，将不同环节的主体和需求尽可能地纳入研发体系，以满足用户需求和市场需求。所以，专利技术选择不仅选择具体领域，还需要兼顾不同领域之间的技术衔接和匹配，否则选择的技术将无法真正实现自身价值。

（二）专利实验选择

实验选择是技术选择后的技术实验措施，为新技术建立匹配的实验环境。

在此阶段，设定实验目标、构建实验网络、实验保护措施以及实验用户沟通直接影响实验选择能否成功实施的关键。

首先，设定实验目标是保证后续实验成功实施的关键。明确的实验目标是对技术试错的时间量化，不同的实验目标是为实验选择提供决策的重要信息，通过不同实验目标的完成来积累实验经验，并由此激励创新主体。但实验目标的完成并不能直接影响生态位的发展，有些实验目标的完成更多是对下一次实验提供帮助，但对生态位的影响很小；有些实验目标虽然失败，但对整个生态位的发展具有至关重要的作用。

其次，实验网络的构建对后续实验具有重要影响。随着参与实验的主体逐步增多，主体之间的决策将变得困难，影响实验选择的控制。通过网络构建可实现实验的可控性，通过网络确定参与人员的主体角色，并确定主体成员的目标定位和量化责任。为了保证后期发展的需求，构建网络的成员应具备技术创新潜质和战略眼光，同时，构建的网络应具有一定的灵活性和广泛性，以满足后期技术转移和拓展的需要。

再次，实验选择应建立保护措施为实验提供保障。在实验阶段，新技术明显弱于现有技术，还存在众多不足和缺陷，需要持续的实验来积累和完善，应建立相应的保护措施形成保护空间，以减少新技术面临的压力。通过保护措施为新技术的创新和市场推广提供长远发展。

最后，在技术实验和实验选择的过程中，实验人员与用户交流的作用非常重要，通过交流可以了解使用技术的用户的需要和想法，以此来调整实验方案和创新方向，以更好地提升新技术性能，更好地满足未来市场需求。

（三）专利实验建立及实施

实验建立及实施是整个实施过程中最关键的环节。新技术确定后，网络建立的主要目的就是实施实验，使得新技术的理论构想实现物化。新技术缺失应用过程，尚未成熟，难以与现有技术相竞争。现有技术、制度以及基础设施都可能影响或阻碍新技术的实验，而实验建立以及实施必将面临这些困难和障碍，只有有效克服这些困难和障碍才能让实验步入正轨，才能实现技术与社会之间的互动，才能及时有效地调整实验过程中的期望，为新技术的成长和成熟奠定基础。该阶段主要涉及实验建立及实施的角色安排、管理制度及策略。

首先，实验建立及实施必然涉及相关主体的角色安排。按照生态学理论，在整个生态系统中不同物种都有自身角色定位，分为生产者（植物）、消费者（动物）、分解者（真菌），战略生态位作为技术生态系统，虽然并未明确划分角色，但在实践中也存在角色划分来促进技术的发展。整个实验过程中有创新者、行动者、支持者、推动者以及制度制定者，需要技术方向的引领者、各项补贴税收等政策的支持等，不同成员承担不同责任和义务，成员之间相互支持、相互学习，以保证新技术实验能顺利地建立和实施。

其次，实验建立及实施应建立相应的管理制度以及实施策略，使其实验能有效运转。随着实验的建立及实施，成员之间需要相应的管理制度以规范相应行为，并通过相关策略更好地帮助成员相互学习及转化。同时，由于技术预测存在局限性，在实验过程中需要逐步评估和调整战略及目标，及时有效地调整生态位的期望和愿景，以保持实验能有效运转。

（四）专利实验成果扩大

专利实验成果扩大作为专利市场生态位，实验扩大就是战略生态位构建的目的，通过每个阶段的成功实验逐步扩大到最后的成功，使得新技术从技术生态位扩大到市场生态位，最后扩大到范式生态位。每次的实验扩大是基于实验成功之后向生态位的扩大，技术创新向规模化发展，以进一步提升技术创新的质量。当实验扩大时，也就意味着在实验中的网络规模也在扩大，网络成员也将增多，现有的网络制度和网络结构都将随着调整。

对于实验扩大，说明技术通过实验进入技术生态位，并在此基础上向市场生态位扩展。由此说明，实验扩大将会开辟更大规模的新市场进行再次创新，而生态位的演变正是生态位区域的改变和跃迁。生态位的跃迁不仅展示实验成果及技术领域，还培养出新技术的支持者，众多支持者的相互学习以及社会环境的互动，将有助于新技术的扩大和发展，也就此催生出新的保护制度和支持人员为新技术的新领域服务。

（五）专利保护政策撤离

保护政策是为尚未成熟的新技术提供保护空间的制度体系，许多具有发展前景的实验技术，由于缺少相应的保护制度和保护空间而夭折于实验室。强大的保护政策使得尚未成熟又缺乏竞争力的技术免受既有技术及其制度的影响，提升新技术的创新能力和市场竞争力。但随着新技术逐步成熟，从技术生态位成功跃迁到市场生态位，保护政策将逐步撤离，以利于市场生态位向范式生态位跃迁。

由于保护政策会为后续活动带来影响，随着保护政策撤离可能会引起原有保护的实验向更高层次发展和成长。有些保护政策会在实验结束撤离，但有些会在实验过程中撤离。保护政策何时撤离主要通过保护实验的状况决定，当能确保被保护的实验具有足够动力，能够在不保护的情况下存活，说明保护政策可以撤离。

结论与展望

一、结论

(一) 移动新媒体专利战略提出

移动新媒体作为新兴产业，逐步被大家所接受和关注，也成为研究的热点领域。通过移动新媒体知识图谱的理论分析，了解到移动新媒体涉及技术研发和产业市场两个领域。从中获知该产业是通过技术研发逐步具备了媒体技术性能，在不断累积的研发过程中逐渐呈现出综合的媒体性能和产业功能，由此诞生了移动新媒体以及关联产业。整个过程既是技术融合的演进过程，也是产业融合的发展过程。针对移动新媒体专利文献检索发现，该产业已呈现出研发领域与市场领域的相互融合趋势。整个专利研发领域，不仅有基础技术研发的传统主体，而且市场应用主体也开始涉足技术研发领域，说明移动新媒体在专利研发方面呈现出技术研发与技术应用相融合趋势，基础技术和市场应用之间的界限不再明显。通过可视化分析发现，整个移动新媒体的技术研发和市场应用已融合为一个完整生态系统。基于以上的理论和实证分析，认为移动新媒体已呈现技术和市场融合的产业生态格局，由此提出应从市场角度进行专利战略的技术创新，将相关主体纳入战略生态系统，统筹协调，以更好地兼顾各方领域以及关联主体的需求和利益，以保障专利创新成果商业化的顺利实现。

(二) 移动新媒体专利战略分析

专利技术在演进过程中，一方面具有技术自身发展的影响，一方面又体现市场需求的影响。技术自身发展是基于原有技术性能的不断突破实现的，更多体现的是发明人对技术内在因素的追求，解决的是技术自身问题；而技术市场需求并不是基于技术现有条件和性能，而是为了满足人类对自然征服的需要，通过不断的技术试验创造相关技术来满足需求，具有很强的社会主观性和目的性。所以，专利战略作为总体战略的子战略，就是建立在既定主观需求的基础上，结合总战略提出要求，通过相关市场领域需求，分析专利技术现状和竞争格局，并在此基础上提出专利技术创新的战略发展方向。

在此基础上，运用科学计量和可视化方法，进行移动新媒体实证分析。专利文献计量分析发现，移动新媒体专利主要分布在 G06 和 H04 两大类，存在各种隶属、交叉以及共现等关系。通过德温特手工代码，确定移动新媒体专利单元（T01－N1A）、专利链条（T01－N1）、专利种群（T01－N）、专利群落（T01）的生态格局（T），共获得 1750 篇相关专利。运用 CiteSpace 可视化技术，显示 2004—2005 年、2012—2013 年、2014—2015 年是移动新媒体专利较为活跃的三个生命阶段。移动新媒体专利主题内容主要集中在 #0 Aggregation、#1 Route、#2 Cellulosic Material、#3 Transparent Resin、#4 Weft 这五方面，通过分析从中获取到每个主题的研究基础和核心领域。同时，针对专利发明人和研发机构也进行了实证分析。目前，发明人主要集中在聚类#0、#1、#2、#3，本文从中获取到每个发明人和发明机构在不同聚类中的研发内容及动向。其中，#0 移动电话基础技术发明人较多，#2 主要研究媒体内容及数据，#3 主要研究媒体界面，#2 和#3 属于研究前沿，发明人 J. Arasvuori 和 K. Malik 影响力较大；发明机构从 2004 年 Nokia 开始，随着 Google、Sony、Apple 逐步进入，移动新媒体才真正繁荣。在此基础上，通过时区视图和时间线视图，了解移动新媒体专利主题的历史演变，并从中获知历年专利主题的生命周期，为战略预测提供了重要参考。

（三）移动新媒体专利战略选择

首先，从理论角度分析。梳理专利技术创新思路、创新模式和创新结果，从中了解技术创新的内容和过程，成为专利战略选择的理论参考。在此基础上，将战略创新理论融入专利技术创新模式之中，选择颠覆型专利战略作为移动新媒体专利战略模式，在颠覆型专利战略模式下进行专利战略突破和专利战略渐进。第一，通过颠覆型专利战略选择专利技术、企业、发明人等进行不同层面的组合。第二，根据战略需要，采取专利布局、专利丛林、专利栅栏等方式进行战略突破，以及选择专利空隙、专利外围、专利模仿等方式进行战略渐进。第三，根据颠覆型专利战略，选择和建立专利战略生态位，并通过以上战略方式，帮助专利技术创新顺利通过技术生态位、市场生态位、范式生态位，实现专利技术创新的最终成功。

其次，从实证角度分析。根据移动新媒体颠覆型专利战略，选择移动新媒体专利创新技术和领域。通过科学计量的实证分析，分析移动新媒体专利科学知识图谱。实证分析专利发明人，从中确定了移动新媒体研究较强的前十名发明人，分别是 X. Li、J. Ltu、Melt 等发明人，研发时间主要集中在 2013 年及以后，说明该领域有影响的发明人较少，还需进一步培养；研发机构实证分析，排名最高的是 Google，Sony 紧随其后，在排名前十的研发机构中，2013 年之后的占据多数。整个研发机构的影响力都不高，机构之间的合作性较低，许多研发机构涉足领域尚未饱和，市场竞争较低。在此基础上，明确定位移动新媒体专利战略今后的合作对象和竞争对手；通过专利可视化实证分析，确定移动新媒体专利前十名研究热点，t01（Digital Computers）以 479 频次排名第一，前三名都是 2004 年，代表研究基础，而五名之后则集中在近几年，可以作为今后的研究前沿。并结合中介中心性、Bursts 突现性、Sigma 等关键指标，从中确定移动新媒体专利创新的基础领域、突破领域、新兴领域。选择 w04（Video Recording and Systems）等专利技术作为基础领域，确定技术升级改造作为今后的战略发展。选择 d16（Fermentation Industry）等专利技术作为突破领域，战略选择技术突破来实现移动媒体与各类终端的无缝衔接，更好地满足未来智能制造产业的需要。选择 a83（Clothing - footwear）等可穿戴技术，作为新兴领域的战略布局，以更好地占据未来物联网、云计算等前沿领域。通过颠覆型专利战略布局，以保障移动新媒体专利战略生态位的合理定位和跃升。

（四）移动新媒体专利战略实施

专利战略实施是为了保障移动新媒体专利战略的理论构建能够转化为具体行动的成功实施。通过相关制度和措施来保障移动新媒体专利战略生态位顺利跃升，以及专利成果的成功商业化。为此，文章从专利战略生态位的孕育、创造、应用、范式等阶段，建立相应制度措施以保障战略成功。

首先，基于专利战略构建对应的专利战略生态位模式。通过战略创意来展现未来专利前景，并在此基础上构建具体的战略愿景，以此来选择志同道合的战略合作伙伴，由此形成战略团队，并结合专利技术涉及的各个阶段，将不同阶段的关联主体作为战略构建的参与成员，以更好地调整专利战略和战略生态位，从而形成移动新媒体专利战略生态位网络体系，通过战略协同、知识协同以及组织协同来有效运转战略生态位网络体系，从战略角度系统构建协同体系，通过相互学习和信息传递来实现知识协同，并通过各阶段的组织协同来及时调整战略，以保障专利技术创新成果的成功并形成技术范式。

其次，建立移动新媒体专利战略生态位的运行机理。从时间维度，建立从

"技术选择、实验选择、实验建立及实施、实验扩大、保护政策撤离"等步骤以及配套的制度措施。从逻辑维度，建立"期望一致性、网络构建、学习过程"等方面，并融入每个时间维度，相互扶助，彼此影响，共同作用。在此基础上，将逻辑维度和时间维度融入空间维度，形成时间、逻辑、空间一体化，通过三者的协同，共同促进战略生态位的孕育与成长。

最后，基于战略生态位模式和运行机理，建立战略生态位运行步骤。第一，选择符合社会需求、具有发展前景的专利技术进行技术创新。主要涉及谁来选择、如何选择等问题以鉴别哪些新技术未来能获得社会支持。第二，实验选择是技术选择后的技术实验措施，为新技术建立匹配的实验环境。在此阶段，设定实验目标、构建实验网络、实验保护措施以及实验用户沟通是直接影响实验选择能否成功实施的关键。第三，建立实验及实施。该阶段主要涉及实验建立及实施的角色安排、管理制度及策略。第四，实验扩大就是战略生态位构建的目的，通过每个阶段的成功实验逐步扩大到最后的成功，使得新技术从技术生态位扩大到市场生态位最后扩大到范式生态位。第五，专利保护政策撤离。强大的保护政策使得尚未成熟又缺乏竞争力的技术免受既有技术及其制度的影响，但随着新技术逐步成熟，从技术生态位成功跃迁到市场生态位，保护政策将逐步撤离，以利于市场生态位向范式生态位跃迁。

二、不足及展望

（一）学科跨度太大，涉及领域太多，既增加研究难度，也奠定未来方向

此次研究主题涉及学科包括知识产权、工商管理、经济学、计量学、计算机、通信技术、新闻学、情报学、生态学、文化产业等，涉及领域包括专利技术、战略管理、生态系统、技术创新、移动新媒体、互联网、智能手机、科学知识图谱、专利文献计量、可视化技术等。作为产业和技术融合的产物，移动新媒体专利战略研究则进一步增加了研究的难度，不仅需要熟悉移动新媒体产业竞争状态，还需要了解该领域专利技术发展格局。同时，为了能更好地展示专利技术的生态状态，还需要学习相关计量学、科学知识图谱和可视化技术来获取专利知识图谱。虽说知识产权管理作为工商管理的二级学科，延续了上位学科的跨学科、跨领域的交叉特性，但术有专攻，某些领域的分析难免存在一定的不足。但万事开头难，此次的研究就是对相关学科和领域的学习和熟悉，为该领域深入研究打下了坚实的基础，今后，将在此基础上将更深入地分析相关专利技术性能和效应，彻底打通专利理论研究与实践应用的学科障碍，体现

知识产权管理专业的市场应用能力，更好地为相关领域企业提供务实的专业建议。

（二）研究侧重整体产业，较少针对国内区域，今后将重点聚焦国内区域

此次研究重点是从专利战略的角度整体分析移动新媒体产业技术创新领域。研究对象包含国内和国外整个领域相关理论文献和专利申请文献，通过文献计量方法，分析国内外移动新媒体理论研究情况，从中发现差别及不足，在此基础上，通过德温特专利数据库，针对全球相关专利文献进行可视化技术分析，展现整个产业专利技术生态格局，结合战略需求，从中找出专利技术创新领域。整体内容较少针对国内相关领域进行分析，今后，将在整体产业分析的基础上，进一步聚焦具体领域，尤其是国内市场和国内企业。在整体系统掌握该领域的基础上，将更加关注国内与国外之间的差异，以及国内企业与国外企业之间的差距。并结合此次研究文献综述中的体悟，一方面分析两者之间的专利技术创新领域的差异和差距，另一方面分析两者之间在创新环境和创新思路之间的差异和差距。通过国内和国外两方面深入分析进一步获知是思想造成的技术差异，还是技术造成的思想差异，还是其他深层次原因，为今后移动新媒体相关领域专利技术创新和专利战略构建提供更具针对性的有效方法。

参考文献

一、著作类

（一）中文著作

[1] 陈悦，陈超美等．引文空间分析原理与应用 [M]．北京：科学出版社，2014．

[2] 陈悦．创新管理知识图谱 [M]．北京：人民出版社，2014．

[3] 陈嘉明．现代性与后现代性 [M]．北京：人民出版社，2001．

[4] 程源，雷家骕，杨湘玉．技术创新：战略与管理 [M]．北京：高等教育出版社，2005．

[5] 陈燕等．专利信息采集与分析 [M]．北京：清华大学出版社，2006．

[6] 冯晓青．企业知识产权管理 [M]．北京：中国政法大学出版社，2012．

[7] 冯晓青．知识产权法利益平衡理论 [M]．北京：中国政法大学出版社，2006．

[8] 傅玉辉．大媒体产业 [M]．北京：中国广播电视出版社，2008．

[9] 黄鲁成．基于生态学的技术创新行为研究 [M]．北京：科学出版社，2007．

[10] 黄河．手机媒体商业模式研究 [M]．北京：中国传媒大学出版社，2011．

[11] 胡大立．企业竞争力决定因素及其形成机理分析 [M]．北京：经济出版社，2004．

[12] 胡国儒．环境保护 [M]．北京：中国环境科学出版社，1993．

[13] 李杰．安全科学知识图谱 [M]．北京：化学工业出版社，2015．

226

［14］李喜先等．技术系统论［M］．北京：科学出版社，2005.

［15］林秀芹．促进技术创新的法律机制研究［M］．北京：高等教育出版社，2006.

［16］梁嘉桦等．企业生态与企业发展——企业竞争对策［M］．北京：北京科学出版社，2005.

［17］匡文波．手机媒体概论［M］．北京：中国人民大学出版社，2006.

［18］刘力刚等．从混沌世界走向另一个混沌世界——战略管理理论述评［M］．北京：经济管理出版社，2014.

［19］刘晓海．德国知识产权理论与经典判例研究［M］．北京：知识产权出版社，2003.

［20］刘则渊．现代科学技术与发展导论［M］．大连：大连理工大学出版社．2003.

［21］刘则渊，陈悦．现代科学技术与发展导论［M］．大连：大连理工大学出版社，2011.

［22］潘瑞芳等．新媒体新说［M］．北京：中国广播电视出版社，2014.

［23］乔永忠．知识产权管理与运用若干问题研究［M］．北京：知识产权出版社，2009.

［24］盛昭瀚，蒋德鹏，演化经济学［M］．上海：三联书店，2002.

［25］魏瑞斌．机构知识图谱的构建及其应用［M］．北京：科学出版社，2015.

［26］吴贵生．技术创新管理［M］．北京：清华大学出版社，2002.

［27］吴敬琏．变局与突破：解读中国经济转型［M］．北京：外文出版社，2012.

［28］肖泸卫等．专利地图方法与应用［M］．上海：上海交通大学，2011.

［29］杨武．技术创新产权［M］．北京：清华大学出版社，1999.

［30］杨武．专利技术创新——法与经济学分析［M］．北京：科学出版社，2013.

［31］赵晶媛．技术创新管理［M］．北京：机械工业出版社，2010.

［32］张祥龙．海德格尔思想与中国天道［M］．上海：三联书店，1996.

［33］张光宇等．战略生态位管理的理论与实践［M］．科学出版社，2015.

［34］郑凤等．移动互联网技术架构及其发展［M］．北京：人民邮电出版社，2013.

［35］郑友德．知识产权与公平竞争的博弈［M］．北京：法律出版社，2011.

［36］周长发．生态学精要［M］．北京：高等教育出版社，2010.

［37］周振华．信息化与产业融合［M］．上海：三联书店，2003.

（二）中文译著

［1］［美］爱迪斯．企业生命周期［M］．赵睿译，北京：中国社会科学出版社，1997.

［2］［美］大卫·波维特著．价值网打破供销链、挖掘隐利润［M］．仲伟俊等译，北京：人民邮电出版社，2001.

［3］［英］丹尼斯·麦奎尔．受众分析［M］．刘燕南等译，北京：中国人民大学出版，2006.

［4］［美］戴维·贝赞可．战略经济学［M］．武亚军译，北京：北京大学出版社，1999.

［5］［荷］E. 舒尔曼．科技文明与人类未来——在哲学深层的挑战［M］．李小兵等译，北京：东方出版社，1995.

［6］［德］F. 拉普．技术哲学导论［M］．刘武等译．沈阳：辽宁科学技术出版社，1986.

［7］［德］汉斯—格奥尔格·伽达默尔．真理与方法（上卷）［M］．洪汉鼎译．上海：上海译文出版社，2004.

［8］［美］克里斯藤森．创新者的窘境［M］．吴潜龙译．南京：江苏人民出版社，2001.

［9］［美］李嘉图．政治经济学及赋税原理［M］．郭大力，王亚南译．北京：商务印书馆，2013.

［10］［美］罗杰·费德勒．媒介形态变化：认识新媒体［M］．明安香译．北京：华夏出版社，2000.

［11］［美］罗恩·阿德纳．广角镜战略——企业创新的生态与风险［M］．秦雪征等译，南京：译林出版社，2014.

［12］［德］马克思．劳动在从猿到人转变过程中的作用［M］．曹葆华等译，北京：人民出版社，1971.

［13］［美］玛丽安娜·沃尔夫．普鲁斯特与乌贼：阅读如何改变我们的思维［M］．王惟芬等译，北京：中国人民大学出版社，2012.

［14］［美］迈克尔·A. 希特，R. 杜安·爱尔兰，罗伯特·E. 霍斯基森．

战略管理：竞争与全球化（概念）（第9版）［M］．吕巍等译．北京：机械出版社，2012.

［15］［美］迈克尔·波特．竞争战略［M］．陈小悦，译．北京：华夏出版社，1997.

［16］［美］迈克尔·波特．竞争论［M］．高登第，李明轩译北京：中信出版社，2003.

［17］［美］米切姆．技术哲学概论［M］．殷登祥译，天津：天津科学技术出版社，1999.

［18］［美］Melissa A. Schilling. 技术创新的战略管理［M］．谢伟等译．北京：清华大学出版社，2005.

［19］［美］乔治·巴萨拉．技术发展简史［M］．周光发译，上海：复旦大学出版社，2000.

［20］［美］R. 杜安·爱尔兰，罗伯特 E. 霍斯基森，迈克尔 A. 希特．战略管理：竞争与全球化［M］．吕薇等译．北京：机械工业出版社，2010.

［21］［美］汤斯．激光如何偶然发现［M］．关洪译，上海：上海科技教育出版社，2002.

［22］［美］托马斯．库恩著．科学革命的结构［M］．金吾伦，胡新和译，北京：北京大学出版社，2003.

［23］［美］小艾尔菲雷德·钱德勒．规模与范围：工业资本主义的原动力［M］．张逸人等译，北京：华夏出版社，2006.

［24］［美］梅丽莎·A. 希林．技术创新的战略管理［M］．谢伟等译，北京：清华大学出版社，2005.

［25］［英］乔·蒂德等．创新管理——技术、市场与组织变革的集成［M］．陈劲等译，北京：中国人民大学出版社，2012.

［26］［美］帕夫里克．新媒体技术——文化和商业前景［M］．周勇等译，北京：清华大学出版社，2005.

［27］［美］亚德里安·斯莱沃斯基等．发现利润区［M］．吴春雷等译，北京：中信出版社，2003.

［28］［英］约翰·齐曼．技术创新进化论［M］．孙喜杰等译，上海：上海科技教育出版社，2002.

［29］［美］詹姆斯·C. 柯林斯，杰里·I. 波拉斯著．基业常青——企业永续经营的准则［M］．真如译，北京：中信出版社，2002.

（三）英文著作

[1] Adam J. Brandenburger and Barry J. Nalebuff, Coopetition. Doubleday [M]. NewYork: Doubleday Business, 1997.

[2] Allee, W. C., A. E. Emerson, O. Park, et al.. Principals of Animal Ecology. [M]. London: W. B. Saunders, 1949.

[3] Amsden A. H.. The Rise of the Rest: Challenges to the West from Late – Industrialization Economies [M]. Oxford: Oxford University Press, 2003.

[4] Bijker W. E.. Social Consruction of Technology [M]. Oxford: Wiley – Blackwell, 1987.

[5] Bratianu, C.. Management Strategic [M]. Craiova: Editura Universitaria, 2005.

[6] Chen, C.. Information Visualisation and Virtual Environments [M]. London: Springer Verlag, 1999.

[7] Chesbrough H.. Open Innovation: The New Imperative for Creating and Profiting from Technology [M]. Harvard Business School Press, 2003.

[8] Christensen C. M., Raynor M. E.. The Innovators Solution: Creating and Sustaining Successful Growth [M]. Boston: Harvard Business School Press, 2003.

[9] Christensen C.. M.. The Innovator's Dilemma: When New Technologies Cause Grest Firms to Fail [M]. Boston: Harvardr Business Press, 1997.

[10] Don Ihde. Technology and Life World [M]. Bloomington: Indiana University Press, 1990.

[11] D. Price. Science since Babylon [M]. New Haven: Yale University Press, 1961.

[12] Elton, C.. Animal Ecology [M]. NewYork: Macmillan Company, 1927.

[13] Fidler Roger F.. Mediamorphosis: Understanding New Media [M]. London: Sage Publications, 1997.

[14] Freeman C., Soete L.. The Economics of Industrial Innovation [M]. Hove: Psychlogy Press, 1997.

[15] Freeman C.. Economics of Innovation [M]. London: Routledge, 1992.

[16] George Sarton. A History of Science [M]. London: Oxford University Press, 1953.

［17］ Granstran, Ove. The Economics and Management of Intellectual Property ［M］. Cheltenham: Edward Elgar, 1999.

［18］ Haeckel, E.. Generelle Morphologie der Organismen. I. Allgemeine Anatomie der Organismen; II. Allgemeine Entwicklungsgeschichte der Organismen ［M］. Berlin: Georg Reimer Verlag, 1866.

［19］ Hast M. H.. The 100: A Ranking of the Most InfluentialPersons in History ［M］. NY: Citadel Press, 1978.

［20］ Hoogma R. Exploiting Technological Niches: Strategies for Experimental Introduction of Electric Vehicles ［M］. Enschede: Twente University Press, 2000.

［21］ Hoogma R. , Kemp R. , Shot J. , et al.. Experimenting for Sustainable Transport: The Approach of Strategic Niche Management ［M］. London: Spon Press, 2002.

［22］ Igor Ansoff. Corporate Strategy ［M］. London: Penguinbooks, 1985.

［23］ Kotelnikow V. Radical Innovation Versus Incremental Innovation ［M］. Boston: Harvard Business School Press, 2000.

［24］ Machlup F.. Knowledge Its Creation Distribution and Economic Significance ［M］. Princeton, NJ: Princeton University Press, 1982.

［25］ Malik F.. Management – perspekticen, Wirtschaft and Gesellschaft, Strategie, Management and Ausbildung ［M］. Bern/Stuttgart: Haupt, 2001.

［26］ Mierlo B. C.. Kiem van Maatschappelijke Verandering. Verspreiding van Zonnecel Systemen in de Woningbouw Met Behulp van Pilotprojecten ［M］. Amsterdam: Het Spinhuis, 2002.

［27］ M. Reitzig. Strategic Management of Intellectual Property ［M］. Cambridge: Mit Sloan Management Review Spring, 2004.

［28］ Mokyr J.. The Lever of Riches: Technological Creativity and Economic Progress ［M］. New York: Oxford University Press, 1990.

［29］ Nelson R. R. , Winter S. G.. An Evolutionary Theory of Economic Change ［M］. New York: Harvard University Press, 1982.

［30］ Nicholas Negroponte. Being Digital ［M］. New York: Vintage Books, 1995.

［31］ Norch, D. C.. Institutions, Institutional Change and Economic Performance ［M］. Cambridge: Cambridge University Press. 1990.

[32] Odum, E. P.. Basic Ecology [M]. Sanders: Sanders College Publish – ing, 1956.

[33] Paul Levinson. New Media [M] New York: Pearson Publications Company, 2010.

[34] Penrose E. T.. The Theory of the Growth of the Firm [M]. New York: John Wiley, 1959.

[35] Porter. M. E.. The Competitive Advantage: Creating and Sustainning Superrior Performance [M]. NY: Free Press, 1985.

[36] Power T. , Jerjian G.. Ecosystem: Living the 12 Principles of Networked Business [M]. London: Pearson education Ltd, 2001.

[37] Rene Kemp, Arie Rip, Johan Schot. Constructing Transition Paths through the Management of Niches [M]. New Jersey: Lawrence Erlbaum Associates, 1999.

[38] Rosenberg N.. Perspctives on Technology [M]. Cambridge: CUP Archive, 1976.

[39] Robert Spence. Information Visualization [M]. London: Imperial College, 2000.

[40] Schumpeter J. A.. The Theory of Economic Development: An Inquiry Into Profits, Capital, Credit, Interest, and the Business Cycle [M]. London: Transaction Publishers, 1934.

[41] Schumpeter, Joseph A.. The Theory of Economic Development, Cambridege, Mass [M]. Cambridge: Harward University Press, 1934.

[42] Schumpeter, Joseph A.. Business Cycles: A Theoretical, Historical, and Statistical Analysis of the Capitalist Process [M]. New York: McGraw – Hill, 1939.

[43] Tushman, Michael L. , Philip Anderson and Charles O' Reilly. Technology Cycles, Innovation Streamsand Ambidextrous Organizations [M]. Oxford: Oxford University Press, 1997.

[44] Van den Belt H. , Rip A.. The Nelson – winter – dosi Model and Synthetic Dye Chemisty [M]. Cambridge: MIT Press, 1987.

[45] Vincenti, W.. What Engineers Know and How They Know It: Analytical Studies from Aeronautical History [M]. Baltimore: JohnsHopkins University – Press, 1991.

[46] W. W. Rostow. The Stages of Economic Growth: A Non – communist Mani-

festo［M］．Cambri –dge：Cambridge University Press，1960.

［47］Weber M.，Hoogma R.，Lane B.，et al.．Experimenting with Sustainable Transport Innovation：A Workbook for Strategic Niche Management［M］．Enschede：University of Twente press. 1999.

二、期刊论文

（一）中文论文

［1］蔡言厚，杨华．论被引频次评价的适应性局限性和不合理性［J］．重庆大学学报（社会科学版），2009（5）．

［2］陈劲，王方瑞．中国企业技术和市场协同创新机制初探——基于"环境—管理—创新不确定性"的变量相关分析［J］．科学学研究，2006（4）．

［3］陈劲．突破性创新及其识别［J］．科技管理研究，2002（5）．

［4］陈建群．内容为王，还是渠道为王？——新媒体环境下的传媒产业新格局［J］．新闻知识，2015（7）．

［5］陈萍萍．企业集团战略协同系统研究［J］．科学决策，2011（10）．

［6］陈悦等．社会网络视角下中国创新管理学术团体研究［J］．科学学研究，2015（7）．

［7］程源，傅家骥．企业技术战略的理论构架和内涵［J］．科研管理，2002（5）．

［8］程恩富，丁晓钦．构建知识产权优势理论与战略——兼论比较优势和竞争优势理论［J］．当代经济研究，2003（9）．

［9］程恩富，廉淑．比较优势、竞争优势与知识产权优势理论新探——海派经济学的一个基本原理［J］．求是学刊，2004（6）．

［10］程恩富．构建知识产权优势理论与战略［J］．当代经济研究，2003（9）．

［11］丁鸣镝．知识重组随想（之二）［J］．图书馆学刊，2004（3）．

［12］杜义飞，李仕明．产业价值链：价值战略的创新形式［J］．科学学研究，2004（5）．

［13］冯晓青．企业技术创新中的知识产权管理策略研究——以知识产权确权管理为考察视角［J］．南京理工大学学报（社会科学版），2013（8）．

［14］冯晓青．企业专利战略若干问题研究［J］．南京社会科学，2001（1）．

[15] 冯珩, 高山行. 专利竞赛中企业的创新动力研究述评 [J]. 科研管理, 2002 (6).

[16] 冯芷艳, 郭迅华, 曾大军, 陈煜波, 陈国青. 大数据背景下商务管理研究若干前沿课题 [J]. 管理科学学报, 2013 (1).

[17] 高继平. 技术领域中的专利知识群分析——以 SIPOD 中的 H04L 领域为例 [J]. 情报理论与实践, 2015 (6).

[18] 高继平等. 专利—论文混合共被引网络下的知识流动探析 [J]. 科学学研究, 2011 (8).

[19] 高山行, 江旭. 专利竞赛理论中的先占权模型评述 [J]. 管理工程学报, 2003 (3).

[20] 郭斌, 蔡宁. 从"科学范式"到"创新范式": 对范式范畴演进的评述 [J]. 自然辩证法研究, 1998 (3).

[21] 关士续. 技术革命和产业革命 [J]. 哈尔滨工业大学学报, 1985 (5).

[22] 华鹰. 企业技术创新与专利战略互动关系研究 [J]. 科技与经济, 2010 (4).

[23] 胡阿沛, 张静, 雷孝平等. 基于文本挖掘的专利技术主题分析研究综述 [J]. 情报杂志, 2013 (12).

[24] 胡大立. 基于价值网模型的企业竞争战略研究 [J]. 中国工业经济, 2006 (9).

[25] 胡明铭, 徐姝. 论现代企业技术创新战略的制定 [J]. 技术经济, 2003 (5).

[26] 胡新和. "科学、技术与社会发展"笔谈 [J]. 中国社会科学, 2002 (1).

[27] 黄鲁成, 张红彩. 种群演化模型与实证研究 [J]. 科学学研究, 2006 (8).

[28] 黄鲁成, 李江. 专利技术种群增长的生态过程: 协同与竞争——以光学光刻技术种群为例 [J]. 研究与发展管理, 2010 (2).

[29] 黄永春, 杨晨. 企业自主知识产权名牌的竞争效应的理论分析 [J]. 科技管理研究, 2007 (7).

[30] 蒋军锋, 党兴华, 薛伟贤. 技术创新网络结构演变模型: 基于网络嵌入性视角的分析 [J]. 系统工程, 2007 (2).

[31] 蒋峦, 谢卫红, 蓝海林. 企业竞争优势理论综述 [J]. 软科学, 2005 (4).

[32] 姜劲, 徐学军. 技术创新的路径依赖于路径创造研究 [J]. 科研管理, 2006 (3).

[33] 江积海. 后发企业知识传导与新产品开发的路径及其机制——比亚迪汽车公司的案例研究 [J]. 科学学研究, 2010 (4).

[34] 金雪军, 何肖秋. 技术扩散与国际产业转移相互关系分析 [J]. 生产力研究, 2006 (3).

[35] 匡文波. 论手机媒体 [J]. 国际新闻界, 2003 (3).

[36] 匡文波. 2006 新媒体发展回顾 [J]. 中国记者, 2007 (1).

[37] 匡文波. 论手机媒体的盈利模式 [J]. 国际新闻界, 2007 (6).

[38] 匡文波. 手机媒体的传播学思考 [J]. 国际新闻界, 2006 (7).

[39] 蓝海林, 谢洪明, 蒋峦等. 制定技术创新战略的基本模式 [J]. 软科学, 2001 (2).

[40] 李勇等. 三网融合的现状与技术发展 [J]. 长沙通信职业技术学院学报, 2007 (3).

[41] 李春燕. 基于专利信息分析的技术生命周期判断方法 [J]. 现代情报, 2012 (2).

[42] 李冬伟, 李建良. 基于知识价值链的智力资本构成要素实证研究 [J]. 科学学研究, 2011 (6).

[43] 李玉剑, 宣国良. 专利联盟与专利使用效率的提高 [J]. 科学学研究, 2005 (4).

[44] 李玉杰, 刘志峰, 李景春. 山西省文化经济发展生态位研究 [J]. 经济问题, 2007 (10).

[45] 李平, 肖玲. 论技术创新观中的技术决定论倾向及其超越 [J]. 中国科技论坛, 2006 (2).

[46] 林祥磊. 梭罗、海克尔与"生态学"一词的提出 [J]. 科学文化评价, 2013 (2).

[47] 林毅夫等. 比较优势、竞争优势与发展中国家的经济发展 [J]. 管理世界, 2003 (7).

[48] 刘大椿. 技术何以决定人的本质 [J]. 东北大学学报, 2006 (1).

[49] 刘凤朝, 潘雄峰, 王元地. 企业专利战略理论研究 [J]. 商业研究,

2005 (13).

[50] 刘谷金, 盛小平. 从价值链管理到知识价值链管理——企业获取竞争优势的必然选择 [J]. 湘潭大学学报 (哲学社会科学版), 2011 (9).

[51] 刘刚. 知识积累和企业的内生成长 [J]. 南开经济研究, 2002 (2).

[52] 刘海建, 陈松涛, 陈传明. 企业核心能力的刚性特征及其超越 [J]. 中国工业经济, 2003 (11).

[53] 刘林青, 谭力文. 专利竞争优势的理论探源 [J]. 中国工业经济, 2005 (11).

[54] 刘林青, 谭力文. 国外专利悖论研究综述——从专利竞赛到专利组合竞赛 [J]. 外国经济与管理, 2005, 27 (4).

[55] 刘林青, 夏清华. 复杂产品系统背景下的专利战略基本逻辑研究 [J]. 外国经济与管理, 2006, 28 (9).

[56] 刘涛, 陈忠, 陈晓荣. 复杂网络理论及其应用研究概述 [J]. 系统工程, 2006, 23 (6).

[57] 刘同舫. 技术的本质与技术发展的界域 [J]. 学海, 2006 (4).

[58] 刘晓, 韩菲, 郭丽娟等. 2001—2006 年《河北农业大学学报》主要文献评价指标分析 [J]. 河北农业大学学报 (农业教育版), 2009, 9 (11).

[59] 刘则渊, 王海山. 论技术发展模式 [J]. 科学学研究, 1985 (4).

[60] 刘志彪, 姜付秀. 基于无形资源的竞争优势 [J]. 管理世界, 2003 (2).

[61] 柳卸林. 不连续创新的第四代研究开发 [J]. 中国工业经济, 2000 (9).

[62] 罗凌云, 冯君. 专利优势企业指标体系组合分析实证研究 [J]. 情报杂志, 2012 (1).

[63] 路风等. 寻求加入 WTO 后中国企业竞争力的源泉 [J]. 管理世界, 2002 (2).

[64] 栾春娟. 网络中心性指标在技术测度中的应用 [J]. 科技进步与对策, 2013, 30 (3).

[65] 栾春娟等. 专利计量研究国际前沿的计量分析 [J]. 科学学研究, 2008, 26 (2).

[66] 马世骏. 生态规律在环境管理中的作用——略论现代环境管理的发展

趋势 [J]. 环境科学学报, 1981 (1).

[67] 马世骏, 王如松. 社会—经济—自然复合生态系统 [J]. 生态学报, 1984 (1).

[68] 毛锡平, 何建佳, 叶春明. 企业专利战略与持续竞争优势 [J]. 商业时代, 2006 (19).

[69] 毛荐其, 门虹云, 邱萍. 技术创新的生态制约与平衡 [J]. 自然辩证法研究, 2007 (2).

[70] 毛荐其等. 基于技术生态技术协同演化机制研究 [J]. 自然辩证法研究, 2010, 26 (11).

[71] 孟奇勋. 开放式创新环境下专利经营公司战略模式研究 [J]. 情报杂志, 2013 (5).

[72] 缪小明, 耿艳慧. 企业技术创新战略制定过程可视化研究——以西安比亚迪汽车为例 [J]. 科技进步与对策, 2015 (4).

[73] 潘士远, 史晋川. 内生经济增长理论: 一个文献综述 [J]. 经济学 (季刊), 2002 (4).

[74] 齐燕. 聚焦技术/知识的专利生态系统建模及分析 [J]. 情报理论与实践, 2015 (4).

[75] 齐燕. 专利信息生态相关问题初探 [J]. 情报理论与实践, 2014 (12).

[76] 秦辉等. 渐进型创新与突破型创新: 科技型中小企业的选择策略 [J]. 软科学, 2005 (1).

[77] 覃巍. 企业成长理论中的生物学类比研究回顾与展望 [J]. 外国经济与管理, 2012 (9).

[78] 邱均平等. 知识交流研究现状可视化分析 [J]. 中国图书馆学报, 2012 (2).

[79] 任声策, 宣国良. 专利竞争优势及其识别 [J]. 情报科学, 2007 (2).

[80] 任声策, 宣国良. 专利联盟中的组织学习与技术能力提升——以NOKIA为例 [J]. 科学学与科学技术管理, 2006 (9).

[81] 任永菊. 价值链理论的历史演进及其未来 [J]. 中国集体经济, 2012 (6).

[82] 任保平等. 新时代中国高质量发展的判断标准、决定因素与实现途径

[J].改革,2018 (4).

[83] 任保平,李禹墨.新时代我国经济从高速增长转向高质量发展的动力转换 [J].经济与管理评论,2019,35 (1).

[84] 孔祥俊.我国知识产权保护的反思与展望——基于制度和理念的若干思考 [J].知识产权,2018 (9).

[85] 邵彦敏等.优势理论分析框架下创新驱动发展战略选择 [J].当代经济研究,2013 (10).

[86] 沈大维,曹利军,成功,尚利强.企业生态位维度分析 [J].科技与管理,2006 (2).

[87] 沈君,高继平,滕立.德温特手工代码共现法:一种实用的专利地图法 [J].科学学与科学技术管理,2012 (1).

[88] 舒辉.自主创新与专利关系研究综述 [J].首都经济贸易大学学报,2014 (4).

[89] 孙启贵等.破坏性创新的概念界定与模型构建 [J].科技管理研究,2006 (8).

[90] 孙启贵,汪滢.破坏性创新的影响因素与演化机理 [J].科技进步与对策,2009,26 (11).

[91] 孙圣兰等.突破性技术创新对传统创新管理的挑战 [J].科学学与科学技术管理,2005 (6).

[92] 孙永磊,宋晶,谢永平.企业战略导向对创新活动的影响——来自苹果公司的案例分析 [J].科学学和科学技术管理,2015 (2).

[93] 苏晓华.企业治理之租金视角研究——一个理论框架及其在高科技企业中的应用 [J].中国工业经济,2004 (7).

[94] 田红云,陈继祥,田伟.破坏性创新理论研究综述 [J].经济学动态,2006 (12).

[95] 万峰.食物链动力学分析 [J].江西科学,2002 (3).

[96] 王金柱.技术自组织特征分析 [J].系统科学学报,2006 (2).

[97] 王前.机体哲学论纲 [J].大连理工大学学报 (社会科学版),2014,35 (3).

[98] 王桤伦.民营企业国际代工"市场隔层"问题研究 [J].浙江社会科学,2007 (1).

[99] 王红.近十年我国图书情报学科研究热点的共词分析 [J].情报学

报，2011，30（7）．

[100] 王晓光．科学知识网络形成与演化（Ⅰ）：共词网络方法的提出［J］．情报学报，2009，28（4）．

[101] 王晓光．科学知识网络形成与演化（Ⅱ）：共词网络可视化与增长动力学［J］．情报学报，2010（2）．

[102] 王敏，银路．技术演化的集成研究及新兴技术演化［J］．科学学研究，2008，26（3）．

[103] 王树祥等．生产要素的知识属性与知识价值链研究［J］．中国软科学，2014（4）．

[104] 王海山．技术发明的动力学机制［J］．科学技术与辩证法，1987（3）．

[105] 王茂祥，卢锐．企业创新过程管理及其与战略管理相结合的要素分析［J］．现代管理科学，2014（3）．

[106] 王彤．智能手机的发展及其对产业的影响［J］．信息通信技术，2012（4）．

[107] 魏江，申军．产业集群学习模式和演进路径研究［J］．研究与发展管理，2003（15）．

[108] 吴红等．专利质量评价指标——专利优势度的创建及实证研究［J］．图书情报工作，2013（23）．

[109] 熊励等．协同创新研究综述——基于现实途径视角［J］．科技管理研究，2011（14）．

[110] 项保华，邵军．企业超常业绩成因试析［J］．南开管理评论，2004，7（2）．

[111] 肖勇．知识经济的思想渊源及其理论形式［J］．情报科学，2005，23（8）．

[112] 肖峰．论技术演变的进化特征及其视角互补［J］．科学技术与辩证法，2007，4（6）．

[113] 星野芳郎．技术发展的模式——技术发展阶段论［J］．科学与哲学，1980（5）．

[114] 徐欣，唐清泉．专利竞争优势与加速化陷阱现象的实证研究——基于中国上市公司专利与盈余关系的考察［J］．科研管理，2012（6）．

[115] 解学芳，臧志彭．制度、技术创新协同与网络文化产业治理——基

于 2000—2011 年的实证研究 [J]. 科学学与科学技术管理, 2014 (3).

[116] 徐飞, 徐立敏. 战略联盟理论研究综述 [J]. 管理评论, 2003 (6).

[117] 谢彩霞等. 我国纳米科技论文关键词共现分析 [J]. 情报杂志, 2005, 24 (3).

[118] 晏双生, 章仁俊. 企业资源基础理论与企业能力基础理论辨析及其逻辑演进 [J]. 科技进步与对策, 2005 (5).

[119] 闫安等. 企业生态位及其能动性选择研究 [J]. 东南大学学报 (哲社版), 2005 (1).

[120] 饶扬德. 市场、技术及管理三维创新协同机制研究 [J]. 科学管理研究, 2008, 26 (4).

[121] 姚小涛, 席酉民. 以知识积累为基础的企业竞争战略观 [J]. 中国软科学, 2001 (2).

[122] 杨蕙馨, 王海兵. 国际金融危机后中国制业企业的成长策略 [J]. 经济管理, 2013 (9).

[123] 杨瑞龙等. 企业异质性假设与企业竞争优势的内生性分析 [J]. 中国工业经济, 2002 (1).

[124] 杨健, 赵玥. 软件知识产权的法律风险及其防范——基于国际发展趋势与我国国情的考量 [J]. 学术交流, 2013 (5).

[125] 杨中楷, 刘则渊, 梁永霞. 试论基础专利——以汤斯和肖洛的激光专利为例 [J]. 科学学研究, 2009 (5).

[126] 杨中楷, 徐梦真, 韩爽. 基于专利的技术进化树的构建与解析 [J]. 大连理工大学学报 (社会科学版), 2015 (2).

[127] 杨中楷, 刘佳. 基于专利引文网络的技术轨道识别研究——以太阳能光伏电池板领域为例 [J]. 科学学研究, 2011 (9).

[128] 叶春蕾, 冷伏海. 基于社会网络分析的技术主题演化方法研究 [J]. 情报理论与实践, 2014 (1).

[129] 尹碧波, 张国安. 以资源为基础的企业竞争优势理论的演进与发展趋势 [J]. 华东经济管理, 2010 (6).

[130] 尹猛基, 向希尧. 专利竞争优势研究综述 [J]. 商业研究, 2008 (11).

[131] 佘光胜. 企业竞争优势根源的理论演进 [J]. 外国经济与管理, 2002 (10).

[132] 曾国屏，苟尤钊，刘磊. 从"创新系统"到"创新生态系统"[J]. 科学学研究，2013，31（1）.

[133] 张洪石，卢显文. 突破性创新与渐进性创新辨析 [J]. 科技进步与对策，2005，2（28）.

[134] 张光宇，张玉磊，谢卫红等. 技术生态位理论综述 [J]. 工业工程，2011（4）.

[135] 张光宇等. 战略生态位管理（SNM）理论研究现状述评及展望 [J]. 科技管理研究，2012（4）.

[136] 张光明等. 生态位概念演变与展望 [J]. 生态学杂志，1997（6）.

[137] 张在旭，谢旭光. 国外竞争优势理论的发展演化评述 [J]. 经济问题探索，2012（9）.

[138] 张书军，苏晓华. 资源本位理论：演进与衍生 [J]. 管理学报，2009，6（11）.

[139] 张韵君. 专利竞争优势：经济租金视角 [J]. 当代经济管理，2014（3）.

[140] 张米尔，孟珊珊，田影. 外围专利的测度方法及其应用研究 [J]. 科研管理，2014（3）.

[141] 张米尔，田丹. 从引进到集成：技术能力成长路径转变研究——"天花板"效应与中国企业的应对策略 [J]. 公共管理学报，2008，5（1）.

[142] 张勤，马费成. 国内知识管理研究结构探讨——以共词分析为方法 [J]. 情报学报，2008，27（1）.

[143] 张建英. 专利文献在技术创新中的应用 [J]. 图书馆学研究，2003（9）.

[144] 赵亚娟，董瑜，朱相丽. 专利分析及其在情报研究中的应用 [J]. 图书情报工作，2006（5）.

[145] 张瑞红. 基于知识价值链的知识管理绩效评价 [J]. 企业经济，2013（3）.

[146] 中国互联网协会、中国互联网络信息中心（CNNIC）. 中国互联网发展状况统计报告 [J]. 中国教育信息化：高教职教，2014（15）.

[147] 郑文哲，陈双双. 集群演变过程中企业技术创新战略与知识产权战略匹配研究 [J]. 金华职业技术学院学报，2008（5）.

[148] 周敏，周仁军. Web2.0：企业信息化发展新趋势 [J]. 上海信息化，

2006（10）.

[149] 朱瑞博."十二五"时期上海高科技产业发展：创新链与产业链融合战略研究 [J].上海经济研究，2010（7）.

[150] 朱瑞博，刘志阳，刘芸.架构创新、生态位优化与后发企业的跨越式赶超——基于比亚迪、联发科、华为、振华重工创新实践的理论探索 [J].管理世界，2011（7）.

[151] 朱方长.技术生态对技术创新的作用机制研究 [J].科研管理，2005，2（4）.

[152] 卓越，张珉.全球价值链中的收益分配与"悲惨增长"——基于中国纺织服装业的分析 [J].北京：中国工业经济，2008（7）.

（二）英文论文

[1] Ackoff, R L. From Data to Wisdom [J]. Journal of Applied Systems Analysis, 1989（16）.

[2] Agnolucci P, Mcdowall W. Technological Change in Niches：Auxiliary Power Units and the Hydrogen Economy [J]. Technological Forecasting and Social Change, 2007, 74（8）.

[3] Al – Mudimigh AS, Zairi M, Ahmed AM. Extending the Concept of Supply Chain：The Effective Management of Value Chains [J]. International Journal of Productin Economics, 2004（87）.

[4] Ayas K. Design for learning and innovation [J]. Long Range Planning, 1996, 29（6）.

[5] B. Wernerfelt. A resource – based View of the Firm [J]. Strategic Management Journal, 1984（4/6）.

[6] Bajardi P, Poletto C, Ramssco JJ, et al. Human Mobility Networks, Travel Restrictions and the Global of 2009 H1N1 Pandemic [J]. PLOS ONE, 2011, 6（1）.

[7] Barney, JB. Strategic Factor Market：Expectations, Luck, and Business Strategy [J]. Manage – ment Science, 1986, 32（10）.

[8] Barney J. Firm Resources and Sustained Competitive Advantage [J]. Journal of Manage – ment, 1991, 17（1）.

[9] Bailon – Morenor, et al. Analysis of the Field of Physical Chemistry of Surfactants With the Unified Scientometric Mode [J] Scientometrics, 2005, 63（2）.

[10] Bonino MJ, Spring MB. Standards as Change Agents in the Information

Technology Market [J]. Computer Standards&Interfaces, 1991, 12 (2).

[11] Bradach JL. Eccles R G. Price Authority and Trust: From Ideal Types to Plural Forms [J]. Annual Review of Sociology. 1989 (15).

[12] C Antonelli. Models of Knowledge and Systems of Governance [J]. Journal of Institutional Economics, 2005, 1 (1).

[13] Callon M, Courtial JP, Turner WA, Bauin S. From translations toProblematic Networks – an Introduction to co – word Analysis [J]. Soc Sci Inf Sur Les Sci Soc, 1983, 22 (2).

[14] CANIE. LS M. Actor Networks in Strategic Niche Management: Insights from Social Network Theory [J]. Futures, 2008, 40 (7).

[15] Charitou C. D, Markides C. Responses to Disruptive Strategic Innovation [J]. MIT Sloan Management Review, 2003, 44 (2).

[16] Chaudhury P, et al. The 3GPP Proposal for IMT – 2000 [J]. IEEE COMMUNICATIONS MAGAZINE. 1999, 37 (12).

[17] Chen, Wenhong. A moveable feast: Do Mobile Media Technologies Mobilize or Normalize Cultural Participation? [J]. HUMAN COMMUNICATION RESEARCH. 2015, 41 (1).

[18] Chesbrough H, Crowther A K. Beyond High Tech: Early Adopters of Open Innovation in Other Industries [J]. R&D. Management, 2006, 36 (3).

[19] Christensen C. M. TheOngoing Process of Building a Theory of Disruption [J]. Journal of Product Innovation Management, 2002, 23 (1).

[20] C. K. Prahalad, G. Hamel. The Core Competence of the Corporation [J]. Harvard Business Review, 1990 (5/6).

[21] Clauset A. Newman MEJ. Moore C. Finding Community Structure in very large Networks [J]. Physical review E, 2004, 70 (6).

[22] Cole, Francis Josrph, and Nellie Barbara Eales. TheHistory of Comparative Anatomy. Part I: A Statistical Analysis of the literature [J]. Science progress II. 1917.

[23] Collins, J. C, Porras, J. I. Building your Company' sVision [J]. Harvard Business Review, 1996, 9 (1).

[24] Conner, K. R. A Historical Comparison of Resource – basedTheory and Five Schools of Thought within Industrial – Organization Economics – Do We Have a New

Theory of the Firm ［J］. Journal of Management. 1991, 17 (1).

［25］Cumming B. S. Innovation Overview and Future Challenges ［J］. European Journal of Innovation Management, 1998, 1 (1).

［26］Dosi G. TechnologicalParadigms and Technological Trajectories: A Suggested Interpret – tation of the Determinants and Directions of Technical Change ［J］. Research Policy, 1982 (3).

［27］Dosi G. Opportunities, Incentives and the Collective Patterns of Technological Change ［J］. The Economic Journal, 1997, 107 (44).

［28］Dosi G. Sources, Procedures and Microeconomic Effects of Innovation ［J］. Journal of Economic Literature, 1988, 26 (3).

［29］Dorothy Leonard – Barton. Core Capabilities and Core Rigidities: A Paradox in Managing New Product Development ［J］. Strategic Management Journal, 1992 (13).

［30］DeBresson C. BreedingInnovation Clusters: A Source of Dynamic Development ［J］. World Development, 1989 (17).

［31］Duysters G, Hagedoorn J. Strategic Groups and Interfirm Networks in International high – tech Industries ［J］. Journal of Management Studies, 1995, 32 (3).

［32］Dierickx, I, Cool, K, Asset Stock Accumulation and Sustainability of Competitive Advantage ［J］. Management Science, 1989 (35).

［33］Ernst, H. Patent Information for Strategic Technology Management ［J］. World Patent Information, 2003 (25).

［34］Fermandez F. L. DARPA's Role in Radical Innovation ［J］. Johns Hopkins APL. Technical Digest. 1999, 20 (3).

［35］Gilbert, R. Shapiro, C. Optimal Patent Length and Breadth ［J］. Rand Journal of Economics, 1990 (21).

［36］Grindley PC, Teece, D J. Managing Intellectual Capital: Licensing and Cross – licensing Semiconductors and Electronics ［J］. California M anagement Review, 1997, 39 (2).

［37］G Adomavicius, A Tuzhilin. Using Data Mining Methods to Build Customer Profiles ［J］. Computer, 2001, 34 (2).

［38］Garfield. E. CitationIndexes for Science. A New Dimension in Documentation through Association of Ideas ［J］. Science, 1955 (122).

［39］Geels F W. TechnologicalTransitions as Evolutionary Reconfiguration Processes: A Multilevel Perspective and a Case Study ［J］. Research Policy, 2002, 31 (8).

［40］Girod, B, Farber, N. Feedback – Based Error Control for Mobile Video Transmission ［J］. PROCEEDINGS OF THE IEEE. 1999, 87 (10).

［41］Goodman, D; Mandayam, N. IPower Control for Wireless Data ［J］. EEE PERSONAL COMMUNICATIONS. 2000 (7).

［42］GossainS. and Kandiah, G. Reinventing Value: The New Business Ecosystem ［J］. Strategy Leadership, 1998, 26 (5).

［43］Greg A. S. , James B. Piloting the Rocket of Radical Innovation ［J］. Research Technology Management, 2003, 38 (2).

［44］Haanes, K, Fjeldstad, O. Linking Intangible Resources and Competition ［J］. European Management Journal, 2000, 18 (1).

［45］Hannan. M, Freeman. J. Structural Inertia and Organizational Change ［J］. American Sociological Review, 1984 (49).

［46］He Q. Knowledge Discovery Through Co – Word Analysis ［J］. Library Trends, 1999, 48 (1).

［47］Hefeeda, M; Hsu, C. Hon Burst Transmission Scheduling in Mobile TV Broadcast Network ［J］. IEEE – ACM TRANSACTIONS ON NETWORKING. 2010, 18 (2).

［48］Hendrikes. P. Why Share Knowledge? The Influence of ICT on Motivation for Knowledge Sharing ［J］. Knowledge and Process Management, 1999, 6 (2).

［49］Henzinger M, Lawrence S. ExtractingKnowledge from the World Wide Web ［J］. PNAS, 2004 (4).

［50］Hjorth, Larissa; Kim, Kyoung – Hwa Yonnie. Good grief: The Role of Social Mobile Media in the 3. 11 Earth Quake Disaster in Japan ［J］. DIGITAL CREATIVITY. 2011, 22 (3).

［51］HOMMONN P, DOREAIN P. Connectivity in aCitation Network: the Development of DNA theory ［J］. Social Net – works, 1989, 11 (1).

［52］Hommels A, Peters P, Bijiker W E. TechnoTherapy or Nurtured Niches? Technology Studies and the Evaluation of Radical Innovations ［J］. Research Policy,

2007, 36 (7) .

[53] Holsapple C. W, Singh M. The Knowledge Chain Model: Activities for Competitiveness [J] . Expert Systems with Applications, 2001, 20 (1) .

[54] James G. March. Exploration and Exploitation in Organizational Learning [J] . Organizational Science, 1991 (2) .

[55] J. M. Utterback. Innovation in Industry and the Diffustion of Technology [J] . Science Magazine, 1974 (183) .

[56] J. H. Freeman. Environment, Technology, and the Administrative Intensity of Manufacturing organizationgs [J] . American Sociological Review. 1973, 38 (6) .

[57] J. Grinnel. The niche relationship of the California thrasher [J] . The Auk. 34 (4) .

[58] Jocl A. C. Baum, Helaine J. Korn, Suresh Kot ha. Dominant Designs and Population Dynamics in Telecommunication Services: Founding and Failure of Facsimile Transmission Service Organizations, 1965 – 1992 [J] . Social science Research, 1995 (24) .

[59] JOHAN SCHOT, FRANK W GEELS. Niches in Evolutionary Theories of Technical Change a Critical Survey of the Literature [J] . EvolEcon, 2007 (17) .

[60] John L. Enos. Petroleum Progress and Profits, A History of Process Innovation [J] . National Bureau of Economic Research. 1962 (4) .

[61] Juani Swart. IntellectualCapital: Disentangling an Enigmatic Concept [J] . Journal of Intellectual Capital, 2006, 7 (2) .

[62] J. Wikner, R. W. Grubbstrom. IntegratedProduetion/Distribution Planning in Supplyhcain: an Invited Review [J] . European Journal of Operational Research, 2004, 115 (2) .

[63] Kemp R, Schot J, Hoogma R. Regime Shifts to Sustainability Through Processes of Niche formation: The Approach of Strategic Niche Management [J] . Technology Analysis & Strategic Management, 1998, 10 (2) .

[64] Kemp R, Rip A, Schot J. ConstructingTransition Paths through the Management of Niches [J] . Path Dependence and Creation, 2001 (8) .

[65] Kogut, B. and Zander, U. Knowledge of the Firm, Combinative Capabilities, and the Replication of Technology [J] . Organization Science, 1992, 3 (3) .

［66］Krikelis. A. Mobile Multimedia：Shaping the Infoverse ［J］. IEEE CON-CURRENCY, 1999 (1).

［67］Layton, E. T. Technology as Knowledge ［J］. Technology and Culture, 1974, 15 (1).

［68］Leydesdorff L. Why Words and Co－words cannot Map the Development of the Sciences ［J］. Journal of the American Society for Information Science, 1997, 48 (5).

［69］L. Tracy. Application of Living Systems Theory to the Study of Management and Organizational Behavior ［J］. Behavioral Science, 1993, 38 (3).

［70］Linden G, Somaya, D. System－on－a－Chip Integration in the Semicon-ductor Industry：Industry Structure and Firm Strategies ［J］. Industry Corporation Change, 2003, 12 (3).

［71］Liu CY, Yang J C. Decoding Patent Information Using Patent Maps ［J］. Data Science Journal, 2008, 7 (1).

［72］M. A. Hitt&R. D. Ireland. The Essence of Strategic Leadership：Managing Human and Social Capital ［J］. Journal of leadership and Organization Studies, 2002, 9 (1).

［73］Mansfield E. Social and Private Rates of Return from Industrial Innovations ［J］. Quarterly Journal of Economics, 1977 (77).

［74］Marco Ceccagnoli, et al. Cocreation of Value in a Platform Ecosystem：The Case of Enterprise Software ［J］. MIS Quarterly, 2012, 36 (1).

［75］Mazzoleni. Robert, Nelson, Richard R. The Benefits and Costs of Strong Patent Protection：A Contribution to the Current Debate ［J］. Research Policy, 1998 (27).

［76］Moore J F·Predators Predators and Prey：A New Ecology of Competition ［J］. Harvard Business Review, 1993, 71 (5/6).

［77］Newman MEJ. TheStructure of Scientific Collaboration Network ［J］. PNAS, 2001, 98 (2).

［78］Normann, R, R. Ramirez. Designing Interactive Strategy：From Value Chain to Value Constellation ［J］. Harward Business Review, 1993, 71 (4).

［79］N. Stieglitz, K. Heine. Innovations and the Role of Complementarities in a Strategic Theory of the Firm ［J］. Strategic Management Journal, 2007, 28 (1).

[80] Noyons E C M. van Raan A F J. AdvancedMapping of Science and Technology [J]. Scientometrics, 1998, 41 (1/2).

[81] Odum, EP. The Strategy of Ecosystem Development [J]. SCIENCE, 1969 (164).

[82] PR Ehrlich, PH Raven. Butterflies and Plants: A Study in Coevolution [J]. Evolution, 1964, 18 (4).

[83] Pavitt K. R&D, Patenting and Innovative Activities: A Statistical Exploration [J]. Research Policy, 1982, 11 (1).

[84] PATEL S, PARK H, BONATO P, et al. A Review of Wearablesensors and Systems with Application in rehabilitation [J]. Journal of Neuroengineering and Rehabilitation, 2012, 9 (12).

[85] Porter ME. From Competitive Advantage to Corporate Strategy [J]. Harvard Business Review, 1987 (65).

[86] Prahalad CK, Hamel G. The Core Competence of the Corporation [J]. The Harvard Business Review, 1990, 68 (3).

[87] P. Aderson, M, Tushman. Technological Discontinutis and Domiant Designs: A Cyclical Model of Technological Change [J]. Administrative Seienee Quarterly, 1990 (35).

[88] R Adner, R Kapoor. Value Creation in Innovation Ecosystems: How the Structure of Technological Interdependence Affects Firm Performance in New Technology Generations [J]. Strategic Management Journal, 2010, 31 (3).

[89] Ramanathan, et al. Dynamic Resource Allocation Schemes During Handoff for Mobile Multimedia Wireless Networks [J]. IEEE JOURNAL ON SELECTED AREAS IN COMMUNICATIONS. 1999, 17 (7).

[90] Ranjay Gulati, et al. Strategic Networks [J]. Strategic Management Journal, 2000, 21 (3).

[91] Rayport, Jeffrey F, Sviokla, John J. Exploiting the virtual value chain [J]. Harvard Business Review, 1998, 76 (6).

[92] Reitzig, M. Strategic Management of Intellectual Property [J]. MIT Sloan Management Review, 2004 (45).

[93] Reitzig, M. Improving Patent Valuations for Management Purposes – validating New Indicators by Analyzing Application Rationales [J]. Research Policy, 2004

(33).

[94] Rivkin JW. Imitation of Complex Strategies [J]. Management Science, 2000, 46 (6).

[95] Richard. L. Priem and John E. Bulter. Is the Resource - Based "view" a useful Perspective for Strategic Management Research? [J]. Academy of Management Review, 2001 (1).

[96] Rivette, KG. Kline, D. Discovering New Value in Intellectual Property [J]. Harvard Business Review, 2000 (78).

[97] R Kemp, L Soete. The greening of Technological Progress: An Evolutionary Perspective [J]. Futures, 1992, 24 (92).

[98] R. Mueser. Identifing Technical Innovations [J]. IEEE Trans Mangement, 1985 (11).

[99] Rumelt R P. Diversification Strategy and Profitability [J]. Strategic Management Journal, 1982 (3).

[100] Rumelt RP. Strategic Management and Economics [J]. Strategic Management Journal, 1982 (13).

[101] S. Allard, C. W. Hollsopple. Knowledge Management as a Key for E - business Competitiveness: From the Knowledge Management to KM Audits [J]. Journal of Computer Information Systems, 2002, 42 (5).

[102] S. A. Lippman and R. P. Rumelt, Uncertain Imitability: An Analysis of Interfirm Differences in Efficiency under Competition [J]. The Bell Journal of Economics, 1982, 13 (2).

[103] Sahal D. Technological Guideposts and Innovation Avenues [J]. Research Policy, 1985, 14 (2).

[104] Saint G. IntellectualProperty Right Unfair? [J]. Labor Economics, 2004 (11).

[105] Schot J, Greels F W. StrategicNiche Management and Sustainable Innovation Journeys: Theory, Findings, Research Agenda, and Policy [J]. Technology Analysis&Strategic Manage - ment, 2008, 20 (5).

[106] Schumpeter. The Instability of Capitalism [J]. Economic Journal, 1928 (38).

[107] Shin N, KraemerK, Dedrick J. Value Capture in the Global Electronics

Industry: Empirical Evidence for the – Smiling Curve//Concept [J] . Industry and Innovation, 2012, 19 (2) .

[108] Sirilli G. ThePatent System and the Exploration of Investments: Results of a Statistical Survey Conducted in Italy [J] . Technovation, 1990 (10) .

[109] Stalk G, Evans P, Shulman LE. Competing on Capabilities: The New Rules of Corporate Strategy [J] . Havard Business Review, 1992 (5/6) .

[110] Stuart T E, Podolny J M. LocalSearch and the Evolution of Technological Capabilities [J] . Strategic Management Journal, 1996, 17 (S1) .

[111] SM Besen, J Farrell. Choosing How to Compete: Strategies and Tactics in Standardiza – tion [J] . Journal of Economic Perspectives, 1994, 8 (2) .

[112] Small H. Co – citation in theScientific literature. A New Measure of the Relationship Between two Documents [J] . Journal of the American Society for information Science. 1973, 24 (4) .

[113] Small H G. ACo – citation Model of a Scientific Specialty. A Longitudinal study of collagen research [J] . Social Studies of Science. 1977 (7) .

[114] Smith A, Varzi A C. TheNiche [J] . Published in Nous, 1999, 2 (33) .

[115] Song XM, Montoya – WeissM M. Critical Development Activities for Really NewVersus Incremental Products [J] . Journal of Product Innovation Management, 1998, 15 (2) .

[116] Teece DJ, Pisano G, Shuen A. DynamicCapabilities and Strategic Management [J] . Strategic Management Journal, 1997, 18 (7) .

[117] Teece D. J. Towards an Economic Theory of the Multiproduct Firm [J] . Journal of Economic Behavior and Organization, 1982 (3) .

[118] Tippins M. J. and Sohi R. S. IT Competency and Firm Performance: Is organizational learning a missing link? [J] . Strategic Management Journal, 2003, 24 (8) .

[119] Toby F S, Podolny J M. Local Search and the Evolution of Technological Capabilities [J] . Strategic Management Journal, 1996 (17) .

[120] Tripsas M. Technology, Identity and Inertia through the Iens of "The Digital Photography Company" [J] . Organization Science, 2009, 20 (2) .

[121] Tushman ML, Anderson P. Technological Discontinuities and Organizational Environments [J] . Administrative Science Quarterly, 1986 (31) .

［122］ Makkdok. Richard. Toward a Synthesis of the Resource – based and Dynamic – capability Views of Rent Creation ［J］. Strategic Management Journal, 2001 (22).

［123］ Mertzanis, I; Sfikas, G; Tafazolli, R; Evans, BG. Satellite – ATM Networking and Call Performance Evaluation for Multimedia Broadband Services ［J］. INTERNATIONAL JOURNAL OF SATELLITE COMMUNICATIONS, 1999, 17 (2/3).

［124］ Moore, J. Predators and Prey: A New Ecology of Competition ［J］. Harvard Business Review, 1993, 71 (3).

［125］ Niosi. Jorge. Fourth – Genetation R&D: From Linear Models to Fiexible Innovation ［J］. Journal of Business Research. Elsevier, 1999. 45 (2).

［126］ Utterback, J. M. Abernathy, W. A Dynamic Model of Product and Process Innovation ［J］. Omega, 1975 (3).

［127］ Valadon, CGF; Verelst, GA; Taaghol, P; Tafazoli, R; Evans, BG. Code – division Multiple Access for Provision of Mobile Multimedia Services with a Geostationary Rregenerative Payload ［J］. IEEE JOURNAL ON SELECTED AREAS IN COMMUNICATIONS, 1999 (2).

［128］ Veronica Serrano, Thomas Fischer. Collaborative Innovationin Ubiquitous Systems ［J］. International manufacturing, 2007, 18 (5).

［129］ Vinod Kumar, Uma Kumar, Aditha Persaud. Building Technological Capability Through Importing Technology: The Case of Indonesian Manufacturing Industry ［J］. Journal of Technology Transfer, 1999, 24 (1).

［130］ WEBER M, HOOGMA R. Beyond National and Technological Styles of Innovation diffusion: A Dynamic Perspective on Cases from the Energy and Transport Sectors ［J］. Technological Analysis&Strategic Management, 1998 (4).

［131］ White H D, MoCain K W. Visualizing aDiscipline. An Author Co – citation Analysis of Information Sienece, 1972 – 1995 ［J］. Journal of the American Society of Information Science, 1998, 49 (4).

［132］ Whittaker R, Levin S, Root R. Niche, habitat and ecotope ［J］. The American Naturalist, 1973 (107).

［133］ Wu, DP; Hou, YT; Zhang, YQ. Scalable Video Coding and Transport over Broad – band Wireless Networks ［J］. PROCEEDINGS OF THE IEEE. 2001, 89 (1).

［134］ Wernerfelt B. A Resource – based View of the Firm ［J］. Strategic Management Journal, 1984, 5 (2) .

三、学位论文

[1] 高继平. 专利知识计量指标体系及其应用研究——以 SIPOD 中数字信息的传输（H04L）领域为例（博士学位论文）[D]. 大连：大连理工大学, 2013.

[2] 郭锦荣. 商业生态策略与资讯分享之配适研究（硕士学位论文）[D]. 台北：台北大学未出版硕士论文.

[3] 鞠晓伟. 基于技术生态环境视角的技术选择理论及应用研究（博士学位论文）[D]. 长春：吉林大学, 2007.

[4] 李瑛. 专利视角下的智能手机竞争态势研究（硕士学位论文）[D]. 大连：大连理工大学, 2013.

[5] 刘娜. 技术的生态适应性及协同演化研究（硕士学位论文）[D]. 济南：山东师范大学, 2012.

[6] 庞杰. 知识流动理论框架下的科学前沿与技术前沿研究（博士学位论文）[D]. 大连：大连理工大学, 2011.

[7] 温芳芳. 专利合作模式的计量研究（博士学位论文）[D]. 武汉：武汉大学, 2012.

[8] 王云美. 创新型企业商业模式研究（博士学位论文）[D]. 上海：复旦大学, 2012.

[9] 王艳. 基于生态学的运营商移动互联网商业模式研究（博士学位论文）[D]. 北京：北京邮电大学, 2008.

[10] 王博. 通信产业技术发展的专利计量研究（博士学位论文）[D]. 大连：大连理工大学, 2015.

[11] 吴致远. 技术的后现代诠释（博士学位论文）[D]. 沈阳：东北大学, 2006.

[12] 许篪迪. 高技术产业生态位测度与评价研究（博士学位论文）[D]. 南京：南京航空航天大学, 2007.

[13] 叶芬斌. 基于生态位思想的技术进化研究（博士学位论文）[D]. 浙江：浙江大学, 2012.

[14] 张韵君基于专利战略企业技术创新研究（博士学位论文）[D]. 武汉：武汉大学, 2014.

[15] 朱亚东. 产业战略与企业战略关系研究（博士学位论文）[D]. 天津：河北工业大学，2013.

[16] R. P. J. M. Raven. Strategic Niche Management for Biomass：A Comparative Study on the Experimental Introduction of Bioenergy Technologies in the Netherlands and Denmark（PhD thesis）[D]. Eindhoven：Eindhoven University of Technology，2005.

[17] Van Mierlo BC. Kiemvan Maatschappelijke Verandering：Verspreiding van Zonecelsystemen in Dewoningbouw met Behulp van Pilot Projecten（PhD thesis）[D]. Amsterdam：University of Amsterdam，2002.

四、其他资料

[1] 第五媒体研究中心. 2010 年第五媒体行业发展报告 [EB/OL]. http：//news. sina. com. cn /m/2010 – 12 – 31/144021741972. shtml，2010 – 12 – 31/2013 – 04 – 15.

[2] 第 45 次《中国互联网络发展状况统计报告》（全文）——中共中央网络安全和信息化委员会办公室. http：//www. cac. gov. cn/2020 – 04/27/c_ 1589535470378587. htm

[3] 工业和信息化部电信研究院. 移动互联网白皮书（2011）[EB/OL]. http：//www. miit. gov. cn/n11293472/n11293832/n15214847/n15218338/15224984. html，2013 – 2 – 28/2016 – 03 – 05.

[4]［德］海德格尔. 技术的追问 [A]. 孙周兴译，海德格尔选集 [C]. 上海：三联书店，1996.

[5] 刘则渊知识图谱的若干问题思考 [R]. 大连理工大学 WISE 实验室，2010.

[6] 刘则渊. 知识图谱的科学学源流 [R]. 大连理工大学科学学与科技管理研究所，2013.

[7] 邵卉. 2015—2019 年全球娱乐及媒体行业展望 [EB/OL]. http：//www. jiemian. com/article/ 296264. html2015 – 06 – 3/2016 – 03 – 26.

[8] 宋河发：培育高价值专利 推动高质量发展——国家知识产权局 [EB/OL]. http：//www. sipo. gov. cn/ztzl/jjgjzzl/gjzzldjt/1113657. htm

[9] Boukerche A，Hong SB，Jacob T. A Distributed Synchronization Scheme for Multimedia Streams in Mobile Systems：Proof and Correctness [A]. IEEE COMPUT-

ER SOCIETYPROCE. EDINGS CONFERENCE ON LOCAL COMPUTER NETWORKS [C] . LOS ALAMITOS: IEEE COMPUTER SOC, 2001.

[10] D. G. Marquis. Successful Industrial Innovations: A Study of Factors underlying Innovation in Selected Firms [R] . National Science Foundation, 1969.

[11] Ehlers V. Unlocking our Future: Toward a New National Science Policy [EB/OL] . https: //catalog. hathitrust. org/Record/004034609. 1998 – 09 – 20/2015 – 03 – 02.

[12] ErikKennedy. Iphone Making Inroads in the Corporate World [EB/OL] . http: //www. arstechnica. com/apple/2007/12/iphone – making – inroads – in – the – corporate – world/. 2007 – 12 – 12/2016 – 04 – 10.

[13] Jackson, D. J. What Is an Innovation Ecosystem [EB/OL] . www. erc – assoc. org/docs/ innovation_ ecosystem, pdf. 2012 – 11 – 28/2015 – 02 – 01.

[14] Jonah Lehrer. Groupthink: The Brainstorming Myth. [EB/OL] . http: //www. newyorker. com/ reporting/2012/01/30/120130fa_ fact_ lehrer? currentpage = 1. 2012 – 01 – 30/2016 – 03 – 25.

[15] Lian SG, Wang ZQ. Comparison of Several Wavelet Coefficient Confusion Methods Applied in Multimedia Encryption [A] . IEEE COMPUTER SOCIETY. 2003 INTERNATIONAL International Conference on Computer Networks and Mobile Computing, Proceedings [C] . LOS ALAMITOS: IEEE COMPUTER SOC, 2003.

[16] Mobile Darwinism. The iPass Mobile Enterprise Report. [EB/OL] . http: //www. mobile – workforce – project. ipass. com/reports/q1 – report – 2012. 2012 – 06 – 23/2016 – 03 – 15.

[17] NSF. Science Indicator [R] . National Science Foundation, 1974.

[18] ODUM H T, ODUM E C. Ecology and Economy: Energy Analysis and Public Policy in Texas [R] . //Policy Research Project Report. LB. Johnson School of Public Affairs, The Universityof Texas at Austin, 1987.

[19] Rotmans J, Kemp R, van Asselt M. Transition Management: A Promising Policy Perspective [A] . Decker M, Wutscher F. Interdisciplinarity in Technology Assessment [C] . Berlin: Springer – Verlag Berlin and Heidelberg GmbH&Co. K, 2001.

[20] Schot JA, Hoogma R. De Invoering van Duurzame Technologies: Strategisch Niche Management als Beleidsinstrument [Z] . Programma DTO, Delft University of Technology, Delft, the Netherland, 1996.

后 记

鹭岛厦大凌云室，夜伴钟声论文止。回首这几年的奋战，个中滋味一同涌来。遥想当年确定选题，既有研究难度又有自身瓶颈，所涉内容俨然已超出自身能力和知识范围，为了克服困难，查遍相关书籍和文献，将所涉内容分门别类，逐一学习，希望以勤补拙。写作过程中反复调整内容，力图寻求自身基础与研究内容之间的最佳匹配，也由此北上学习方法，掌握科学知识图谱实现专利技术可视化，南下讨教专业，邀请计算机博士了解技术知识并分析专利战略。在此过程中，已记不清我的导师刘晓海老师与我讨论论文而在学校走步多少圈，但老师鼓励的话语和亲切的面容却萦绕我心，成为我一路走来的坚定照耀者。虽有艰辛，但更幸福，唯有感恩，伴我前行。感谢厦门大学给予我学习的机会和养分，感谢恩师刘晓海给予我学习的动力和方向。

在厦门大学四年的学习时光里，还要感谢恩师林秀芹老师。林老师豁达的生活态度和严谨的学术精神使我受益匪浅。林老师考虑到我来自西藏高校，存在诸多不适应和不足，还特意安排我参加各种活动和学习，以帮助我尽快适应厦大生活，提升我的学术水平和眼界。同时，还要感谢知识产权研究院乔永忠老师。由于所学专业与乔老师相同，我曾多次向乔老师请教各种专业问题，而乔老师总是不厌其烦地给予指导和建议，使我受益良多，成为我答疑解惑的良师益友。同时，还要感谢学院其他老师给我的毕业论文提出许多重要的建议。

另外，感谢大家庭中众多兄弟姐妹的关心和帮助。感谢师兄师姐们对我学习生活的帮助；感谢一同入校的刘文献、李军政、李晶、黎良盛的相互帮助；还感谢武松师弟为我解决宿舍烦忧，依稀记得相互交流打气的情景；感谢宝藏师弟正宇360度的热情帮助；感谢无话不谈、风雨相伴的媛媛师妹；大家庭的互助互爱使我幸福快乐的度过了四年时光，相识相知、永存心中。

　　最后，我还要感谢我的家人对我的支持和帮助，尤其是我的弟弟赵军仓，既要帮助我照顾父母，还要帮助我处理各种琐碎的生活事务，为我营造了安心的学习环境，在此表示无限的感谢。